# 統計学の数理

## Mathematical Statistics with Proofs

◆

### 桜井 基晴

Sakurai Motoharu

◆

プレアデス出版

# はじめに

　本書は，統計学の基本事項を一通り習得して，その数学的側面に強い関心を持つ読者を対象に，統計学の標準的な内容で用いられている諸定理をその証明を中心にできる限り丁寧に解説したものである。

　統計学に関する書籍は，易しいものから難しいものまで実に膨大な数が出版されているが，そのほとんどは，教科書・専門書のレベルであり，重要な定理を証明抜きで結果だけを述べて，その定理の内容と使い方を説明するというスタイルである。統計学が幅広い領域で応用されていることを考えればこのスタイルは確かに妥当なもので，特に統計学を実務的に利用する人にとっては定理の証明は基本的に不要である。

　一方で，統計学で用いられている諸定理がどのようにして導かれるのかということに強い関心を持つ者にとっては，定理の内容だけを述べて主にその使い方を説明するというのはしっくり来ないところがあるものである。そのようなとき，証明をきちんと書いている統計学の本を参照しようということになるが，いざそのような本を探してみると，驚くほど少ないことに気が付く。統計学の本は膨大にあるのに，そこで用いられている定理の証明を書いてくれている本は極めて稀なのである。さらに，標準的な内容で使われている定理のほとんどに証明がきちんと書かれている本というのは皆無と言ってよい。

　統計学で用いられる諸定理の証明はけっして易しいものではない。それを理解するためには何よりも，大学初年級で習う微分積分と線形代数のある程度の素養が必要である。したがって，本書は高校レベルの確率はもちろんのこと，大学初年級で習う微分積分と線形代数の一定の素養を前提としている。統計学で用いられる諸定理の証明を理解しようと思えば，微分積分と線形代数そのものを一通りしっかりと学習して，ある程度まではすでに理解できていることが必要である。そのための教科書や参考書は十分すぎるほど出版されている。微分積分と線形代数こそは，統計学を理論的に理解する上においても，最も重要な数学的基礎であると言ってよい。

　本書では統計学の標準的な内容で用いられている諸定理のほとんどに丁寧な証明を付けた上で，それらの定理からどのような統計学上の結論が得られるかを説明しいている。ただし，数値例を用いたドリル的な例題や練習問題は含んでいない。そのような例は重要ではあるが，多くの統計学の本に十分に解説されている。むしろ，具体的な数値例を省いて，統計学で用いられる定理とそ

の証明，定理が統計学で果たす役割をストレートに解説していることにより，統計学をより深く体系的に理解することに寄与するのではないかと期待している。また，証明を注意深く考察することにより，統計学の理論に内在するさまざまな問題点に注意を向けてもらうことも重要なテーマの一つである。

　本書は数理統計学の高度な理論を解説しているものではない。また，用いている数学も高校で習う確率と大学初年級で習う微分積分と線形代数のみである。途中の計算は可能な限り省略せずに書いている。途中計算をかなり省略した「行間を読む」通常の数学書のスタイルはとっていない。それは，統計学の数学的側面に強い興味を持つが，必ずしも数学を専門にしているわけではない読者（たとえば経済学方面の人など）にできるだけ負担を掛けないことを考えてのことである。その意味では本書は初等的であり，統計学の数学的内容をしっかりと学ぼうとする多くの人に読んでもらいたいものである。

　なお，本書では確率論の厳密な数学的基礎であるルベーグ積分（測度論）は用いていない。リーマン積分，すなわち高校で学習した程度の積分の理論で展開している。実際，統計学の相当のレベルまでルベーグ積分は必須というわけではない。確かに確率分布を厳密に理解するためにはルベーグ積分は不可欠であるし，注意深い読者であれば条件付期待値や条件付確率においても数学的基礎の曖昧さを強く感じるであろう。とはいえ，測度論なしで行けるところまで行ってみることは非常に重要なことだと考える。測度論に基づく極めて厳密に書かれた確率論の名著である伊藤清『確率論』の「はじめに」に次のような記述がある。「…したがって代数や解析の知識があれば，図形の性質は論理的には正しく理解できる。しかし幾何学を建設していくには代数や解析の知識だけでは不十分で，図形を直観的に把握しなければならない。確率論の場合も同様である。…」ついでながら，ルベーグ積分は数学の理論の中ではかなり易しい部類に属する。丁寧に論理を追っていけば容易に理解することができるからである。ただし，そのためには数学科独特の集合や位相に関する特殊な訓練を十分に積んでいることが必要である。勉強が進んで行くうちにルベーグ積分（測度論）に興味を感じた場合は肉体改造を経て適当な教科書で勉強するとよい。

　最後になりましたが，本書の出版の機会を与えてくださいましたプレアデス出版の麻畑仁氏に心より感謝申し上げます。

2022 年 9 月

桜井基晴

# 目　次

はじめに

# 第1章

# データの分析

## 1．1　1変量のデータの分析

　本書は統計学の数理の面を中心に解説するものであり，統計学の初歩的な知識をある程度前提している。はじめに**データの分析**（**記述統計学**）の基本的内容についてごく簡単に復習しておく。ここで復習する内容は概ね高校数学の範囲に属するものであるが，その理解は**統計的推測**（**推測統計学**）において基礎となる統計量の意味を理解する上でも非常に重要である。

### 1.1.1　平均と分散

　得られたデータの特徴をつかむために**度数分布表**や**ヒストグラム**（棒状のグラフ）にまとめることはよく知られている。これらはデータの分布の全体像を直観的に把握するために有用なものである。

　ここでは，データの分布を定量的に表す特性値のうち，最も重要なものである**平均**と**分散**について確認する。

　変量 $x$ に関する $n$ 個のデータ $x_1, x_2, \cdots, x_n$ の**平均**と**分散**を

$$\text{平均：} \quad \bar{x} = \frac{x_1 + x_2 + \cdots + x_n}{n} = \frac{1}{n} \sum_{i=1}^{n} x_i$$

$$\text{分散：} \quad s^2 = \frac{(x_1 - \bar{x})^2 + (x_2 - \bar{x})^2 + \cdots + (x_n - \bar{x})^2}{n} = \frac{1}{n} \sum_{i=1}^{n} (x_i - \bar{x})^2$$

で定義する。分散については，単位を変量の単位に一致するようにした

$$\text{標準偏差：} \quad s = \sqrt{s^2} = \sqrt{\frac{1}{n} \sum_{i=1}^{n} (x_i - \bar{x})^2}$$

も重要である。

　平均はデータの分布のおおよその**中心**（**位置**）を表すものであり，分散はデータの**散らばり具合**を表すものである。データの中心や散らばり具合を表すための特性値としては統計学の初歩で学ぶものが他にもいろいろあるが，本書では理論的に重要な役割をもつ平均と分散を中心に考察する。

　なお，分散の定義については，分母を $n$ の代わりに $n-1$ とした

$$u^2 = \frac{(x_1 - \bar{x})^2 + (x_2 - \bar{x})^2 + \cdots + (x_n - \bar{x})^2}{n-1} = \frac{1}{n-1} \sum_{i=1}^{n} (x_i - \bar{x})^2$$

もある。本書ではこれら2つを区別して，$s^2$ を**標本分散**，$u^2$ を**不偏分散**と呼ぶことにする。

　標本分散という用語は書籍によって使われ方が異なるので，他の本を読む場合はどの意味でその用語を用いているのかに注意する必要がある。

　ところで，不偏分散の定義において分母が $n$ の代わりに $n-1$ となっている理由は後の**点推定**の章で明らかとなるが（"不偏"という用語についても），ここでは一点だけ確認しておく。

　分散の定義式の分子にある $n$ 個の量

$$x_1-\overline{x}, \quad x_2-\overline{x}, \quad \cdots, \quad x_n-\overline{x}$$

は独立な $n$ 個の量ではない。実際

$$(x_1-\overline{x})+(x_2-\overline{x})+\cdots(x_n-\overline{x})=\sum_{i=1}^{n}x_i-n\overline{x}=n\overline{x}-n\overline{x}=0$$

であるから，$n$ 個のうち $n-1$ の値が定まれば残る 1 個の値は一意的に定まる。これをしばしば"**自由度は $n-1$ である**"といい表す。

　したがって，平均を表す式が分子の自由度 $n$ で割ったのと同様に，不偏分散を表す式も分子の自由度 $n-1$ で割ったと見なすことができる。

### 1.1.2　平均と分散の関係

　次に，平均と分散の関係について少し調べてみよう。以下，標本分散 $s^2$ を考える。

$$\begin{aligned}
s^2 &= \frac{1}{n}\sum_{i=1}^{n}(x_i-\overline{x})^2 \\
&= \frac{1}{n}\sum_{i=1}^{n}x_i^2 - 2\overline{x}\cdot\frac{1}{n}\sum_{i=1}^{n}x_i + \frac{1}{n}\sum_{i=1}^{n}(\overline{x})^2 \\
&= \frac{1}{n}\sum_{i=1}^{n}x_i^2 - 2\overline{x}\cdot\overline{x} + (\overline{x})^2 \\
&= \frac{1}{n}\sum_{i=1}^{n}x_i^2 - (\overline{x})^2 \\
&= \overline{x^2} - (\overline{x})^2
\end{aligned}$$

　ここで，$\overline{x^2}=\frac{1}{n}\sum_{i=1}^{n}x_i^2$ は変量 $x^2$ の平均を表す。一般に，変量 $f(x)$ の平均を $\overline{f(x)}$ で表すことにする。

　以上より，平均と分散（標本分散）の間には

$$s^2 = \overline{x^2} - (\overline{x})^2$$

の関係が成り立つことがわかった。

なお，不偏分散 $u^2$ と平均の関係も確認しておこう。

$$u^2 = \frac{1}{n-1}\sum_{i=1}^{n}(x_i - \bar{x})^2$$

$$= \frac{n}{n-1}\cdot\frac{1}{n}\sum_{i=1}^{n}(x_i - \bar{x})^2$$

$$= \frac{n}{n-1}s^2 \quad (>s^2)$$

$$= \frac{n}{n-1}\{\overline{x^2} - (\bar{x})^2\}$$

### 1.1.3 歪度と尖度

データの分布の様子をより詳細に分析する際には，中心や散らばり具合の他に，さらに**"分布の非対称性"**や**"分布の尖り具合（あるいは裾の広がり具合）"**などを調べることも重要である。

非対称性を表す**歪度（わいど）**，尖り具合を表す**尖度（せんど）**の定義を述べる前に，データの**"標準化"**について述べておく。

$$z_i = \frac{x_i - \bar{x}}{s} \quad (i=1, 2, \cdots, n)$$

をデータの**標準化**といい，これによって，分布は平均が 0，分散が 1 に統一される（規格化される）。

そこで，以下の特性値を定義する。

**歪度**：$\dfrac{1}{n}\sum_{i=1}^{n}\left(\dfrac{x_i - \bar{x}}{s}\right)^3 = \dfrac{1}{n}\sum_{i=1}^{n}z_i^3$

**尖度**：$\dfrac{1}{n}\sum_{i=1}^{n}\left(\dfrac{x_i - \bar{x}}{s}\right)^4 = \dfrac{1}{n}\sum_{i=1}^{n}z_i^4$

これらの特性値によって分布のどのような傾向がわかるかを考えてみよう。そのためにはまず分散について思い出してみるのがよい。

分散 $s^2 = \dfrac{1}{n}\sum_{i=1}^{n}(x_i - \bar{x})^2$ が大きいと，$|x_i - \bar{x}|$ が 0 から離れている影響が大きい，すなわち，平均 $\bar{x}$ から離れている $x_i$ の影響が大きい傾向がある。つまり，データが平均から散らばっている傾向があることがわかる。

同様に考えて，歪度が正（負）であると，$x_i - \bar{x}$ が正（負）であるものの影響が大きい，すなわち，分布が正（負）の方向に偏っている傾向があることがわかる。歪度が 0 であれば分布が対称的な傾向があることがわかる。また，尖度が大きいと，$|x_i - \bar{x}|$ が 0 から大きく離れているものの影響が大きい，すなわち，分布の裾が厚くなっている傾向があることがわかる。

## 1．2　2変量のデータの分析

　2 変量のデータの分析も統計学の初歩で学習済みであるが，やはりその基本的内容は後の統計的推測の理解において重要となるものであるから，ここでその要点をごく簡単に確認しておく。

### 1.2.1　共分散と相関係数
　2 つの変量 $x, y$ に関する $n$ 組のデータ（2 次元のデータ）

$$(x_1, y_1),\ (x_2, y_2),\ \cdots,\ (x_n, y_n)$$

が与えられているとする。これらのデータの分布の全体像を**散布図**などで表すことはよく知られている。
　ここでは，2 変量のデータの分布を定量的に表す特性値として，**共分散**と**相関係数**について確認する。
　与えられた 2 変量 $x, y$ のそれぞれのデータに関する平均を $\overline{x}, \overline{y}$，標準偏差を $s_x, s_y$ とする。
　2 つの変量 $x, y$ に関する**共分散** $s_{xy}$ と**相関係数** $r$ を

$$s_{xy} = \frac{1}{n} \sum_{i=1}^{n} (x_i - \overline{x})(y_i - \overline{y})$$

$$r = \frac{s_{xy}}{s_x \cdot s_y}$$

で定義する。
　共分散 $s_{xy}$ は次のように変形できる。

$$
\begin{aligned}
s_{xy} &= \frac{1}{n} \sum_{i=1}^{n} (x_i - \overline{x})(y_i - \overline{y}) \\
&= \frac{1}{n} \sum_{i=1}^{n} x_i y_i - \overline{x} \cdot \frac{1}{n} \sum_{i=1}^{n} y_i - \overline{y} \cdot \frac{1}{n} \sum_{i=1}^{n} x_i + \frac{1}{n} \sum_{i=1}^{n} \overline{x} \cdot \overline{y} \\
&= \frac{1}{n} \sum_{i=1}^{n} x_i y_i - \overline{x} \cdot \overline{y} - \overline{y} \cdot \overline{x} + \overline{x} \cdot \overline{y} \\
&= \frac{1}{n} \sum_{i=1}^{n} x_i y_i - \overline{x} \cdot \overline{y} \\
&= \overline{xy} - \overline{x} \cdot \overline{y}
\end{aligned}
$$

　ここで，1 変量の場合と同様，$\overline{xy} = \dfrac{1}{n} \displaystyle\sum_{i=1}^{n} x_i y_i$ は変量 $xy$ の平均を表すものとする。一般に，変量 $f(x, y)$ の平均を $\overline{f(x, y)}$ で表す。

## 1.2.2 相関係数の性質

コーシー・シュワルツの不等式より

$$\left|\sum_{i=1}^{n}(x_i-\overline{x})(y_i-\overline{y})\right|\leqq\sqrt{\sum_{i=1}^{n}(x_i-\overline{x})^2}\sqrt{\sum_{i=1}^{n}(y_i-\overline{y})^2}$$

であるから，両辺を $n$ で割って

$$\left|\frac{1}{n}\sum_{i=1}^{n}(x_i-\overline{x})(y_i-\overline{y})\right|\leqq\sqrt{\frac{1}{n}\sum_{i=1}^{n}(x_i-\overline{x})^2}\sqrt{\frac{1}{n}\sum_{i=1}^{n}(y_i-\overline{y})^2}$$

$$\therefore\quad |s_{xy}|\leqq s_x\cdot s_y$$

$$\left|\frac{s_{xy}}{s_x\cdot s_y}\right|\leqq 1\qquad\text{すなわち，}\ |r|\leqq 1$$

等号成立の条件は

$$(x_1-\overline{x},\ x_2-\overline{x},\ \cdots,\ x_n-\overline{x})\ /\!/\ (y_1-\overline{y},\ y_2-\overline{y},\ \cdots,\ y_n-\overline{y})$$

である。

このように，相関係数は共分散を規格化したものであることがわかる。

### 《コーシー・シュワルツの不等式の証明》

上で用いたコーシー・シュワルツの不等式の証明は高校数学でも登場する初等的なものであるが，一応確認しておこう。

不等式

$$\left(\sum_{i=1}^{n}a_ib_i\right)^2\leqq\left(\sum_{i=1}^{n}a_i^2\right)\left(\sum_{i=1}^{n}b_i^2\right)$$

を証明する。右辺が 0 のときは左辺も 0 となるから，右辺が 0 でない場合を示せばよい。

すべての実数 $t$ に対して次の不等式が成り立つ。

$$\sum_{i=1}^{n}(a_it-b_i)^2\geqq 0$$

$$\therefore\quad\left(\sum_{i=1}^{n}a_i^2\right)t^2-2\left(\sum_{i=1}^{n}a_ib_i\right)t+\left(\sum_{i=1}^{n}b_i^2\right)\geqq 0\qquad\text{(注)}\ \sum_{i=1}^{n}a_i^2>0$$

よって，判別式を考えれば

$$\left(\sum_{i=1}^{n}a_ib_i\right)^2-\left(\sum_{i=1}^{n}a_i^2\right)\left(\sum_{i=1}^{n}b_i^2\right)\leqq 0$$

$$\therefore\quad\left(\sum_{i=1}^{n}a_ib_i\right)^2\leqq\left(\sum_{i=1}^{n}a_i^2\right)\left(\sum_{i=1}^{n}b_i^2\right)$$

等号成立の条件は

$$b_i=a_it\quad(i=1,2,\cdots,n)$$

## 1．3　回帰直線と最小二乗法

　　ここでは，統計的推測において非常に重要な概念である**回帰直線**と**最小二乗法**について解説する。なお，多変量の考察において行列やベクトルは極めて有用なものであり，統計学におけるその取り扱いについてもここで少し練習しておく。

### 1.3.1　回帰直線と最小二乗法

　2 つの変量 $x, y$ の間に

$$y = \beta_0 + \beta_1 x$$

の関係が存在すると仮定する。

　得られた $n$ 組のデータ

$$(x_1, y_1),\ \ (x_2, y_2),\ \ \cdots,\ \ (x_n, y_n)$$

の各々は測定誤差を含み，"理論値"

$$\hat{y}_i = \beta_0 + \beta_1 x_i\ \ (i = 1, 2, \cdots, n)$$

からの"ずれ"

$$\varepsilon_i = y_i - \hat{y}_i = y_i - (\beta_0 + \beta_1 x_i)$$

が存在する。

　そこで，得られたデータから係数 $\beta_0, \beta_1$ を予測することを考えよう。

　次の $\beta_0, \beta_1$ の 2 変数関数

$$L(\beta_0, \beta_1) = \sum_{i=1}^{n} \varepsilon_i^2 = \sum_{i=1}^{n} \{y_i - (\beta_0 + \beta_1 x_i)\}^2$$

を最小にする $\beta_0, \beta_1$ を求める。

$$\frac{\partial L}{\partial \beta_0} = -2\sum_{i=1}^{n} \{y_i - (\beta_0 + \beta_1 x_i)\} = 0\ \ \text{より}$$

$$n\beta_0 + \left(\sum_{i=1}^{n} x_i\right)\beta_1 = \sum_{i=1}^{n} y_i\ \ \ \cdots\cdots①$$

$$\frac{\partial L}{\partial \beta_1} = -2\sum_{i=1}^{n} \{y_i - (\beta_0 + \beta_1 x_i)\}x_i = 0\ \ \text{より}$$

$$\left(\sum_{i=1}^{n} x_i\right)\beta_0 + \left(\sum_{i=1}^{n} x_i^2\right)\beta_1 = \sum_{i=1}^{n} x_i y_i\ \ \ \cdots\cdots②$$

$$① \times \sum_{i=1}^{n} x_i^2 - ② \times \sum_{i=1}^{n} x_i\ \ \text{より}$$

$$\left\{ n\sum_{i=1}^{n} x_i{}^2 - \left( \sum_{i=1}^{n} x_i \right)^2 \right\} \beta_0 = \sum_{i=1}^{n} x_i{}^2 \sum_{i=1}^{n} y_i - \sum_{i=1}^{n} x_i \sum_{i=1}^{n} x_i y_i$$

$$\therefore \quad \beta_0 = \frac{\displaystyle \sum_{i=1}^{n} x_i{}^2 \sum_{i=1}^{n} y_i - \sum_{i=1}^{n} x_i \sum_{i=1}^{n} x_i y_i}{\displaystyle n\sum_{i=1}^{n} x_i{}^2 - \left( \sum_{i=1}^{n} x_i \right)^2}$$

②$\times n - $①$\times \displaystyle\sum_{i=1}^{n} x_i$　より

$$\left\{ n\sum_{i=1}^{n} x_i{}^2 - (\sum_{i=1}^{n} x_i)^2 \right\} \beta_1 = n\sum_{i=1}^{n} x_i y_i - \sum_{i=1}^{n} x_i \sum_{i=1}^{n} y_i$$

$$\therefore \quad \beta_1 = \frac{\displaystyle n\sum_{i=1}^{n} x_i y_i - \sum_{i=1}^{n} x_i \sum_{i=1}^{n} y_i}{\displaystyle n\sum_{i=1}^{n} x_i{}^2 - \left( \sum_{i=1}^{n} x_i \right)^2}$$

そこで

$$L(\beta_0, \beta_1) = \sum_{i=1}^{n} \varepsilon_i{}^2 = \sum_{i=1}^{n} \{ y_i - (\beta_0 + \beta_1 x_i) \}^2$$

を最小にする $\beta_0, \beta_1$ をあらためて $\widehat{\beta}_0, \widehat{\beta}_1$ で表すことにすると

$$\widehat{\beta}_0 = \frac{\displaystyle \sum_{i=1}^{n} x_i{}^2 \sum_{i=1}^{n} y_i - \sum_{i=1}^{n} x_i \sum_{i=1}^{n} x_i y_i}{\displaystyle n\sum_{i=1}^{n} x_i{}^2 - \left( \sum_{i=1}^{n} x_i \right)^2}, \quad \widehat{\beta}_1 = \frac{\displaystyle n\sum_{i=1}^{n} x_i y_i - \sum_{i=1}^{n} x_i \sum_{i=1}^{n} y_i}{\displaystyle n\sum_{i=1}^{n} x_i{}^2 - \left( \sum_{i=1}^{n} x_i \right)^2}$$

となる（なお，これは 2 次関数の平方完成という初等的な計算でも導ける）。

また，この式は分子分母を $n^2$ で割って，次のように表すこともできる。

$$\widehat{\beta}_0 = \frac{\overline{x^2} \cdot \overline{y} - \overline{x} \cdot \overline{xy}}{\overline{x^2} - (\overline{x})^2}, \quad \widehat{\beta}_1 = \frac{\overline{xy} - \overline{x} \cdot \overline{y}}{\overline{x^2} - (\overline{x})^2}$$

上のようにして

$$L(\beta_0, \beta_1) = \sum_{i=1}^{n} \varepsilon_i{}^2$$

を最小にするように $\beta_0, \beta_1$ を定めることを**最小二乗法**という。

また，直線 $y = \beta_0 + \beta_1 x$ を**回帰直線**といい，係数 $\beta_0, \beta_1$ を**回帰係数**という。
上で求めた $\widehat{\beta}_0, \widehat{\beta}_1$ は回帰係数 $\beta_0, \beta_1$ の予測値である。

最小二乗法において，$\widehat{\beta}_0, \widehat{\beta}_1$ を求めた連立 1 次方程式

$$\begin{cases} n\beta_0 + \left(\sum_{i=1}^{n} x_i\right)\beta_1 = \sum_{i=1}^{n} y_i \\ \left(\sum_{i=1}^{n} x_i\right)\beta_0 + \left(\sum_{i=1}^{n} x_i^2\right)\beta_1 = \sum_{i=1}^{n} x_i y_i \end{cases}$$

は **正規方程式** と呼ばれる。これは行列を用いて表せば次のようになる。

$$\begin{pmatrix} n & \sum_{i=1}^{n} x_i \\ \sum_{i=1}^{n} x_i & \sum_{i=1}^{n} x_i^2 \end{pmatrix}\begin{pmatrix} \beta_0 \\ \beta_1 \end{pmatrix} = \begin{pmatrix} \sum_{i=1}^{n} y_i \\ \sum_{i=1}^{n} x_i y_i \end{pmatrix} \quad \text{あるいは} \quad \begin{pmatrix} 1 & \bar{x} \\ \bar{x} & \overline{x^2} \end{pmatrix}\begin{pmatrix} \beta_0 \\ \beta_1 \end{pmatrix} = \begin{pmatrix} \bar{y} \\ \overline{xy} \end{pmatrix}$$

（注）コーシー・シュワルツの不等式より

$$\left|\sum_{i=1}^{n} x_i\right| \leqq \sqrt{\sum_{i=1}^{n} 1^2}\sqrt{\sum_{i=1}^{n} x_i^2} \qquad \therefore \quad \left(\sum_{i=1}^{n} x_i\right)^2 \leqq n\sum_{i=1}^{n} x_i^2$$

$$\therefore \quad n\sum_{i=1}^{n} x_i^2 - \left(\sum_{i=1}^{n} x_i\right)^2 \geqq 0$$

等号成立の条件は

$$x_1 = x_2 = \cdots = x_n$$

であるから

$$n\sum_{i=1}^{n} x_i^2 - \left(\sum_{i=1}^{n} x_i\right)^2 > 0$$

### 1.3.2   最小二乗法のベクトルと行列を用いた考察

最小二乗法の議論をベクトルと行列を用いて再考してみることは後の回帰分析において重要となる。なお，行列の転置行列がたびたび現れるが，本書では行列 $A$ の転置行列を $A^T$ で表す。

さて

$$\mathbf{x} = \begin{pmatrix} x_1 \\ x_2 \\ \vdots \\ x_n \end{pmatrix}, \quad \mathbf{y} = \begin{pmatrix} y_1 \\ y_2 \\ \vdots \\ y_n \end{pmatrix}, \quad \boldsymbol{\varepsilon} = \begin{pmatrix} \varepsilon_1 \\ \varepsilon_2 \\ \vdots \\ \varepsilon_n \end{pmatrix}$$

とし，さらに

$$\mathbf{1} = \begin{pmatrix} 1 \\ 1 \\ \vdots \\ 1 \end{pmatrix}, \quad X = (\mathbf{1}, \mathbf{x}) = \begin{pmatrix} 1 & x_1 \\ 1 & x_2 \\ \vdots & \vdots \\ 1 & x_n \end{pmatrix}, \quad \hat{\boldsymbol{\beta}} = \begin{pmatrix} \widehat{\beta}_0 \\ \widehat{\beta}_1 \end{pmatrix}$$

とおくと

$$y_i = \widehat{\beta}_0 + \widehat{\beta}_1 x_i + \varepsilon_i \quad (i = 1, 2, \cdots, n)$$

は

$$\begin{pmatrix} y_1 \\ y_2 \\ \vdots \\ y_n \end{pmatrix} = \begin{pmatrix} 1 & x_1 \\ 1 & x_2 \\ \vdots & \vdots \\ 1 & x_n \end{pmatrix} \begin{pmatrix} \widehat{\beta}_0 \\ \widehat{\beta}_1 \end{pmatrix} + \begin{pmatrix} \varepsilon_1 \\ \varepsilon_2 \\ \vdots \\ \varepsilon_n \end{pmatrix} \qquad \text{すなわち,} \quad \mathbf{y} = X\widehat{\boldsymbol{\beta}} + \boldsymbol{\varepsilon}$$

と表される。

そこで,正規方程式を上の行列を用いて表してみよう。

$$n\widehat{\beta}_0 + \left( \sum_{i=1}^{n} x_i \right) \widehat{\beta}_1 = \sum_{i=1}^{n} y_i \ \text{より}$$

$$\mathbf{1}^T \mathbf{1} \widehat{\beta}_0 + \mathbf{1}^T \mathbf{x} \widehat{\beta}_1 = \mathbf{1}^T \mathbf{y} \qquad \therefore \quad \mathbf{1}^T (\mathbf{1} \widehat{\beta}_0 + \mathbf{x} \widehat{\beta}_1) = \mathbf{1}^T \mathbf{y}$$

$$\therefore \quad \mathbf{1}^T X \widehat{\boldsymbol{\beta}} = \mathbf{1}^T \mathbf{y} \quad \cdots\cdots\text{①}$$

また

$$\left( \sum_{i=1}^{n} x_i \right) \widehat{\beta}_0 + \left( \sum_{i=1}^{n} x_i^2 \right) \widehat{\beta}_1 = \sum_{i=1}^{n} x_i y_i \ \text{より}$$

$$\mathbf{x}^T \mathbf{1} \widehat{\beta}_0 + \mathbf{x}^T \mathbf{x} \widehat{\beta}_1 = \mathbf{x}^T \mathbf{y} \qquad \therefore \quad \mathbf{x}^T (\mathbf{1} \widehat{\beta}_0 + \mathbf{x} \widehat{\beta}_1) = \mathbf{x}^T \mathbf{y}$$

$$\therefore \quad \mathbf{x}^T X \widehat{\boldsymbol{\beta}} = \mathbf{x}^T \mathbf{y} \quad \cdots\cdots\text{②}$$

よって,2つの方程式①,②をまとめると

$$\begin{pmatrix} \mathbf{1}^T \\ \mathbf{x}^T \end{pmatrix} X \widehat{\boldsymbol{\beta}} = \begin{pmatrix} \mathbf{1}^T \\ \mathbf{x}^T \end{pmatrix} \mathbf{y} \qquad \therefore \quad (\mathbf{1}, \mathbf{x})^T X \widehat{\boldsymbol{\beta}} = (\mathbf{1}, \mathbf{x})^T \mathbf{y}$$

$$\therefore \quad X^T X \widehat{\boldsymbol{\beta}} = X^T \mathbf{y}$$

これが行列で表された正規方程式である。

これより次が成り立つことに注意する。

$$\widehat{\boldsymbol{\beta}} = (X^T X)^{-1} X^T \mathbf{y}$$

行列で表されたこの式から,先に求めた回帰係数の式

$$\widehat{\beta}_0 = \frac{\displaystyle\sum_{i=1}^{n} x_i^2 \sum_{i=1}^{n} y_i - \sum_{i=1}^{n} x_i \sum_{i=1}^{n} x_i y_i}{\displaystyle n \sum_{i=1}^{n} x_i^2 - \left( \sum_{i=1}^{n} x_i \right)^2}, \quad \widehat{\beta}_1 = \frac{\displaystyle n \sum_{i=1}^{n} x_i y_i - \sum_{i=1}^{n} x_i \sum_{i=1}^{n} y_i}{\displaystyle n \sum_{i=1}^{n} x_i^2 - \left( \sum_{i=1}^{n} x_i \right)^2}$$

が得られることを確認しておこう。

$$X^T X = \begin{pmatrix} 1 & 1 & \cdots & 1 \\ x_1 & x_2 & \cdots & x_n \end{pmatrix} \begin{pmatrix} 1 & x_1 \\ 1 & x_2 \\ \vdots & \vdots \\ 1 & x_n \end{pmatrix} = \begin{pmatrix} n & \displaystyle\sum_{i=1}^{n} x_i \\ \displaystyle\sum_{i=1}^{n} x_i & \displaystyle\sum_{i=1}^{n} x_i^{2} \end{pmatrix}$$

より

$$\det(X^T X) = n\sum_{i=1}^{n} x_i^{2} - \left(\sum_{i=1}^{n} x_i\right)^{2} > 0$$

$$(X^T X)^{-1} = \frac{1}{\det(X^T X)} \begin{pmatrix} \displaystyle\sum_{i=1}^{n} x_i^{2} & -\displaystyle\sum_{i=1}^{n} x_i \\ -\displaystyle\sum_{i=1}^{n} x_i & n \end{pmatrix}$$

また

$$X^T \mathbf{y} = \begin{pmatrix} 1 & 1 & \cdots & 1 \\ x_1 & x_2 & \cdots & x_n \end{pmatrix} \begin{pmatrix} y_1 \\ y_2 \\ \vdots \\ y_n \end{pmatrix} = \begin{pmatrix} \displaystyle\sum_{i=1}^{n} y_i \\ \displaystyle\sum_{i=1}^{n} x_i y_i \end{pmatrix}$$

であるから

$$\hat{\boldsymbol{\beta}} = (X^T X)^{-1} X^T \mathbf{y}$$

$$= \frac{1}{\det(X^T X)} \begin{pmatrix} \displaystyle\sum_{i=1}^{n} x_i^{2} & -\displaystyle\sum_{i=1}^{n} x_i \\ -\displaystyle\sum_{i=1}^{n} x_i & n \end{pmatrix} \begin{pmatrix} \displaystyle\sum_{i=1}^{n} y_i \\ \displaystyle\sum_{i=1}^{n} x_i y_i \end{pmatrix}$$

$$= \frac{1}{\det(X^T X)} \begin{pmatrix} \displaystyle\sum_{i=1}^{n} x_i^{2} \sum_{i=1}^{n} y_i - \sum_{i=1}^{n} x_i \sum_{i=1}^{n} x_i y_i \\ n\displaystyle\sum_{i=1}^{n} x_i y_i - \sum_{i=1}^{n} x_i \sum_{i=1}^{n} y_i \end{pmatrix}$$

すなわち

$$\hat{\beta}_0 = \frac{\displaystyle\sum_{i=1}^{n} x_i^{2} \sum_{i=1}^{n} y_i - \sum_{i=1}^{n} x_i \sum_{i=1}^{n} x_i y_i}{n\displaystyle\sum_{i=1}^{n} x_i^{2} - \left(\sum_{i=1}^{n} x_i\right)^{2}}, \quad \hat{\beta}_1 = \frac{n\displaystyle\sum_{i=1}^{n} x_i y_i - \sum_{i=1}^{n} x_i \sum_{i=1}^{n} y_i}{n\displaystyle\sum_{i=1}^{n} x_i^{2} - \left(\sum_{i=1}^{n} x_i\right)^{2}}$$

である。

# 第 2 章

# 確率変数と確率分布

## 2. 1 確率変数と確率分布

統計的推測において，得られたデータは，その背後に存在してデータの源となる**母集団**から"確率的操作"によって得られたものと見なされる。すなわち，各データは観測ごとにさまざまに異なる値をとり，統計的推測においてデータ（**標本**または**サンプル**）は**確率変数**と見なされる。そこで，統計的推測に進む準備として，確率変数と確率分布について調べていく。

### 2.1.1 離散型確率変数

1 枚のコインを投げたときに表が出る回数を $X$ とすると，$X$ のとりうる値は

$$X = 0, 1$$

であり，その各々の値をとる確率は

$$P(X = k) = \frac{1}{2} \quad (k = 0, 1)$$

で与えられる。

コイン投げやサイコロ投げのように，とびとびの値 $x_1, x_2, \cdots, x_n, \cdots$ をとり，各値をとる確率

$$P(X = x_i) = p_i \quad (i = 1, 2, \cdots, n, \cdots)$$

が定まっているような変数 $X$ を**離散型確率変数**といい，このような確率変数の値と確率との対応関係を**確率分布**という。

$f(x_i) = P(X = x_i)$ で定義される関数 $f(x)$ を確率変数 $X$ の**確率関数**という（定義域は $x = x_1, x_2, \cdots, x_n, \cdots$ である）。

また，関数

$$F(x) = P(X \leqq x) = \sum_{x_i \leqq x} P(X = x_i) \qquad （定義域は実数の全体）$$

を確率変数 $X$ の**分布関数**という。上のコイン投げの例では

$$F(x) = P(X \leqq x) = \begin{cases} 0 & (x < 0) \\ \dfrac{1}{2} & (0 \leqq x < 1) \\ 1 & (x \geqq 1) \end{cases}$$

確率関数 $f(x)$ は分布関数 $F(x)$ から次で定まる。

$$f(x_i) = F(x_i) - \lim_{x \to x_i - 0} F(x)$$

## 2.1.2　離散型確率変数の平均と分散

離散型確率変数 $X$ の**平均（期待値）**を

$$E[X] = \sum_{i=1}^{\infty} x_i \cdot P(X = x_i)$$

で定義する。よって，$X$ の確率分布を

$$P(X = x_i) = p_i \quad (i = 1, 2, \cdots)$$

と表せば

$$E[X] = \sum_{i=1}^{\infty} x_i p_i = \sum_{i=1}^{\infty} x_i f(x_i)$$

である。明らかに次の公式が成り立つ。

**[公式]**　$E[aX + bY] = aE[X] + bE[Y]$

一般に，$X$ の関数 $g(X)$ の平均を

$$E[g(X)] = \sum_{i=1}^{\infty} g(x_i) p_i = \sum_{i=1}^{\infty} g(x_i) f(x_i)$$

で定義する。

次に，$E[X] = \mu$ とするとき，$X$ の**分散**を

$$V[X] = E[(X - \mu)^2] = \sum_{i=1}^{\infty} (x_i - \mu)^2 p_i = \sum_{i=1}^{\infty} (x_i - \mu)^2 f(x_i)$$

で定義し，$X$ の**標準偏差**を次で定義する。

$$\sigma[X] = \sqrt{V[X]}$$

**[公式]**　$V[X] = E[X^2] - E[X]^2$

（**証明**）$V[X] = E[(X - \mu)^2]$

$$= E[X^2 - 2\mu X + \mu^2]$$

$$= E[X^2] - 2\mu E[X] + \mu^2$$

$$= E[X^2] - \mu^2$$

$$= E[X^2] - E[X]^2 \qquad \qquad \square$$

[公式] $V[aX + b] = a^2 V[X]$

（証明）
$$V[aX + b] = E[\{(aX + b) - (a\mu + b)\}^2]$$
$$= E[a^2 (X - \mu)^2]$$
$$= a^2 E[(X - \mu)^2]$$
$$= a^2 V[X]$$

$\qquad\qquad\qquad\qquad\qquad\qquad\qquad\qquad\qquad\qquad\qquad\qquad$ □

### 2.1.3　連続型確率変数

コイン投げやサイコロ投げとは別に，長さの測定や面積の測定では測定値は定まったとびとびの値ではなく，連続的な値をとる。このような場合，各値における確率，つまり一点における確率を考えることに意味はなく，次のような形で確率を考える。

$$P(a \leqq X \leqq b) = \int_a^b f(x)dx$$

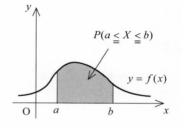

このように，連続的な値をとり，確率が上のような形で考えられる変数 $X$ を**連続型確率変数**という。離散型確率変数と連続型確率変数をまとめて**確率変数**という。連続型確率変数ではこのような形で**確率分布**を考える。

関数 $f(x)$ を連続型確率変数 $X$ の**確率密度関数**（または簡単に**密度関数**）という（定義域は実数の全体）。

また，関数

$$F(x) = P(X \leqq x) = \int_{-\infty}^x f(x)dx \qquad （定義域は実数の全体）$$

を連続型確率変数 $X$ の**分布関数**という。

確率密度関数 $f(x)$ は分布関数 $F(x)$ から次で定まる。

$$f(x) = \frac{dF(x)}{dx} = \frac{d}{dx}\int_{-\infty}^x f(x)dx \qquad ただし，x は f(x) の連続点$$

### 2.1.4　連続型確率変数の平均と分散

連続型確率変数 $X$ の**平均**（**期待値**）を

$$E[X] = \int_{-\infty}^{\infty} x \cdot f(x)dx$$

で定義する。

明らかに次の公式が成り立つ。

[公式] $E[aX + bY] = aE[X] + bE[Y]$

一般に，$X$ の関数 $g(X)$ の平均を

$$E[g(X)] = \int_{-\infty}^{\infty} g(x) \cdot f(x) dx$$

で定義する。

次に，$E[X] = \mu$ とするとき，$X$ の**分散**を

$$V[X] = E[(X - \mu)^2] = \int_{-\infty}^{\infty} (x - \mu)^2 f(x) dx$$

で定義し，$X$ の**標準偏差**を次で定義する。

$$\sigma[X] = \sqrt{V[X]}$$

離散型確率変数の場合と全く同様に以下の公式が成り立つ。

**[公式]**　$V[X] = E[X^2] - E[X]^2$

**[公式]**　$V[aX + b] = a^2 V[X]$

### 2.1.5　確率分布の歪度と尖度

確率変数（したがって，確率分布）の場合にも，データの分析で考えたように，分布の中心や散らばり具合の他に，"分布の非対称性"や"分布の尖り具合（あるいは裾の広がり具合）"なども考えられる。

データの分析のときと同様，確率変数が平均 $\mu$ や分散 $\sigma^2$（したがって，標準偏差 $\sigma$）をもつ場合

$$X = \frac{X - \mu}{\sigma}$$

をデータの**標準化**といい，これによって，平均が $0$，分散が $1$ になる。

そこで，確率変数 $X$ に対しても，以下の特性値を定義する。

$$\textbf{歪度}：E\left[\left(\frac{X - \mu}{\sigma}\right)^3\right] = \frac{E[(X - \mu)^3]}{\sigma^3}$$

$$\textbf{尖度}：E\left[\left(\frac{X - \mu}{\sigma}\right)^4\right] = \frac{E[(X - \mu)^4]}{\sigma^4}$$

**（注）** 尖度については後で述べる正規分布の尖度（＝3）を基準として

$$\textbf{尖度}：E\left[\left(\frac{X - \mu}{\sigma}\right)^4\right] - 3 = \frac{E[(X - \mu)^4]}{\sigma^4} - 3$$

と定義する場合もある。このように定義した場合は，正規分布の尖度は $0$ となる。

## ２．２　２項分布とポアソン分布

### 2.2.1　ベルヌーイ分布

　1 回の試行で事象 $A$ が起こる確率（**成功確率**）が $p$ である試行を 1 回行うとき，事象 $A$ の起こる回数を $X$ とすると，確率変数 $X$ の確率分布は

$$P(X=1)=p,\quad P(X=0)=1-p$$

すなわち，その確率関数は

$$P(X=k)=p^k(1-p)^{1-k}\quad(k=0,1)$$

で与えられる。この確率分布を**ベルヌーイ分布**という。これは次に述べる 2 項分布の特別な場合で，$B(1,p)$ で表される。ベルヌーイ分布は 2 項分布 $B(n,p)$ の特別の場合にすぎないが，非常に重要なものである。

### 2.2.2　２項分布

　1 回の試行で事象 $A$ が起こる確率が $p$ である試行を $n$ 回繰り返して行うとき，事象 $A$ の起こる回数を $X$ とすると，確率変数 $X$ の確率関数は

$$P(X=k)={}_nC_k\,p^k(1-p)^{n-k}\quad(k=0,1,\cdots,n)$$

で与えられる。この確率分布を**2 項分布**といい，$B(n,p)$ で表す。

**［公式］（２項分布の平均・分散・標準偏差）**
　2 項分布：

$$P(X=k)={}_nC_k\,p^k(1-p)^{n-k}\quad(k=0,1,\cdots,n)$$

の平均，分散，標準偏差は次で与えられる。

$$E[X]=np,\quad V[X]=np(1-p),\quad \sigma[X]=\sqrt{np(1-p)}$$

（証明）
$$E[X]=\sum_{k=0}^{n}k\cdot P(X=k)=\sum_{k=1}^{n}k\cdot P(X=k)$$
$$=\sum_{k=1}^{n}k\cdot{}_nC_k\,p^k(1-p)^{n-k}$$
$$=\sum_{k=1}^{n}k\cdot\frac{n!}{k!\,(n-k)!}p^k(1-p)^{n-k}$$
$$=\sum_{k=1}^{n}\frac{n!}{(k-1)!\,(n-k)!}p^k(1-p)^{n-k}$$
$$=np\sum_{k=1}^{n}\frac{(n-1)!}{(k-1)!\,(n-k)!}p^{k-1}(1-p)^{n-k}$$

$$= np \sum_{k=1}^{n} \frac{(n-1)!}{(k-1)!\{(n-1)-(k-1)\}!} p^{k-1}(1-p)^{(n-1)-(k-1)}$$

$$= np \sum_{l=0}^{n-1} \frac{(n-1)!}{l!\{(n-1)-l\}!} p^{l}(1-p)^{(n-1)-l}$$

$$= np \sum_{l=0}^{n-1} {}_{n-1}C_l p^{l}(1-p)^{(n-1)-l}$$

$$= np\{p+(1-p)\}^{n-1} = np$$

次に，分散を求めよう。分散は次の関係を満たすことに注意する。

$$V[X] = E[X^2] - E[X]^2 = E[X(X-1)] + E[X] - E[X]^2$$

ここで

$$E[X(X-1)] = \sum_{k=0}^{n} k(k-1)P(X=k)$$

$$= \sum_{k=2}^{n} k(k-1)P(X=k)$$

$$= \sum_{k=2}^{n} k(k-1) {}_n C_k p^k(1-p)^{n-k}$$

$$= \sum_{k=2}^{n} \frac{n!}{(k-2)!(n-k)!} p^k(1-p)^{n-k}$$

$$= n(n-1)p^2 \sum_{k=2}^{n} \frac{(n-2)!}{(k-2)!(n-k)!} p^{k-2}(1-p)^{n-k}$$

$$= n(n-1)p^2 \sum_{l=0}^{n-2} \frac{(n-2)!}{l!\{(n-2)-l\}!} p^{l}(1-p)^{(n-2)-l}$$

$$= n(n-1)p^2 \sum_{l=0}^{n-2} {}_{n-2}C_l p^{l}(1-p)^{(n-2)-l}$$

$$= n(n-1)p^2 \{p+(1-p)\}^{n-2}$$

$$= n(n-1)p^2$$

よって

$$V[X] = E[X(X-1)] + E[X] - E[X]^2$$

$$= n(n-1)p^2 + np - (np)^2$$

$$= np(1-p)$$

また

$$\sigma[X] = \sqrt{V[X]} = \sqrt{np(1-p)}$$

□

━━ 高校**数学からの復習**（二項定理と多項定理）━━

ここで，高校数学の内容であるが確率統計で大切な2項定理と多項定理について復習しておこう。微分積分でも重要となる公式である。

**［2項定理］**

$$(a+b)^n = \sum_{k=0}^{n} {}_nC_k a^{n-k}b^k$$

$$= a^n + {}_nC_1 a^{n-1}b + {}_nC_2 a^{n-2}b^2 + \cdots + b^n$$

なお，2項係数 ${}_nC_k$ は主要な内容が大きくなるように $\binom{n}{k}$ のように書くことも多い。したがって

$$\binom{n}{k} = {}_nC_k = \frac{n(n-1)\cdots(n-k+1)}{k!} = \frac{n!}{k!(n-k)!}$$

である。また，2項係数については次の関係式も基本である。

$${}_nC_k = {}_nC_{n-k}, \quad {}_nC_k = {}_{n-1}C_{k-1} + {}_{n-1}C_k$$

**（注）** 2つの関係式はいずれもただちに納得できるだろうか。第1の関係式は，$n$ 個から $k$ 個選ぶ方法も $n$ 個から $n-k$ 個選ばない方法も同じことからわかる。第2の関係式は，$n$ 人から $k$ 人を選ぶことを考えてみればよい。特定のAさんを選ぶ方法が ${}_{n-1}C_{k-1}$ 通り（残りから $k-1$ 人を選べばよい），Aさんを選ばない方法が ${}_{n-1}C_k$ であることからわかる。

2項係数には他にもいろいろな公式が存在する（**演習2−3**の解答参照）。

2項定理が理解できていればただちに次の多項定理もわかる。

**［多項定理］**

3項の場合で述べると（3項で理解できれば一般の場合も理解できる）

$(a+b+c)^n$ の展開式における $a^p b^q c^r$ の係数は

$$\frac{n!}{p!\,q!\,r!}$$

（注）2項定理において，$a^{n-k}b^k$ の係数 ${}_nC_k = \dfrac{n!}{k!(n-k)!}$ は $n$ 個の括弧のうちのどの $k$ 個から $b$ を選んでくるかの方法と考えてもよいし，$n-k$ 個の $a$ と $k$ 個の $b$ を並べる同じものを含む順列と考えてもよい。同様に，多項定理における $a^p b^q c^r$ の係数も同じものを含む順列を考えればよい。

## 2.2.3　ポアソン分布

　ポアソン分布は，2 項分布 $B(n, p)$ において，平均 $E[X] = np$ を一定値 $\lambda$ に保ちながら $n \to \infty$ （したがって，$p \to 0$）とした極限の分布として定義される。

　そのような極限の分布を求めてみよう。

$$\lim_{\substack{n \to \infty \\ np = \lambda}} P(X = k) = \lim_{\substack{n \to \infty \\ np = \lambda}} {}_nC_k\, p^k (1-p)^{n-k}$$

$$= \lim_{n \to \infty} \frac{n(n-1)\cdots\{n-(k-1)\}}{k!} \left(\frac{\lambda}{n}\right)^k \left(1 - \frac{\lambda}{n}\right)^{n-k}$$

$$= \frac{\lambda^k}{k!} \lim_{n \to \infty} \frac{n(n-1)\cdots\{n-(k-1)\}}{n^k} \left(1 - \frac{\lambda}{n}\right)^{n-k}$$

$$= \frac{\lambda^k}{k!} \lim_{n \to \infty} \left(1 - \frac{1}{n}\right)\cdots\left(1 - \frac{k-1}{n}\right)\left(1 - \frac{\lambda}{n}\right)^{n-k}$$

$$= \frac{\lambda^k}{k!} \lim_{n \to \infty} \left(1 - \frac{1}{n}\right)\cdots\left(1 - \frac{k-1}{n}\right)\left(1 - \frac{\lambda}{n}\right)^{-k}\left(1 - \frac{\lambda}{n}\right)^{n}$$

$$= \frac{\lambda^k}{k!} \lim_{n \to \infty} \left(1 - \frac{1}{n}\right)\cdots\left(1 - \frac{k-1}{n}\right)\left(1 - \frac{\lambda}{n}\right)^{-k}\left\{\left(1 - \frac{\lambda}{n}\right)^{-\frac{n}{\lambda}}\right\}^{-\lambda}$$

$$= \frac{\lambda^k}{k!} e^{-\lambda}$$

　そこで，次の確率分布（確率関数）をもつ確率分布を**ポアソン分布**といい，$Po(\lambda)$ で表す。

$$P(X = k) = \frac{\lambda^k}{k!} e^{-\lambda} \quad (k = 0, 1, 2, \cdots)$$

**［公式］（ポアソン分布の平均・分散・標準偏差）**

　ポアソン分布

$$P(X = k) = \frac{\lambda^k}{k!} e^{-\lambda} \quad (k = 0, 1, 2, \cdots)$$

の平均，分散，標準偏差は次で与えられる。

$$E[X] = \lambda, \quad V[X] = \lambda, \quad \sigma[X] = \sqrt{\lambda}$$

（証明）$\displaystyle E[X] = \sum_{k=0}^{\infty} k \cdot \frac{\lambda^k}{k!} e^{-\lambda}$

$$= \sum_{k=1}^{\infty} \frac{\lambda^k}{(k-1)!} e^{-\lambda}$$

$$= \lambda e^{-\lambda} \sum_{k=1}^{\infty} \frac{\lambda^{k-1}}{(k-1)!}$$

$$= \lambda e^{-\lambda} \sum_{l=0}^{\infty} \frac{\lambda^{l}}{l!} \quad \text{(注)} \quad e^{x} = \sum_{n=0}^{\infty} \frac{x^{n}}{n!} = 1 + \frac{x}{1!} + \frac{x^2}{2!} + \cdots$$

$$= \lambda e^{-\lambda} e^{\lambda} = \lambda$$

分散は次の関係を満たすことに注意する。

$$V[X] = E[X^2] - E[X]^2 = E[X(X-1)] + E[X] - E[X]^2$$

そこで

$$E[X(X-1)] = \sum_{k=0}^{n} k(k-1)P(X=k)$$

$$= \sum_{k=2}^{n} k(k-1)P(X=k)$$

$$= \sum_{k=2}^{\infty} k(k-1) \cdot \frac{\lambda^k}{k!} e^{-\lambda}$$

$$= \sum_{k=2}^{\infty} \frac{\lambda^k}{(k-2)!} e^{-\lambda}$$

$$= \lambda^2 e^{-\lambda} \sum_{k=2}^{\infty} \frac{\lambda^{k-2}}{(k-2)!}$$

$$= \lambda^2 e^{-\lambda} \sum_{l=0}^{\infty} \frac{\lambda^{l}}{l!}$$

$$= \lambda^2 e^{-\lambda} e^{\lambda} = \lambda^2$$

よって

$$V[X] = E[X(X-1)] + E[X] - E[X]^2$$

$$= \lambda^2 + \lambda - \lambda^2$$

$$= \lambda$$

また

$$\sigma[X] = \sqrt{V[X]} = \sqrt{\lambda} \qquad \qquad \square$$

ポアソン分布の定義より，2項分布 $B(n, p)$ において，$n$ が大きく，$p$ が小さいときは，ポアソン分布 $Po(np)$ で近似できることがわかる。

## ２．３ 正規分布

### 2.3.1 正規分布の導出

正規分布の真に数学的な導出は中心極限定理であり，それによって正規分布が確率分布の中でも特別な存在であることも明確になる。ここではいくつかの仮定の下，直観的に現象論的な方法で正規分布の導出をしてみよう。

＜仮定＞

$xy$ 平面上に，$z$ 軸上の正の位置から小球を落とす場面を考える。このとき，以下の仮定を定める。

（ⅰ）原点から等距離にある 2 点に落下する確率は等しい。

（ⅱ）$x$ 軸方向への揺れと $y$ 軸方向への揺れは互いに独立である。

（ⅲ）原点からの距離が無限に遠い点に落下する確率は 0 である。

以上の仮定の下に正規分布の確率密度関数 $f(x)$ の一般式を導いてみよう。

$xy$ 平面上の点 $(x, y)$ を含む微小領域 $D$ を，点 $(x, y)$ が点 $(0, \sqrt{x^2 + y^2})$ に移るように，原点の周りに回転した領域を $E$ とする。このとき，$z$ 軸上の正の位置から落とした小球が領域 $D$ に落下する確率と領域 $E$ に落下する確率は等しい。—

領域 $D$ は限りなく小さくとることができるので，

領域 $D, E$ として，次の 2 つの長方形領域

$$D : [x, \ x+dx] \times [y, \ y+dy]$$

$$E : [0, \ dx] \times [\sqrt{x^2 + y^2}, \ \sqrt{x^2 + y^2} + dy]$$

を考えればよい。

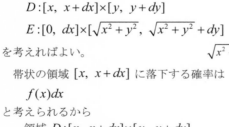

帯状の領域 $[x, \ x+dx]$ に落下する確率は

$$f(x)dx$$

と考えられるから

領域 $D : [x, \ x+dx] \times [y, \ y+dy]$

に落下する確率は，仮定（ⅱ）より

$$f(x)dx \times f(y)dy = f(x)f(y)dxdy$$

である。

一方

領域 $E : [0, \ dx] \times [\sqrt{x^2 + y^2}, \ \sqrt{x^2 + y^2} + dy]$

に落下する確率は

$$f(0)dx \times f(\sqrt{x^2 + y^2})dy = f(0)f(\sqrt{x^2 + y^2})dxdy$$

であるから，仮定（ⅰ）より

$$f(x)f(y)dxdy = f(0)f(\sqrt{x^2+y^2})dxdy$$

$$\therefore \quad f(x)f(y) = f(0)f(\sqrt{x^2+y^2})$$

そこで，$g(x) = f(\sqrt{x})$ （$x > 0$）とおくと

$$g(x^2)g(y^2) = g(0)g(x^2+y^2)$$

$$\therefore \quad g(x)g(y) = g(0)g(x+y)$$

これより

$$g'(x) = \lim_{h \to 0} \frac{g(x+h)-g(x)}{h}$$

$$= \frac{1}{g(0)} \lim_{h \to 0} \frac{g(x)g(h)-g(x)g(0)}{h}$$

$$= \frac{1}{g(0)} g(x) \lim_{h \to 0} \frac{g(h)-g(0)}{h}$$

$$= \frac{1}{g(0)} g(x)g'(0)$$

$$= \frac{g'(0)}{g(0)} g(x) = kg(x)$$

よって

$$g(x) = Ae^{kx}$$

したがって

$$f(x) = g(x^2) = Ae^{kx^2} \quad (A > 0)$$

対称性の仮定（ⅰ）より，すべての実数 $x$ について

$$f(x) = Ae^{kx^2} \quad (A > 0)$$

仮定（ⅲ）：$\lim_{x \to \infty} f(x) = 0$ より，$k < 0$ であるから，$h > 0$ として

$$f(x) = Ae^{-hx^2} \quad (A > 0)$$

とおく。

また，全確率：$\int_{-\infty}^{\infty} f(x)dx = 1$ より

$$\int_{-\infty}^{\infty} Ae^{-hx^2} dx = 1$$

$$\therefore \quad \frac{A}{\sqrt{h}} \int_{-\infty}^{\infty} e^{-t^2} dt = 1 \qquad （t = \sqrt{h}x \text{ と置換積分}）$$

$$\frac{A}{\sqrt{h}} \cdot \sqrt{\pi} = 1 \quad \therefore \quad A = \frac{\sqrt{h}}{\sqrt{\pi}} \qquad （注）\int_{-\infty}^{\infty} e^{-x^2} dx = \sqrt{\pi}$$

よって

$$f(x) = \frac{\sqrt{h}}{\sqrt{\pi}} e^{-hx^2}$$

次に，この式で分散 $\sigma^2$ を計算してみよう。

$$\sigma^2 = \int_{-\infty}^{\infty} x^2 \frac{\sqrt{h}}{\sqrt{\pi}} e^{-hx^2} dx$$

$$= \frac{\sqrt{h}}{\sqrt{\pi}} \int_{-\infty}^{\infty} x \cdot x e^{-hx^2} dx$$

$$= \frac{\sqrt{h}}{\sqrt{\pi}} \left( \left[ x \cdot \left( -\frac{1}{2h} e^{-hx^2} \right) \right]_{-\infty}^{\infty} - \int_{-\infty}^{\infty} 1 \cdot \left( -\frac{1}{2h} e^{-hx^2} \right) dx \right)$$

$$= \frac{\sqrt{h}}{\sqrt{\pi}} \left( 0 + \frac{1}{2h} \int_{-\infty}^{\infty} e^{-hx^2} dx \right)$$

$$= \frac{1}{2\sqrt{\pi}\sqrt{h}} \int_{-\infty}^{\infty} e^{-hx^2} dx$$

$$= \frac{1}{2\sqrt{\pi}\sqrt{h}} \cdot \frac{1}{\sqrt{h}} \int_{-\infty}^{\infty} e^{-t^2} dt \qquad （t = \sqrt{h}x \text{ と置換積分}）$$

$$= \frac{1}{2\sqrt{\pi}} \cdot \frac{1}{h} \cdot \sqrt{\pi} = \frac{1}{2h}$$

$$\therefore \quad h = \frac{1}{2\sigma^2}$$

以上より

$$f(x) = \frac{\sqrt{h}}{\sqrt{\pi}} e^{-hx^2}$$

$$= \frac{1}{\sqrt{2\pi\sigma^2}} e^{-\frac{1}{2\sigma^2}x^2}$$

$$= \frac{1}{\sqrt{2\pi}\sigma} \exp\left( -\frac{x^2}{2\sigma^2} \right)$$

次の確率密度関数をもつ確率分布を**正規分布**（平均 0 ）といい，$N(0, \sigma^2)$ で表す。特に，$N(0,1)$ を**標準正規分布**という。

$$f(x) = \frac{1}{\sqrt{2\pi}\sigma} \exp\left( -\frac{x^2}{2\sigma^2} \right)$$

さらに，分布の中心（平均）が $\mu$ のときを考えれば

$$f(x) = \frac{1}{\sqrt{2\pi}\sigma} \exp\left( -\frac{(x-\mu)^2}{2\sigma^2} \right)$$

となる。この確率密度関数にもつ正規分布を $N(\mu, \sigma^2)$ で表す。

## 2.3.2　正規分布の平均・分散・標準偏差

**[公式]（正規分布の平均・分散・標準偏差）**
　正規分布

$$f(x) = \frac{1}{\sqrt{2\pi}\sigma}\exp\left(-\frac{(x-\mu)^2}{2\sigma^2}\right)$$

の平均，分散，標準偏差は次で与えられる。

$$E[X] = \mu, \quad V[X] = \sigma^2, \quad \sigma[X] = \sqrt{\sigma^2} = \sigma$$

（証明）　$\displaystyle E[X] = \int_{-\infty}^{\infty} x \cdot f(x)\,dx$

$$= \int_{-\infty}^{\infty} x \cdot \frac{1}{\sqrt{2\pi}\sigma}\exp\left(-\frac{(x-\mu)^2}{2\sigma^2}\right)dx$$

$$= \int_{-\infty}^{\infty} (\mu + \sigma z) \cdot \frac{1}{\sqrt{2\pi}\sigma}\exp\left(-\frac{z^2}{2}\right) \cdot \sigma\,dz \quad (z = \frac{x-\mu}{\sigma} \text{ と置換})$$

$$= \frac{\mu}{\sqrt{2\pi}}\int_{-\infty}^{\infty}\exp\left(-\frac{z^2}{2}\right)dz + \frac{\sigma}{\sqrt{2\pi}}\int_{-\infty}^{\infty} z \cdot \exp\left(-\frac{z^2}{2}\right)dz$$

$$= \frac{\mu}{\sqrt{2\pi}}\int_{-\infty}^{\infty}\exp(-t^2)\sqrt{2}\,dt + 0 = \frac{\mu}{\sqrt{\pi}}\int_{-\infty}^{\infty}\exp(-t^2)\,dt$$

$$= \frac{\mu}{\sqrt{\pi}} \cdot \sqrt{\pi} = \mu$$

また

$$V[X] = E[(X-\mu)^2]$$

$$= \int_{-\infty}^{\infty} (x-\mu)^2 \cdot \frac{1}{\sqrt{2\pi}\sigma}\exp\left(-\frac{(x-\mu)^2}{2\sigma^2}\right)dx$$

$$= \int_{-\infty}^{\infty} (\sqrt{2}\sigma t)^2 \cdot \frac{1}{\sqrt{2\pi}\sigma}\exp(-t^2)\sqrt{2}\sigma\,dt \qquad (t = \frac{x-\mu}{\sqrt{2}\sigma} \text{ と置換})$$

$$= \frac{2\sigma^2}{\sqrt{\pi}}\int_{-\infty}^{\infty} t^2 \cdot \exp(-t^2)\,dt$$

$$= \frac{2\sigma^2}{\sqrt{\pi}}\int_{-\infty}^{\infty}\left(-\frac{t}{2}\right) \cdot (-2t)\exp(-t^2)\,dt$$

$$= \frac{2\sigma^2}{\sqrt{\pi}}\left(\left[\left(-\frac{t}{2}\right) \cdot \exp(-t^2)\right]_{-\infty}^{\infty} - \int_{-\infty}^{\infty}\left(-\frac{1}{2}\right) \cdot \exp(-t^2)\,dt\right)$$

$$= \frac{2\sigma^2}{\sqrt{\pi}}\left(0 + \frac{1}{2}\int_{-\infty}^{\infty}\exp(-t^2)\,dt\right) = \frac{2\sigma^2}{\sqrt{\pi}}\left(0 + \frac{1}{2} \cdot \sqrt{\pi}\right) = \sigma^2$$

また

$$\sigma[X] = \sqrt{V[X]} = \sqrt{\sigma^2} = \sigma$$

□

## ２．４　２項分布と正規分布

### 2.4.1　２項分布の正規分布への収束

確率変数 $X_n$ が 2 項分布 $B(n, p)$ に従うとき

$$Z_n = \frac{X_n - np}{\sqrt{np(1-p)}}$$

の分布は標準正規分布 $N(0,1)$ に収束する。

このことは後で述べる中心極限定理からも証明されるが，ここでは中心極限定理を用いないで直接証明してみよう。ただし，証明はかなり長いものになる。なお，中心極限定理の厳密で完全な証明は相当に高度なものであることを指摘しておく。

これから証明する定理は**ド・モアブル - ラプラスの定理**と呼ばれる以下のような内容であり，中心極限定理の特別な場合と見なすこともできる。

**[定理]（ド・モアブル - ラプラスの定理）**

確率変数 $X_n$ が 2 項分布 $B(n, p)$ に従うとき

$$Z_n = \frac{X_n - np}{\sqrt{np(1-p)}}$$

とおくと次が成り立つ。

$$\lim_{n\to\infty} P(a \leqq Z_n \leqq b) = \int_a^b \frac{1}{\sqrt{2\pi}} \exp\left(-\frac{z^2}{2}\right) dz$$

**（証明）** この証明には**スターリングの公式**：

$$\lim_{n\to\infty} \frac{n!}{\sqrt{2\pi}\, n^{n+\frac{1}{2}} e^{-n}} = 1 \qquad \text{（証明は参考文献［桜井 1］参照）}$$

が本質的な役割を果たす。さらに，区分求積法（定積分の定義）に注意することも重要である。

スターリングの公式より

$$\frac{n!}{\sqrt{2\pi}\, n^{n+\frac{1}{2}} e^{-n}} = 1 + a_n$$

とおくと

$$n! = \sqrt{2\pi}\, n^{n+\frac{1}{2}} e^{-n}(1 + a_n) \qquad \text{ただし，} \lim_{n\to\infty} a_n = 0$$

のように $n!$ を表すことができる。

確率変数 $X_n$ が 2 項分布 $B(n, p)$ に従うとする。すなわち

$$P(X_n = k) = {}_nC_k\, p^k (1-p)^{n-k} \qquad (k = 0, 1, 2, \cdots, n)$$

ここで

$$Z_n = \frac{X_n - np}{\sqrt{np(1-p)}}$$

とおき

$$P(a \le Z_n \le b) = P\left(a \le \frac{X_n - np}{\sqrt{np(1-p)}} \le b\right)$$

を考察する。

$$z_k = \frac{k - np}{\sqrt{np(1-p)}} \qquad (k = 0, 1, 2, \cdots, n)$$

とおくとき，スターリングの公式に注意して

$$P(Z_n = z_k) = P(X_n = k)$$

$$= {}_nC_k p^k (1-p)^{n-k}$$

$$= \frac{n!}{k!(n-k)!} p^k (1-p)^{n-k}$$

$$= \frac{\sqrt{2\pi n}n^n e^{-n}(1+a_n)}{\sqrt{2\pi k}k^k e^{-k}(1+a_k) \cdot \sqrt{2\pi(n-k)}(n-k)^{n-k} e^{-n+k}(1+a_{n-k})} p^k (1-p)^{n-k}$$

$$= \frac{1}{\sqrt{2\pi}} \sqrt{\frac{n}{k(n-k)}} \left(\frac{np}{k}\right)^k \left(\frac{n(1-p)}{n-k}\right)^{n-k} \cdot \frac{(1+a_n)}{(1+a_k)(1+a_{n-k})}$$

ここで

$$\frac{1}{\sqrt{2\pi}} \sqrt{\frac{n}{k(n-k)}} \left(\frac{np}{k}\right)^k \left(\frac{n(1-p)}{n-k}\right)^{n-k}$$

の部分について調べる。
まず

$$z_k - z_{k-1} = \frac{1}{\sqrt{np(1-p)}} \quad (= \Delta z \text{ とおく。})$$

であることに注意して

$$\frac{1}{\sqrt{2\pi}} \sqrt{\frac{n}{k(n-k)}} \left(\frac{np}{k}\right)^k \left(\frac{n(1-p)}{n-k}\right)^{n-k}$$

$$= \frac{1}{\sqrt{2\pi}} \cdot \frac{1}{\sqrt{np(1-p)}} \sqrt{\frac{n \cdot np(1-p)}{k(n-k)}} \left(\frac{np}{k}\right)^k \left(\frac{n(1-p)}{n-k}\right)^{n-k}$$

$$= \frac{1}{\sqrt{2\pi}} \Delta z \sqrt{\frac{np}{k}} \sqrt{\frac{n(1-p)}{n-k}} \left(\frac{np}{k}\right)^k \left(\frac{n(1-p)}{n-k}\right)^{n-k}$$

$$= \frac{1}{\sqrt{2\pi}} \Delta z \left(\frac{np}{k}\right)^k \left(\frac{n(1-p)}{n-k}\right)^{n-k} \cdot \sqrt{\frac{np}{k}} \sqrt{\frac{n(1-p)}{n-k}}$$

さらに，この式の中の

$$\frac{1}{\sqrt{2\pi}}\Delta z\left(\frac{np}{k}\right)^k\left(\frac{n(1-p)}{n-k}\right)^{n-k}$$

の部分について考える。

$$\frac{1}{\sqrt{2\pi}}\Delta z\left(\frac{np}{k}\right)^k\left(\frac{n(1-p)}{n-k}\right)^{n-k}$$

$$=\frac{1}{\sqrt{2\pi}}\Delta z\left(\frac{k}{np}\right)^{-k}\left(\frac{n-k}{n(1-p)}\right)^{-(n-k)}$$

$$=\frac{1}{\sqrt{2\pi}}\Delta z\cdot\exp\left\{\log\left(\frac{k}{np}\right)^{-k}\left(\frac{n-k}{n(1-p)}\right)^{-(n-k)}\right\}$$

$$=\frac{1}{\sqrt{2\pi}}\Delta z\cdot\exp\left\{-k\log\frac{k}{np}-(n-k)\log\frac{n-k}{n(1-p)}\right\}$$

$$=\frac{1}{\sqrt{2\pi}}\Delta z\cdot\exp\left(-n\left\{\frac{k}{n}\log\frac{k}{np}+\left(1-\frac{k}{n}\right)\log\frac{1-k/n}{1-p}\right\}\right)$$

$$=\frac{1}{\sqrt{2\pi}}\Delta z\cdot\exp(-nI)$$

ただし

$$I=\frac{k}{n}\log\frac{k}{np}+\left(1-\frac{k}{n}\right)\log\frac{1-k/n}{1-p}$$

とおいた。

$$z_k=\frac{k-np}{\sqrt{np(1-p)}}$$

より

$$k=np+z_k\sqrt{np(1-p)}\qquad\therefore\quad\frac{k}{n}=p+\frac{z_k}{\sqrt{n}}\sqrt{p(1-p)}$$

そこで，$I$ を調べるため

$$f(x)=(p+x)\log\frac{p+x}{p}+\{1-(p+x)\}\log\frac{1-(p+x)}{1-p}$$

とおく。

$$f(0)=0$$

また

$$f'(x)=\log\frac{p+x}{p}+(p+x)\cdot\frac{1}{p+x}$$
$$-\log\frac{1-(p+x)}{1-p}+\{1-(p+x)\}\cdot\frac{-1}{1-(p+x)}$$

$$= \log \frac{p+x}{p} + 1 - \log \frac{1-p-x}{1-p} - 1$$

$$= \log \frac{p+x}{p} - \log \frac{1-p-x}{1-p}$$

$\therefore \quad f'(0) = 0$

さらに

$$f''(x) = \frac{1}{p+x} - \frac{1-p}{1-p-x} \cdot \left(-\frac{1}{1-p}\right) = \frac{1}{p+x} + \frac{1}{1-p-x}$$

$\therefore \quad f''(0) = \frac{1}{p} + \frac{1}{1-p} = \frac{1}{p(1-p)}$

よって

$$f(x) = f(0) + f'(0)x + \frac{f''(0)}{2}x^2 + o(x^2) \qquad \text{(注)} \ o \ \text{はランダウの記号}$$

$$= \frac{1}{2p(1-p)}x^2 + o(x^2) \qquad\qquad \lim_{x\to 0}\frac{o(x)}{x} = 0 \ \ (\text{p.110 参照})$$

したがって

$$I = f\left(\frac{z_k}{\sqrt{n}}\sqrt{p(1-p)}\right)$$

$$= \frac{1}{2p(1-p)}\left(\frac{z_k}{\sqrt{n}}\sqrt{p(1-p)}\right)^2 + o\left(\left(\frac{z_k}{\sqrt{n}}\sqrt{p(1-p)}\right)^2\right)$$

$$= \frac{z_k{}^2}{2n} + o\left(\frac{z_k{}^2}{n}p(1-p)\right)$$

よって

$$-nI = -\frac{z_k{}^2}{2} - n \cdot o\left(\frac{z_k{}^2}{n}p(1-p)\right)$$

$\therefore \quad \exp(-nI) = \exp\left(-\frac{z_k{}^2}{2}\right)\exp\left\{-n \cdot o\left(\frac{z_k{}^2}{n}p(1-p)\right)\right\}$

$$= \exp\left(-\frac{z_k{}^2}{2}\right) \cdot (1+b_n) \qquad (\lim_{n\to\infty} b_n = 0)$$

以上より

$$P(Z_n = z_k) = \frac{1}{\sqrt{2\pi}}\Delta z \cdot \exp\left(-\frac{z_k{}^2}{2}\right) \cdot (1+b_n)$$

$$\times \sqrt{\frac{np}{k}}\sqrt{\frac{n(1-p)}{n-k}}\frac{(1+a_n)}{(1+a_k)(1+a_{n-k})}$$

ここで，$n \to \infty$ のとき

$$\frac{k}{np} = 1 + \frac{z_k}{p\sqrt{n}}\sqrt{p(1-p)} \;\to\; 1$$

$$\frac{n-k}{n(1-p)} = \frac{1-\dfrac{k}{n}}{1-p} \;\to\; \frac{1-p}{1-p} = 1$$

より

$$P(Z_n = z_k) = \frac{1}{\sqrt{2\pi}}\Delta z \cdot \exp\!\left(-\frac{z_k^{\,2}}{2}\right)\cdot(1+c_n) \qquad (\lim_{n\to\infty} c_n = 0)$$

よって

$$\sum_{A_n \le k \le B_n} P(Z_n = z_k) = \sum_{A_n \le k \le B_n} \frac{1}{\sqrt{2\pi}}\Delta z \cdot \exp\!\left(-\frac{z_k^{\,2}}{2}\right)\cdot(1+c_n)$$

であり，任意の $\varepsilon > 0$ に対して，$n$ を十分大きくとれば

$$\sum_{A_n \le k \le B_n} \frac{1}{\sqrt{2\pi}}\Delta z \cdot \exp\!\left(-\frac{z_k^{\,2}}{2}\right)\cdot(1-\varepsilon) < \sum_{A_n \le k \le B_n} P(Z_n = z_k)$$
$$< \sum_{A_n \le k \le B_n} \frac{1}{\sqrt{2\pi}}\Delta z \cdot \exp\!\left(-\frac{z_k^{\,2}}{2}\right)\cdot(1+\varepsilon)$$

よって

$$\lim_{n\to\infty}\sum_{A_n \le k \le B_n} \frac{1}{\sqrt{2\pi}}\Delta z \cdot \exp\!\left(-\frac{z_k^{\,2}}{2}\right)\cdot(1-\varepsilon) < \lim_{n\to\infty}\sum_{A_n \le k \le B_n} P(Z_n = z_k)$$
$$< \lim_{n\to\infty}\sum_{A_n \le k \le B_n} \frac{1}{\sqrt{2\pi}}\Delta z \cdot \exp\!\left(-\frac{z_k^{\,2}}{2}\right)\cdot(1+\varepsilon)$$

不等式の両端の部分について区分求積法に注意すると

$$\lim_{n\to\infty}\sum_{A_n \le k \le B_n} \frac{1}{\sqrt{2\pi}}\Delta z \cdot \exp\!\left(-\frac{z_k^{\,2}}{2}\right) = \int_a^b \frac{1}{\sqrt{2\pi}}\exp\!\left(-\frac{z^2}{2}\right)dz$$

であるから

$$\int_a^b \frac{1}{\sqrt{2\pi}}\exp\!\left(-\frac{z^2}{2}\right)dz\cdot(1-\varepsilon) < \lim_{n\to\infty}\sum_{A_n \le k \le B_n} P(Z_n = z_k)$$
$$< \int_a^b \frac{1}{\sqrt{2\pi}}\exp\!\left(-\frac{z^2}{2}\right)dz\cdot(1+\varepsilon)$$

$\varepsilon > 0$ は任意であったから

$$\lim_{n\to\infty}\sum_{A_n \le k \le B_n} P(Z_n = z_k) = \int_a^b \frac{1}{\sqrt{2\pi}}\exp\!\left(-\frac{z^2}{2}\right)dz$$

すなわち

$$\lim_{n\to\infty} P(a \le Z_n \le b) = \int_a^b \frac{1}{\sqrt{2\pi}}\exp\!\left(-\frac{z^2}{2}\right)dz \qquad \square$$

## 2.4.2　2項分布の正規近似

確率変数 $X_n$ が2項分布 $B(n, p)$ に従うとき

$$Z_n = \frac{X_n - np}{\sqrt{np(1-p)}}$$

とおくと，ド・モアブル - ラプラスの定理より

$$\lim_{n \to \infty} P(a \leqq Z_n \leqq b) = \int_a^b \frac{1}{\sqrt{2\pi}} \exp\left(-\frac{z^2}{2}\right) dz$$

が成り立つから，$n$ が十分大きいとき，近似的に

$$P(a \leqq Z_n \leqq b) = \int_a^b \frac{1}{\sqrt{2\pi}} \exp\left(-\frac{z^2}{2}\right) dz$$

が成り立つと考える。
このとき

$$P(a \leqq Z_n \leqq b) = P\left(a \leqq \frac{X_n - np}{\sqrt{np(1-p)}} Z_n \leqq b\right)$$

$$= P(np + a\sqrt{np(1-p)} \leqq X_n \leqq np + b\sqrt{np(1-p)})$$

そこで

$$A = np + a\sqrt{np(1-p)}, \quad B = np + b\sqrt{np(1-p)}$$

とおくと

$$P(a \leqq Z_n \leqq b) = P(A \leqq X_n \leqq B)$$

一方

$$\int_a^b \frac{1}{\sqrt{2\pi}} \exp\left(-\frac{z^2}{2}\right) dz$$

において

$$z = \frac{x - np}{\sqrt{np(1-p)}}$$

と置換すると

$$\int_a^b \frac{1}{\sqrt{2\pi}} \exp\left(-\frac{z^2}{2}\right) dz$$

$$= \int_{np+a\sqrt{np(1-p)}}^{np+b\sqrt{np(1-p)}} \frac{1}{\sqrt{2\pi}} \exp\left(-\frac{(x-np)^2}{2 \cdot np(1-p)}\right) \frac{1}{\sqrt{np(1-p)}} dz$$

$$= \int_A^B \frac{1}{\sqrt{2\pi}\sqrt{np(1-p)}} \exp\left(-\frac{(x-np)^2}{2 \cdot np(1-p)}\right) dz$$

したがって，$n$ が十分大きいとき

　$X_n$ は，近似的に，正規分布 $N(np, np(1-p))$ に従う。

## ２．５　母集団と標本

### 2.5.1　母集団と標本

　母集団と標本の区別は統計学における一つの跳躍点であり，統計学の初期にはこの区別はけっして明確なものではなかった。

　考えている統計的調査対象の全データを**母集団**といい，その全データを調査する場合を**全数調査**という。たとえば，学校のテストの得点などがそうである。一方，母集団から一部のデータを取り出し調査することを**標本調査**という。テレビの視聴率や不良品の検査などがその例である。全数調査は現実的でない場合や不可能あるいは不適切な場合がある。そのような場合，標本調査を行い，得られた**標本（サンプル）**から母集団の様子を推測することを考える。得られた標本から母集団に対して適切な推測を行うための理論体系が**統計的推測**である。

　統計的推測が正しく行われるためには，標本が適切に（**無作為**に）抽出されていなければならない（**無作為抽出**）。これは統計的推測を行うための絶対条件である。本書では標本はつねに適切に抽出されていることを仮定する。

### 2.5.2　標本抽出と確率

　たとえば，サイコロを投げを考える。出た目の数を $X$ とすると，$X$ がとりうる値は $1, 2, \cdots, 6$ のいずれかである。この場合，周知のとおり，$X = k$ となる確率は

$$P(X = k) = \frac{1}{6} \quad (k = 1, 2, \cdots, 6)$$

である。このような意味で $X$ は一つの**確率変数**である。

　再びサイコロを投げても，さらには何度サイコロを投げても，$X = k$ となる確率は同じである。

　ところで，この場合の母集団とは何であろうか？　それは $1, 2, \cdots, 6$ の数字が同じ割合で混ざった無限に多くの数字の集団である。サイコロ投げはこの無限母集団から無作為に一つの数字を取り出すことであると考えられる。これは現実には存在していない "仮想的な" **無限母集団**である。統計学では通常，得られたデータ（標本）の背後にこのような母集団が存在すると考え，標本はその**仮想的無限母集団**から "確率的操作" によって得られたものと考える。

　では，この仮想的無限母集団の分布とはいったい何であろうか？　それは確率変数 $X$ の確率分布のことである。確率分布が母集団の分布である。このように母集団には確率変数 $X$ が付随しており，確率変数 $X$ の平均を**母平均**，$X$ の分散を**母分散**という。

　統計的推測の議論において，母集団は仮想的無限母集団と見なし，標本 $X_1, X_2, \cdots, X_n$ は互いに独立な確率変数で，各々は母集団分布に従う。また，標本の大きさ $n$ はいくらでも大きな値をとりうる（"独立" は次章を参照）。

### 2.5.3　二項母集団・正規母集団・ポアソン母集団

われわれの最大の関心は，得られたデータ（標本）から母集団の様子をできる限り正確に推測することである。統計的推測においてデータは測定あるいは観測を行うごとに様々な値をとる確率変数であり，母集団分布とはこの確率変数の確率分布のことであった。

本書で扱う母集団は仮想的な無限母集団であるが，特に重要な母集団として**二項母集団**と**正規母集団**がある。他に**ポアソン母集団**も重要である。

（1）二項母集団

事象 $A$ が起こる確率を $p$ とするとき，1 回の試行で事象 $A$ が起こる回数 $X$ はベルヌーイ分布 $B(1, p)$ に従う。すなわち，その確率分布は

$$P(X = 1) = p, \quad P(X = 0) = 1 - p$$

である。同じことであるが，確率関数（確率分布）

$$f(k) = P(X = k) = p^k (1-p)^{1-k} \quad (k = 0, 1)$$

をもつ確率分布である。このとき，想定している母集団は**二項母集団**と呼ばれる。すなわち，母集団分布がベルヌーイ分布である母集団を二項母集団という。また，事象 $A$ が起こる確率を $p$ を二項母集団の**母比率**という。

$$E[X] = 1 \cdot p + 0 \cdot (1-p) = p$$

$$V[X] = E[X^2] - E[X]^2 = \{1^2 \cdot p + 0^2 \cdot (1-p)\} - p^2 = p(1-p)$$

であるから，この二項母集団は母平均 $p$，母分散 $p(1-p)$ をもつ母集団であることがわかる。

（2）正規母集団

母集団分布が正規分布 $N(\mu, \sigma^2)$ である母集団を**正規母集団**という。すなわち，この母集団から抽出された一つの標本を $X$ とするとき，確率変数 $X$ は正規分布 $N(\mu, \sigma^2)$ に従う。また，この正規母集団は母平均 $\mu$，母分散 $\sigma^2$ をもつ母集団である。この場合，母集団に付随する確率密度関数は

$$f(x) = \frac{1}{\sqrt{2\pi\sigma^2}} e^{-\frac{(x-\mu)^2}{2\sigma^2}} = \frac{1}{\sqrt{2\pi\sigma^2}} \exp\left(-\frac{(x-\mu)^2}{2\sigma^2}\right)$$

である。

（3）ポアソン母集団

母集団分布がポアソン分布 $Po(\lambda)$ である母集団を**ポアソン母集団**という。すなわち，この母集団から抽出された一つの標本を $X$ とするとき，確率変数 $X$ はポアソン分布 $Po(\lambda)$ に従う。また，このポアソン母集団は母平均 $\lambda$，母分散 $\lambda$ をもつ母集団である。この場合，母集団に付随する確率関数は

$$f(k) = P(X = k) = \frac{\lambda^k}{k!} e^{-\lambda} \quad (k = 0, 1, 2, \cdots)$$

である。

### 2.5.4　標本平均の分布

　母平均 $\mu$，母分散 $\sigma^2$ の母集団から大きさ $n$ の標本

$$X_1, X_2, \cdots, X_n$$

を抽出する。すなわち

　　$X_1, X_2, \cdots, X_n$ は互いに独立で，

　　$E[X_i] = \mu$，$V[X_i] = \sigma^2$　$(i = 1, 2, \cdots, n)$

　このとき，標本平均を

$$\overline{X} = \frac{X_1 + X_2 + \cdots + X_n}{n} = \frac{1}{n}\sum_{i=1}^{n} X_i$$

と定義すると，次が成り立つ。

[定理]　$E[\overline{X}] = \mu$，$V[\overline{X}] = \dfrac{\sigma^2}{n}$

（証明）　$E[\overline{X}] = E\left[\dfrac{1}{n}\sum_{i=1}^{n} X_i\right]$

$$= \frac{1}{n}\sum_{i=1}^{n} E[X_i]$$

$$= \frac{1}{n}\sum_{i=1}^{n} \mu$$

$$= \frac{1}{n} \cdot n\mu = \mu$$

$$V[\overline{X}] = V\left[\frac{1}{n}\sum_{i=1}^{n} X_i\right] = \frac{1}{n^2}V\left[\sum_{i=1}^{n} X_i\right]$$

$$= \frac{1}{n^2}\sum_{i=1}^{n} V[X_i]　　(\because\quad X_1, X_2, \cdots, X_n \text{ は互いに独立})$$

$$= \frac{1}{n^2}\sum_{i=1}^{n} \sigma^2$$

$$= \frac{1}{n^2} \cdot n\sigma^2 = \frac{\sigma^2}{n}　　　　　　　　　　□$$

　すなわち，標本平均 $\overline{X}$ は母平均を中心として分布し，その分散は標本が大きくなるほど小さくなる。これは直観的には納得の結果である。

# 第3章

# 多変量の確率分布

## 3．1　多変量の確率変数

　これまでは，1変量の確率変数を考えてきたが，応用上も理論上も多変量の確率変数を考える必要があり，統計学においては特に重要である。2変量の確率変数を中心に考えていくが，いくつかの例外を除いて，その多くはそのまま3変量以上の場合にも拡張できる。また，多変量の確率変数の議論ではベクトルや行列，行列式など，線形代数の知識も非常に重要となる。

### 3.1.1　離散型の多変量確率分布

　2つの確率変数 $X, Y$ のとりうる値がそれぞれ

$$x_1, x_2, \cdots, x_n, \cdots, \quad y_1, y_2, \cdots, y_n, \cdots$$

であるとき

$$P(X = x_i,\ Y = y_j) = p_{ij}$$

を $(X, Y)$ の**同時確率分布**または**結合確率分布**という。

　また

$$P(X = x_i) = \sum_{j=1}^{\infty} P(X = x_i,\ Y = y_j) = \sum_{j=1}^{\infty} p_{ij}$$

$$P(Y = y_j) = \sum_{i=1}^{\infty} P(X = x_i,\ Y = y_j) = \sum_{i=1}^{\infty} p_{ij}$$

をそれぞれ $X, Y$ の**周辺確率分布**という。

　2つの離散型確率変数 $X, Y$ が互いに**独立**であるとは

$$P(X = x_i,\ Y = y_j) = P(X = x_i)P(Y = y_j)$$

を満たすときをいう。

　2つの確率変数 $X, Y$ の関数 $g(X, Y)$ の平均（期待値）を

$$E[g(X, Y)] = \sum_{i,j} g(x_i, y_j)P(X = x_i,\ Y = y_j) = \sum_{i,j} g(x_i, y_j)p_{ij}$$

で定義する。

　**[公式]**　2つの確率変数 $X, Y$ が互いに独立ならば，次が成り立つ。

$$E[XY] = E[X]E[Y]$$

（証明）
$$E[XY] = \sum_{i,j} x_i y_j P(X = x_i)P(Y = y_j)$$
$$= \sum_i x_i P(X = x_i) \cdot \sum_j y_j P(Y = y_j)$$
$$= E[X]E[Y]$$
□

### 3.1.2　連続型の多変量確率分布

2 つの連続型確率変数 $X, Y$ が
$$P((X, Y) \in [a, b] \times [c, d]) = \iint_{[a,b] \times [c,d]} f_{X,Y}(x, y)dxdy$$
を満たすとき
$$f_{X,Y}(x, y)$$
を $(X, Y)$ の**同時確率密度関数**または**結合確率密度関数**という。簡単に**密度関数**という場合も多い。

また
$$f_X(x) = \int_{-\infty}^{\infty} f_{X,Y}(x, y)dy , \quad f_Y(y) = \int_{-\infty}^{\infty} f_{X,Y}(x, y)dx$$
をそれぞれ $X, Y$ の**周辺確率密度関数**という。

2 つの連続型確率変数 $X, Y$ が互いに**独立**であるとは
$$f_{X,Y}(x, y) = f_X(x)f_Y(y)$$
を満たすときをいう。

2 つの確率変数 $X, Y$ の関数 $g(X, Y)$ の平均（期待値）を
$$E[g(X, Y)] = \iint_{\mathbf{R}^2} g(x, y)f(x, y)dxdy$$
で定義する。ただし，$f(x, y)$ は $X, Y$ の同時確率密度関数である。

[**公式**]　2 つの確率変数 $X, Y$ が互いに独立ならば，次が成り立つ。
$$E[XY] = E[X]E[Y]$$

（証明）
$$E[XY] = \int_{-\infty}^{\infty} \int_{-\infty}^{\infty} xy \cdot f_X(x)f_Y(y)dxdy$$
$$= \int_{-\infty}^{\infty} x \cdot f_X(x)dx \cdot \int_{-\infty}^{\infty} y \cdot f_Y(y)dy$$
$$= E[X] \cdot E[Y]$$
□

（**注**）　$X, Y$ が互いに独立ならば $f(X), g(Y)$ も独立なので，次が成り立つ。
$$E[f(X)g(Y)] = E[f(X)]E[g(Y)]$$

### 3.1.3 確率密度関数の変数変換

確率変数の変換についての定理は後の議論で非常に重要である。それを述べる前に，二重積分における変数変換の公式を思い出しておこう。

**[定理]（変数変換の公式）**

$f(x, y)$ は領域 $D$ 上で連続とする。

　　変数変換：$x = \varphi(u, v)$，　$y = \psi(u, v)$

によって，積分領域 $D$ が領域 $E$ に移るとき，次が成り立つ。

$$\iint_D f(x, y)dxdy = \iint_E f(\varphi(u, v), \psi(u, v))\left|\frac{\partial(x, y)}{\partial(u, v)}\right|dudv$$

ここで

$$\frac{\partial(x, y)}{\partial(u, v)} = \det\begin{pmatrix} x_u & x_v \\ y_u & y_v \end{pmatrix}$$ はヤコビアンで，$\left|\dfrac{\partial(x, y)}{\partial(u, v)}\right|$ はその絶対値である。

**[定理]** 2つの確率変数の組 $X, Y$ の同時確率密度関数を $f_{X,Y}(x, y)$ とする。
1対1対応 $(u, v) = \varphi(x, y)$ によって定まる確率変数の組

　　$(U, V) = \varphi(X, Y)$

を考え，$(U, V)$ の同時確率密度関数を $f_{U,V}(u, v)$ とするとき，次が成り立つ。

$$f_{U,V}(u, v) = f_{X,Y}(x, y)\left|\frac{\partial(x, y)}{\partial(u, v)}\right|$$

$$= f_{X,Y}(\varphi^{-1}(u, v))\left|\frac{\partial(x, y)}{\partial(u, v)}\right| \quad \text{（これは上の式の単に書き換え）}$$

**（証明）** 二重積分の変数変換の公式に注意して

$$P\big((U, V) \in A\big) = P\big((X, Y) \in \varphi^{-1}(A)\big)$$

$$= \iint_{\varphi^{-1}(A)} f_{X,Y}(x, y)dxdy$$

$$= \iint_A f_{X,Y}(\varphi^{-1}(u, v))\left|\frac{\partial(x, y)}{\partial(u, v)}\right|dudv$$

一方

$$P\big((U, V) \in A\big) = \iint_A f_{U,V}(u, v)dudv$$

であるから

$$f_{U,V}(u, v) = f_{X,Y}(x, y)\left|\frac{\partial(x, y)}{\partial(u, v)}\right|$$

$$= f_{X,Y}(\varphi^{-1}(u, v))\left|\frac{\partial(x, y)}{\partial(u, v)}\right| \qquad \qquad \square$$

### 3.1.4　2つの確率変数のたたみこみ

$X, Y$ を互いに独立な確率変数とし，その確率密度関数をそれぞれ $f_X(x)$，$f_Y(y)$ とする。このとき，$X, Y$ の同時確率密度関数は

$$f_{X,Y}(x, y) = f_X(x)f_Y(y)$$

次の定理はよく利用される。

**[定理]（たたみこみ）**

$X, Y$ の和 $U = X + Y$ の確率密度関数 $f_U(u)$ は次で与えられる。

$$f_U(u) = \int_{-\infty}^{\infty} f_X(u - v)f_Y(v)dv$$

**（証明）** 確率変数の変換：

$$U = X + Y, \quad V = Y$$

すなわち，変数変換

$$u = x + y, \quad v = y$$

を考える。

このとき，$U, V$ の同時確率密度関数を $f_{U,V}(u, v)$ とすると，変数変換の公式より

$$\begin{aligned} f_{U,V}(u, v) &= f_{X,Y}(x, y)\left|\frac{\partial(x, y)}{\partial(u, v)}\right| \\ &= f_X(x)f_Y(y)\left|\frac{\partial(x, y)}{\partial(u, v)}\right| \end{aligned}$$

ここで

$$x = u - v, \quad y = v$$

より

$$\frac{\partial(x, y)}{\partial(u, v)} = \det\begin{pmatrix} 1 & -1 \\ 0 & 1 \end{pmatrix} = 1 \qquad \therefore \quad \left|\frac{\partial(x, y)}{\partial(u, v)}\right| = 1$$

よって

$$\begin{aligned} f_{U,V}(u, v) &= f_X(x)f_Y(y)\left|\frac{\partial(x, y)}{\partial(u, v)}\right| \\ &= f_X(u - v)f_Y(v) \end{aligned}$$

したがって，$U = X + Y$ の確率密度関数 $f_U(u)$ は

$$\begin{aligned} f_U(u) &= \int_{-\infty}^{\infty} f_{U,V}(u, v)dv \\ &= \int_{-\infty}^{\infty} f_X(u - v)f_Y(v)dv \end{aligned}$$

□

### 3.1.5　一般の多変量確率分布の周辺確率分布

　2 変量確率分布の場合の周辺確率分布についてはすでに述べたが，3 変量以上の場合を含む一般の場合の周辺確率分布について説明しておく。

　$n$ 変量の確率変数 $X_1, X_2, \cdots, X_n$ のうちの任意の一部に関する周辺分布を以下のように考える。簡単のため，$X_1, X_2, \cdots, X_m$（$m < n$）の場合で説明する。一般には $m$ 個の確率変数を選ぶ方法を ${}_nC_m$ 通り考えられる。

（ⅰ）$n$ 変量離散型確率変数 $X_1, X_2, \cdots, X_n$ の同時確率分布（確率関数）を
$$f(x_1, x_2, \cdots, x_n) = P(X_1 = x_1, X_2 = x_2, \cdots, X_n = x_n)$$
とするとき，すなわち
$$P(X_1 = x_1, X_2 = x_2, \cdots, X_n = x_n) = f(x_1, x_2, \cdots, x_n)$$
であるとき，$X_1, X_2, \cdots, X_m$（$m < n$）の周辺確率分布 $\widetilde{f}(x_1, x_2, \cdots, x_m)$ は
$$\widetilde{f}(x_1, x_2, \cdots, x_m) = P(X_1 = x_1, X_2 = x_2, \cdots, X_m = x_m)$$
$$= \sum_{x_{m+1}, \cdots, x_n} P(X_1 = x_1, X_2 = x_2, \cdots, X_m = x_m, X_{m+1} = x_{m+1}, \cdots, X_n = x_n)$$
$$= \sum_{x_{m+1}, \cdots, x_n} f(x_1, x_2, \cdots, x_m, x_{m+1}, \cdots, x_n)$$
で与えられる。もちろん，2 変量の場合は次のようになる。
$$\widetilde{f}(x_1) = f_{X_1}(x_1) = \sum_{x_2} f(x_1, x_2) ,$$
$$\widetilde{f}(x_2) = f_{X_2}(x_2) = \sum_{x_1} f(x_1, x_2)$$

（ⅱ）$n$ 変量連続型確率変数 $X_1, X_2, \cdots, X_n$ の同時密度関数を
$$f(x_1, x_2, \cdots, x_n)$$
とするとき，すなわち
$$P((X_1, X_2, \cdots, X_n) \in A) = \int \cdots \int_A f(x_1, x_2, \cdots, x_n) dx_1 \cdots dx_n$$
であるとき，$X_1, X_2, \cdots, X_m$（$m < n$）の周辺密度関数 $\widetilde{f}(x_1, x_2, \cdots, x_m)$ は
$$\widetilde{f}(x_1, x_2, \cdots, x_m) = \int_{-\infty}^{\infty} \cdots \int_{-\infty}^{\infty} f(x_1, x_2, \cdots, x_m, x_{m+1}, \cdots, x_n) dx_{m+1} \cdots dx_n$$
で与えられる。もちろん，2 変量の場合は次のようになる。
$$\widetilde{f}(x_1) = f_{X_1}(x_1) = \int_{-\infty}^{\infty} f(x_1, x_2) dx_2 ,$$
$$\widetilde{f}(x_2) = f_{X_2}(x_2) = \int_{-\infty}^{\infty} f(x_1, x_2) dx_1$$

### 3.1.6　一般の多変量の確率変数の独立性

　2 変量の確率変数の独立性についてはすでに述べたが，3 変量以上の場合を含む一般の場合の独立性について説明しておく。離散型，連続型の場合をまとめて述べておこう。

　$n$ 変量の確率変数 $X_1, X_2, \cdots, X_n$ が**独立**であるとは，その確率関数あるいは確率密度関数を $f_{X_1, X_2, \cdots, X_n}(x_1, x_2, \cdots, x_n)$ とするとき

$$f_{X_1, X_2, \cdots, X_n}(x_1, x_2, \cdots, x_n) = f_{X_1}(x_1) f_{X_2}(x_2) \cdots f_{X_n}(x_n)$$

が成り立つことと定める。

　さらに，無限個の確率変数の列 $X_1, X_2, \cdots, X_n, \cdots$ が**独立**であるとは，任意の自然数 $n$ に対して

$$f_{X_1, X_2, \cdots, X_n}(x_1, x_2, \cdots, x_n) = f_{X_1}(x_1) f_{X_2}(x_2) \cdots f_{X_n}(x_n)$$

が成り立つことと定める。

（注）$n$ 変量の確率変数 $X_1, X_2, \cdots, X_n$ が独立ならば，どの 2 つの変量も独立になることは明らかである。一方，どの 2 つの変量が独立であったとしても，$n$ 変量の確率変数 $X_1, X_2, \cdots, X_n$ が独立になるとは限らない。

【例】$0, 1$ の値をとる 3 変量の確率変数 $X_1, X_2, X_3$ の確率分布が

$$P(X_1 = 1, X_2 = 0, X_3 = 0) = \frac{1}{4}, \quad P(X_1 = 0, X_2 = 1, X_3 = 0) = \frac{1}{4}$$

$$P(X_1 = 0, X_2 = 0, X_3 = 1) = \frac{1}{4}, \quad P(X_1 = 1, X_2 = 1, X_3 = 1) = \frac{1}{4}$$

で与えられているとする。
　このとき

$$P(X_i = 0) = P(X_i = 1) = \frac{1}{2} \quad (i = 1, 2, 3)$$

であるから

$$P(X_1 = 1) P(X_2 = 0) P(X_3 = 0) = \frac{1}{2} \cdot \frac{1}{2} \cdot \frac{1}{2} = \frac{1}{8} \neq \frac{1}{4}$$

となり，$X_1, X_2, X_3$ は独立ではない。
　一方，$k, l = 0, 1$ に対して

$$P(X_1 = k, X_2 = l) = P(X_1 = k, X_3 = l) = P(X_2 = k, X_3 = l) = \frac{1}{4}$$

が成り立つから，$X_1, X_2, X_3$ のどの 2 つも独立である。　　　　　　□

## ３．２　共分散と相関係数

### 3.2.1　共分散と相関係数

２つの確率変数 $X, Y$ に対して，**共分散**および**相関係数**を次で定める。

　**共分散**　：$\text{Cov}[X, Y] = E\big[(X - E[X])(Y - E[Y])\big]$

　**相関係数**：$\rho[X, Y] = \dfrac{\text{Cov}[X, Y]}{\sigma[X]\sigma[Y]}$

（注）共分散の定義より，$\text{Cov}[X, X] = E\big[(X - E[X])^2\big] = V[X]$ である。

［公式］　$V[X + Y] = V[X] + V[Y] + 2\text{Cov}[X, Y]$

（証明）$E[X] = \mu_X$，$E[Y] = \mu_Y$ とおく。

$$
\begin{aligned}
V[X + Y] &= E\big[\{(X + Y) - (\mu_X + \mu_Y)\}^2\big] \\
&= E\big[\{(X - \mu_X) + (Y - \mu_Y)\}^2\big] \\
&= E\big[(X - \mu_X)^2 + (Y - \mu_Y)^2 + 2(X - \mu_X)(Y - \mu_Y)\big] \\
&= E\big[(X - \mu_X)^2\big] + E\big[(Y - \mu_Y)^2\big] + 2E\big[(X - \mu_X)(Y - \mu_Y)\big] \\
&= V[X] + V[Y] + 2\text{Cov}[X, Y]
\end{aligned}
$$
　　　　　　　　□

［公式］　２つの確率変数 $X, Y$ が互いに独立ならば，次が成り立つ。

　$\text{Cov}[X, Y] = 0$　　（したがって，$\rho[X, Y] = 0$）

（証明）$\text{Cov}[X, Y] = E[(X - \mu_X)(Y - \mu_Y)]$

　　　　　　　　　　$= E[X - \mu_X]E[Y - \mu_Y] = 0$　　　　　　□

（注）$\text{Cov}[X, Y] = 0$（したがって，$\rho[X, Y] = 0$）であっても，２つの確率変数 $X, Y$ が互いに独立とは限らない！

### 3.2.2　確率ベクトルの平均

多変量の確率変数の共分散や相関係数を考える上で，確率変数からなるベクトルや行列の取り扱いは極めて重要である。

$n$ 個の確率変数 $X_1, X_2, \cdots, X_n$ からなる確率ベクトル

　$\mathbf{X} = (X_1, X_2, \cdots, X_n)^T$

に対して，平均ベクトル $E[\mathbf{X}]$ を次で定める。

　$E[\mathbf{X}] = \big(E[X_1], E[X_2], \cdots, E[X_n]\big)^T$

一般に，確率変数からなる行列 $M = (X_{ij})$ に対して $E[M]$ を次で定める。

$$E[M] = (E[X_{ij}]) = (\mu_{ij}) \qquad ここで，\ \mu_{ij} = E[X_{ij}]$$

[公式]　定数ベクトル $\mathbf{a}$，定数行列 $B$ と確率ベクトル $\mathbf{X}$ に対して

$$E[\mathbf{a} + B\mathbf{X}] = \mathbf{a} + BE[\mathbf{X}]$$

（証明）　$\mathbf{a} = (a_1, a_2, \cdots, a_n)^T$，$B = (b_{ij})$，$\mathbf{X} = (X_1, X_2, \cdots, X_n)^T$ とする。
ベクトル $E[\mathbf{a} + B\mathbf{X}]$ の第 $i$ 成分は

$$E\left[ a_i + \sum_{k=1}^{n} b_{ik} X_k \right] = E[a_i] + \sum_{k=1}^{n} E[b_{ik} X_k] = a_i + \sum_{k=1}^{n} b_{ik} E[X_k] \qquad \square$$

### 3.2.3　確率ベクトルの共分散行列

$n$ 個の確率変数 $X_1, X_2, \cdots, X_n$ からなる確率ベクトル

$$\mathbf{X} = (X_1, X_2, \cdots, X_n)^T$$

に対して，$\mathrm{Cov}[X_i, X_j]$ を $\sigma_{ij}$ で表すとき，**共分散行列** $\mathrm{Var}[\mathbf{X}]$ を

$$\mathrm{Var}[\mathbf{X}] = \begin{pmatrix} \sigma_{11} & \sigma_{12} & \cdots & \sigma_{1n} \\ \sigma_{21} & \sigma_{22} & \cdots & \sigma_{2n} \\ \vdots & \vdots & \ddots & \vdots \\ \sigma_{n1} & \sigma_{n2} & \cdots & \sigma_{nn} \end{pmatrix} = (\sigma_{ij})$$

で定義する。$\sigma_{ij} = \sigma_{ji}$ であるから，これは実対称行列である。

[公式]　$\mathrm{Var}[\mathbf{X}] = E\left[ (\mathbf{X} - \boldsymbol{\mu})(\mathbf{X} - \boldsymbol{\mu})^T \right]$

（証明）行列 $E\left[ (\mathbf{X} - \boldsymbol{\mu})(\mathbf{X} - \boldsymbol{\mu})^T \right]$ の $(i, j)$ 成分は

$$E\left[ (X_i - \mu_i)(X_j - \mu_j) \right] = \mathrm{Cov}[X_i, X_j] = \sigma_{ij} \qquad \square$$

[公式]　定数ベクトル $\mathbf{a}$，定数行列 $B$ と確率ベクトル $\mathbf{X}$ に対して

$$\mathrm{Var}[\mathbf{a} + B\mathbf{X}] = B\,\mathrm{Var}[\mathbf{X}]B^T$$

（証明）　$\mathrm{Var}[\mathbf{a} + B\mathbf{X}] = E[\{(\mathbf{a} + B\mathbf{X}) - (\mathbf{a} + B\boldsymbol{\mu})\}\{(\mathbf{a} + B\mathbf{X}) - (\mathbf{a} + B\boldsymbol{\mu})\}^T]$

$$= E[B(\mathbf{X} - \boldsymbol{\mu})\{B(\mathbf{X} - \boldsymbol{\mu})\}^T]$$

$$= E[B(\mathbf{X} - \boldsymbol{\mu})(\mathbf{X} - \boldsymbol{\mu})^T B^T]$$

$$= B \cdot E\left[ (\mathbf{X} - \boldsymbol{\mu})(\mathbf{X} - \boldsymbol{\mu})^T \right] \cdot B^T = B\,\mathrm{Var}[\mathbf{X}]B^T \qquad \square$$

次に，共分散行列 $\mathrm{Var}[\mathbf{X}]$ の性質をもう少し調べてみよう。

[公式] $n$ 個の確率変数 $X_1, X_2, \cdots, X_n$ と定数 $a_1, a_2, \cdots, a_n$ に対して

$$V\left[\sum_{i=1}^{n} a_i X_i\right] = \sum_{i=1}^{n} a_i^2 V[X_i] + \sum_{i \neq j} a_i a_j \mathrm{Cov}[X_i, X_j]$$

（証明）$E[X_i] = \mu_i$ $(i = 1, 2, \cdots, n)$ とおく。

$$V\left[\sum_{i=1}^{n} a_i X_i\right] = E\left[\left(\sum_{i=1}^{n} a_i X_i - \sum_{i=1}^{n} a_i \mu_i\right)^2\right] = E\left[\left(\sum_{i=1}^{n} a_i(X_i - \mu_i)\right)^2\right]$$

$$= \sum_{i=1}^{n} a_i^2 E[(X_i - \mu_i)^2] + \sum_{i \neq j} a_i a_j E[(X_i - \mu_i)(X_j - \mu_j)]$$

$$= \sum_{i=1}^{n} a_i^2 V[X_i] + \sum_{i \neq j} a_i a_j \mathrm{Cov}[X_i, X_j] \qquad \square$$

[公式] $\det(\mathrm{Var}[\mathbf{X}]) \geqq 0$

（証明）2 次形式 $\mathbf{a}^T \mathrm{Var}[\mathbf{X}]\mathbf{a}$ を考える。ここで，$\mathbf{a} = (a_1, a_2, \cdots, a_n)^T$ である。

$$\mathbf{a}^T \mathrm{Var}[\mathbf{X}]\mathbf{a} = \sum_{i=1}^{n} a_i^2 V[X_i] + \sum_{i \neq j} a_i a_j \mathrm{Cov}[X_i, X_j] = V\left[\sum_{i=1}^{n} a_i X_i\right] \geqq 0$$

よって，2 次形式 $\mathbf{a}^T \mathrm{Var}[\mathbf{X}]\mathbf{a}$ は非負定値 2 次形式であるから，$\mathrm{Var}[\mathbf{X}]$ の固有値 $\lambda_1, \lambda_2, \cdots, \lambda_n$ はすべて非負であり

$$\det(\mathrm{Var}[\mathbf{X}]) = \lambda_1 \lambda_2 \cdots \lambda_k \geqq 0 \qquad \square$$

（注）$\det(\mathrm{Var}[\mathbf{X}]) = 0$ とすると，ある $\mathbf{a} = (a_1, a_2, \cdots, a_n)^T$ が存在して

$$V\left[\sum_{i=1}^{n} a_i X_i\right] = E\left[\left(\sum_{i=1}^{n} a_i(X_i - \mu_i)\right)^2\right] = 0$$

$$\therefore \quad P\left(\sum_{i=1}^{n} a_i(X_i - \mu_i) = 0\right) = 1$$

すなわち，確率 1 で，$(X_1, X_2, \cdots, X_n)$ は $n-1$ 次元以下の超平面

$$\sum_{i=1}^{n} a_i(x_i - \mu_i) = 0$$

上に存在する。逆に，$(X_1, X_2, \cdots, X_n)$ が確率 1 で，$n-1$ 次元以下のある超平面上に存在すると，$\det(\mathrm{Var}[\mathbf{X}]) = 0$ となることもわかる。 $\square$

そこで，$\det(\mathrm{Var}[\mathbf{X}]) = 0$ を満たすとき，この多変量の確率分布は**退化**しているという。

### 3.2.4　共分散行列と相関行列

$n$ 個の確率変数 $X_1, X_2, \cdots, X_n$ からなる確率ベクトル

$$\mathbf{X} = (X_1, X_2, \cdots, X_n)^T$$

に対して，共分散行列 $\mathrm{Var}[\mathbf{X}]$ を定義したが，さらに**相関行列** $R[\mathbf{X}]$ を

$$R[\mathbf{X}] = \begin{pmatrix} 1 & \rho_{12} & \cdots & \rho_{1n} \\ \rho_{21} & 1 & \cdots & \rho_{2n} \\ \vdots & \vdots & \ddots & \vdots \\ \rho_{n1} & \rho_{n2} & \cdots & 1 \end{pmatrix} = (\rho_{ij}) \qquad \left( \rho_{ij} = \frac{\sigma_{ij}}{\sigma_i \cdot \sigma_j}, \ \sigma_i = \sqrt{\sigma_{ii}} \right)$$

で定義する。

このとき

$$D = \begin{pmatrix} \sigma_1 & 0 & \cdots & 0 \\ 0 & \sigma_2 & \cdots & 0 \\ \vdots & \vdots & \ddots & \vdots \\ 0 & 0 & \cdots & \sigma_n \end{pmatrix}$$

とおくと，次の公式が成り立つ。

[**公式**]　$\mathrm{Var}[\mathbf{X}] = DR[\mathbf{X}]D$

（証明）　$DR[\mathbf{X}]D$

$$= \begin{pmatrix} \sigma_1 & 0 & \cdots & 0 \\ 0 & \sigma_2 & \cdots & 0 \\ \vdots & \vdots & \ddots & \vdots \\ 0 & 0 & \cdots & \sigma_n \end{pmatrix} \begin{pmatrix} 1 & \rho_{12} & \cdots & \rho_{1n} \\ \rho_{21} & 1 & \cdots & \rho_{2n} \\ \vdots & \vdots & \ddots & \vdots \\ \rho_{n1} & \rho_{n2} & \cdots & 1 \end{pmatrix} \begin{pmatrix} \sigma_1 & 0 & \cdots & 0 \\ 0 & \sigma_2 & \cdots & 0 \\ \vdots & \vdots & \ddots & \vdots \\ 0 & 0 & \cdots & \sigma_n \end{pmatrix}$$

$$= \begin{pmatrix} \sigma_1 & \rho_{12}\sigma_1 & \cdots & \rho_{1n}\sigma_1 \\ \rho_{21}\sigma_2 & \sigma_2 & \cdots & \rho_{2n}\sigma_2 \\ \vdots & \vdots & \ddots & \vdots \\ \rho_{n1}\sigma_n & \rho_{n2}\sigma_n & \cdots & \sigma_n \end{pmatrix} \begin{pmatrix} \sigma_1 & 0 & \cdots & 0 \\ 0 & \sigma_2 & \cdots & 0 \\ \vdots & \vdots & \ddots & \vdots \\ 0 & 0 & \cdots & \sigma_n \end{pmatrix}$$

$$= \begin{pmatrix} \sigma_1^2 & \rho_{12}\sigma_1\sigma_2 & \cdots & \rho_{1k}\sigma_1\sigma_n \\ \rho_{21}\sigma_2\sigma_1 & \sigma_2^2 & \cdots & \rho_{2k}\sigma_2\sigma_n \\ \vdots & \vdots & \ddots & \vdots \\ \rho_{n1}\sigma_n\sigma_1 & \rho_{n2}\sigma_n\sigma_2 & \cdots & \sigma_n^2 \end{pmatrix} = \begin{pmatrix} \sigma_{11} & \sigma_{12} & \cdots & \sigma_{1n} \\ \sigma_{21} & \sigma_{22} & \cdots & \sigma_{2n} \\ \vdots & \vdots & \ddots & \vdots \\ \sigma_{n1} & \sigma_{n2} & \cdots & \sigma_{nn} \end{pmatrix}$$

$= \mathrm{Var}[\mathbf{X}]$　　　　　　　　　□

（**注**）公式より次が成り立つこともわかる。

$$\det(\mathrm{Var}[\mathbf{X}]) = 0 \iff \det(R[\mathbf{X}]) = 0$$

## 3．3　多項分布

多変量確率分布の中でも特に重要なものは**多項分布**と**多変量正規分布**をである。まずは多項分布について考察する。

### 3.3.1　多項分布

全事象が $k$ 個の排反事象 $A_1, A_2, \cdots, A_k$ に分割され，それぞれの事象がが起こる確率が $p_1, p_2, \cdots, p_k$ とする。$n$ 回の試行のうち $A_1, A_2, \cdots, A_k$ の各事象が起こる回数をそれぞれ $X_1, X_2, \cdots, X_k$ とするとき，$(X_1, X_2, \cdots, X_k)$ の同時確率分布は

$$P(X_1 = n_1, X_2 = n_2, \cdots, X_k = n_k) = \frac{n!}{n_1! \, n_2! \cdots n_k!} p_1^{n_1} p_2^{n_2} \cdots p_k^{n_k}$$

で与えられる。2 項分布の多変量への拡張であるこの分布を**多項分布**という。

ここで，$k$ 個の確率変数 $X_1, X_2, \cdots, X_k$ は

$$X_1 + X_2 + \cdots + X_k = n$$

の関係を満たす。すなわち，$k$ 次元の確率ベクトル $(X_1, X_2, \cdots, X_k)$ は $k-1$ 次元の領域を動くだけである。このような分布は退化していると言われる。また，$X_1, X_2, \cdots, X_k$ から $k-1$ 個の確率変数を選んでできる $k-1$ 次元の確率ベクトルの確率分布を，本書では $k$ 変量の多項分布と区別して，**k 項分布**と呼ぶことにする。たとえば，$k-1$ 次元の確率ベクト $(X_1, X_2, \cdots, X_{k-1})$ の確率分布は $k$ 項分布である。$k$ 項分布は $k-1$ 次元確率分布である。

【例1】 $k = 2$ のとき，2 変量からなる $(X_1, X_2)$ の同時確率分布は

$$P(X_1 = n_1, \ X_2 = n_2) = \frac{n!}{n_1! \, n_2!} p_1^{n_1} p_2^{n_2}$$

であり，$X_1 + X_2 = n$ に注意すると

$$P(X_1 = n_1) = P(X_1 = n_1, \ X_2 = n - n_1)$$
$$= \frac{n!}{n_1! \, (n - n_1)!} p_1^{n_1} (1 - p_1)^{n - n_1} = {}_n C_{n_1} p_1^{n_1} (1 - p_1)^{n - n_1}$$

同様に

$$P(X_2 = n_2) = P(X_1 = n - n_2, \ X_2 = n_2)$$
$$= \frac{n!}{(n - n_2)! \, n_2!} (1 - p_2)^{n - n_2} p_2^{n_2} = {}_n C_{n_2} p_2^{n_2} (1 - p_2)^{n - n_2}$$

いずれの場合も 1 変量の 2 項分布に他ならない。　　　　　　　　　□

**【例2】** $k=3$ のとき，3変量からなる $(X_1, X_2, X_3)$ の同時確率分布は

$$P(X_1 = n_1,\ X_2 = n_2,\ X_3 = n_3) = \frac{n!}{n_1!\, n_2!\, n_3!}\, p_1^{\,n_1} p_2^{\,n_2} p_3^{\,n_3}$$

であり，$X_1 + X_2 + X_3 = n$ に注意すると，たとえば

$$P(X_1 = n_1,\ X_2 = n_2) = P(X_1 = n_1,\ X_2 = n_2,\ X_3 = n_3)$$

$$= \frac{n!}{n_1!\, n_2!\,(n - n_1 - n_2)!}\, p_1^{\,n_1} p_2^{\,n_2} (1 - p_1 - p_2)^{n - n_1 - n_2}$$

となる。3項分布は2次元確率分布である。　□

### 3.3.2　多項分布の共分散行列

さて，一般の $k$ に戻って，明らかに次が成り立つ。

**[公式]**　$E[X_i] = np_i,\quad V[X_i] = np_i(1 - p_i)\qquad (i = 1, 2, \cdots, k)$

また，次が成り立つ。

**[公式]**　$E[X_i X_j] = n(n-1)p_i p_j\qquad$（ただし，$i \neq j$）

（証明）$\displaystyle E[X_i X_j] = \sum_{n_i, n_j} n_i n_j P(X_i = n_i, X_j = n_j)$

$$= \sum_{n_i, n_j} n_i n_j \cdot \frac{n!}{n_i!\, n_j!\,(n - n_i - n_j)!}\, p_i^{\,n_i} p_j^{\,n_j} (1 - p_i - p_j)^{n - n_i - n_j}$$

$$= \sum_{n_i, n_j} \frac{n!}{(n_i - 1)!\,(n_j - 1)!\,(n - n_i - n_j)!}\, p_i^{\,n_i} p_j^{\,n_j} (1 - p_i - p_j)^{n - n_i - n_j}$$

$$= n(n-1)p_i p_j$$

$$\times \sum_{n_i, n_j} \frac{(n-2)!}{(n_i - 1)!\,(n_j - 1)!\,(n - n_i - n_j)!}\, p_i^{\,n_i - 1} p_j^{\,n_j - 1} (1 - p_i - p_j)^{n - n_i - n_j}$$

$$= n(n-1)p_i p_j \{p_i + p_j + (1 - p_i - p_j)\}^{n-2} \qquad (\because\ 多項定理より)$$

$$= n(n-1)p_i p_j$$

　□

**[公式]**　$\mathrm{Cov}[X_i, X_j] = -np_i p_j\qquad$（ただし，$i \neq j$）

（証明）$\mathrm{Cov}[X_i, X_j] = E\big[(X_i - np_i)(X_j - np_j)\big]$

$$= E[X_i X_j - np_i X_j - np_j X_i + n^2 p_i p_j]$$

$$= E[X_i X_j] - np_i E[X_j] - np_j E[X_i] + E[n^2 p_i p_j]$$

$$= n(n-1)p_i p_j - np_i \cdot np_j - np_j \cdot np_i + n^2 p_i p_j$$
$$= -np_i p_j \qquad\qquad\qquad \square$$

以上より，次が成り立つことがわかる。

[**公式**] 確率ベクトル $\mathbf{X} = (X_1, X_2, \cdots, X_k)^T$ が多項分布に従うとき，共分散行列 $\mathrm{Var}[\mathbf{X}]$ は次で与えられる。

$$\mathrm{Var}[\mathbf{X}] = \begin{pmatrix} np_1(1-p_1) & -np_1 p_2 & \cdots & -np_1 p_k \\ -np_2 p_1 & np_2(1-p_2) & \cdots & -np_2 p_k \\ \vdots & \vdots & \ddots & \vdots \\ -np_k p_1 & -np_k p_2 & \cdots & np_k(1-p_k) \end{pmatrix}$$

（注）$k = 2$ のとき

$$\mathrm{Var}[\mathbf{X}] = \begin{pmatrix} np_1(1-p_1) & -np_1 p_2 \\ -np_2 p_1 & np_2(1-p_2) \end{pmatrix}$$

であり

$$\det(\mathrm{Var}[\mathbf{X}]) = n^2 p_1 p_2 (1-p_1)(1-p_2) - n^2 p_1{}^2 p_2{}^2$$
$$= n^2 p_1 p_2 (1-p_1-p_2) = 0 \qquad (\because \quad p_1 + p_2 = 1)$$

一般に，次が成り立つ。

[**定理**] $\det(\mathrm{Var}[\mathbf{X}]) = 0$

（**証明**）行列式に適当な基本変形を施して計算すればよい。

$$\det(\mathrm{Var}[\mathbf{X}]) = \begin{vmatrix} np_1(1-p_1) & -np_1 p_2 & \cdots & -np_1 p_k \\ -np_2 p_1 & np_2(1-p_2) & \cdots & -np_2 p_k \\ \vdots & \vdots & \ddots & \vdots \\ -np_k p_1 & -np_k p_2 & \cdots & np_k(1-p_k) \end{vmatrix}$$

$$= \begin{vmatrix} np_1(1-p_1-p_2-\cdots-p_k) & -np_1 p_2 & \cdots & -np_1 p_k \\ np_2(1-p_1-p_2-\cdots-p_k) & np_2(1-p_2) & \cdots & -np_2 p_k \\ \vdots & \vdots & \ddots & \vdots \\ np_k(1-p_1-p_2-\cdots-p_k) & -np_k p_2 & \cdots & np_k(1-p_k) \end{vmatrix}$$

（第 1 列に，第 2 列以降をすべて足した。）

$$= \begin{vmatrix} 0 & -np_1 p_2 & \cdots & -np_1 p_k \\ 0 & np_2(1-p_2) & \cdots & -np_2 p_k \\ \vdots & \vdots & \ddots & \vdots \\ 0 & -np_k p_2 & \cdots & np_k(1-p_k) \end{vmatrix} \qquad (\because \quad p_1 + p_2 + \cdots + p_k = 1)$$

$$= 0 \qquad\qquad\qquad\qquad\qquad \square$$

多項分布は退化した多変量確率分布である。

次に，多項分布に従う確率ベクトル $\mathbf{X} = (X_1, X_2, \cdots, X_k)^T$ の共分散行列 $\mathrm{Var}[\mathbf{X}]$ に対して，$k-1$ 次元確率ベクトル $\mathbf{X}' = (X_1, X_2, \cdots, X_{k-1})^T$ の共分散行列 $\mathrm{Var}[\mathbf{X}']$ について

$$
\det(\mathrm{Var}[\mathbf{X}']) = \begin{vmatrix} np_1(1-p_1) & -np_1 p_2 & \cdots & -np_1 p_{k-1} \\ -np_2 p_1 & np_2(1-p_2) & \cdots & -np_2 p_{k-1} \\ \vdots & \vdots & \ddots & \vdots \\ -np_{k-1} p_1 & -np_{k-1} p_2 & \cdots & np_{k-1}(1-p_{k-1}) \end{vmatrix}
$$

$$
= \begin{vmatrix} np_1(1-p_1-p_2-\cdots-p_{k-1}) & -np_1 p_2 & \cdots & -np_1 p_{k-1} \\ np_2(1-p_1-p_2-\cdots-p_{k-1}) & np_2(1-p_2) & \cdots & -np_2 p_{k-1} \\ \vdots & \vdots & \ddots & \vdots \\ np_{k-1}(1-p_1-p_2-\cdots-p_{k-1}) & -np_{k-1} p_2 & \cdots & np_{k-1}(1-p_{k-1}) \end{vmatrix}
$$

（第 1 列に，第 2 列以降をすべて足した。）

$$
= \begin{vmatrix} np_1 p_k & -np_1 p_2 & \cdots & -np_1 p_{k-1} \\ np_2 p_k & np_2(1-p_2) & \cdots & -np_2 p_{k-1} \\ \vdots & \vdots & \ddots & \vdots \\ np_{k-1} p_k & -np_{k-1} p_2 & \cdots & np_{k-1}(1-p_{k-1}) \end{vmatrix}
$$

$$
= (np_1)(np_2)\cdots(np_{k-1}) \begin{vmatrix} p_k & -p_2 & \cdots & -p_{k-1} \\ p_k & 1-p_2 & \cdots & -p_{k-1} \\ \vdots & \vdots & \ddots & \vdots \\ p_k & -p_2 & \cdots & 1-p_{k-1} \end{vmatrix}
$$

$$
= (np_1)(np_2)\cdots(np_{k-1}) \begin{vmatrix} p_k & -p_2 & \cdots & -p_{k-1} \\ 0 & 1 & \cdots & 0 \\ \vdots & \vdots & \ddots & \vdots \\ 0 & 0 & \cdots & 1 \end{vmatrix}
$$

$$
= (np_1)(np_2)\cdots(np_{k-1})p_k = n^{k-1} p_1 p_2 \cdots p_{k-1} p_k > 0
$$

以上より，次が成り立つ。

[定理]　$\mathrm{rank}(\mathrm{Var}[\mathbf{X}]) = k-1$

上で計算した $\det(\mathrm{Var}[\mathbf{X}'])$ は $k-1$ 次元確率ベクトル $\mathbf{X}'$ の作り方によらない。よって，$k$ 変量の多項分布は退化した多変量確率分布であるが，$k$ 項分布は非退化な多変量確率分布である。

### 3.3.3 多項分布の相関行列

$k$ 変量の多項分布の共分散行列は

$$\mathrm{Var}[\mathbf{X}] = \begin{pmatrix} np_1(1-p_1) & -np_1 p_2 & \cdots & -np_1 p_k \\ -np_2 p_1 & np_2(1-p_2) & \cdots & -np_2 p_k \\ \vdots & \vdots & \ddots & \vdots \\ -np_k p_1 & -np_k p_2 & \cdots & np_k(1-p_k) \end{pmatrix} \quad (=(\sigma_{ij}))$$

であった。

相関行列 $R[\mathbf{X}]$ を確認しておこう。

$i \neq j$ のとき, 相関係数 $\rho_{ij}$ は

$$\rho_{ij} = \frac{\sigma_{ij}}{\sigma_i \cdot \sigma_j}$$

$$= \frac{-np_i p_j}{\sqrt{np_i(1-p_i)}\sqrt{np_j(1-p_j)}}$$

$$= -\sqrt{\frac{p_i p_j}{(1-p_i)(1-p_j)}}$$

よって, 多項分布の相関行列は

$$R[\mathbf{X}] = \begin{pmatrix} 1 & \rho_{12} & \cdots & \rho_{1k} \\ \rho_{21} & 1 & \cdots & \rho_{2k} \\ \vdots & \vdots & \ddots & \vdots \\ \rho_{k1} & \rho_{k2} & \cdots & 1 \end{pmatrix} \quad \text{ただし,} \quad \rho_{ij} = -\sqrt{\frac{p_i p_j}{(1-p_i)(1-p_j)}}$$

である。

また, **3.2節**で示した共分散行列と相関行列の関係より次が成り立つ。

[公式]　$\det(R[\mathbf{X}]) = 0$　　さらに,　$\mathrm{rank}(R[\mathbf{X}]) = k-1$

## ３．４　多変量正規分布

次に，もう一つ重要な多変量確率分布であり，かつ最も重要な多変量確率分布でもある多変量正規分布について考察する。

### 3.4.1　多変量正規分布

$X_1, X_2, \cdots, X_n$ を互いに独立な確率変数で，すべて標準正規分布 $N(0, 1)$ に従うとする。このとき，確率ベクトル $\mathbf{X} = (X_1, X_2, \cdots, X_n)^T$ の分布を**標準多変量正規分布**といい，$N_n(\mathbf{0}, I_n)$ で表す。$I_n$ は $n$ 次単位行列である。

その同時確率密度関数 $f(x_1, x_2, \cdots, x_n)$ は，独立性より

$$f_{\mathbf{X}}(x_1, x_2, \cdots, x_n) = \left(\frac{1}{\sqrt{2\pi}}\right)^n \exp\left(-\frac{x_1^2 + x_2^2 + \cdots + x_n^2}{2}\right)$$

で与えられることがわかる。

ここで，ベクトル表記 $\mathbf{x} = (x_1, x_2, \cdots, x_n)^T$ を使うと

$$f_{\mathbf{X}}(\mathbf{x}) = \left(\frac{1}{\sqrt{2\pi}}\right)^n \exp\left(-\frac{\mathbf{x}^T \mathbf{x}}{2}\right) = \left(\frac{1}{\sqrt{2\pi}}\right)^n \exp\left(-\frac{|\mathbf{x}|^2}{2}\right)$$

となる。

一般の多変量正規分布を考えるために，変数変換

$$\mathbf{y} = \boldsymbol{\mu} + B\mathbf{x} \quad (\boldsymbol{\mu} \text{ は定数ベクトル，} B \text{ は定数行列})$$

を行う。

このとき

$$E[\mathbf{y}] = E[\boldsymbol{\mu} + B\mathbf{x}] = \boldsymbol{\mu} + BE[\mathbf{x}] = \boldsymbol{\mu} \quad (\because \quad E[\mathbf{x}] = \mathbf{0})$$

$$\mathrm{Var}[\mathbf{y}] = \mathrm{Var}[\boldsymbol{\mu} + B\mathbf{x}] = B\mathrm{Var}[\mathbf{x}]B^T = BI_n B^T = BB^T$$

であり，$\Sigma = BB^T$ とおくと

$$E[\mathbf{y}] = \boldsymbol{\mu}, \quad \mathrm{Var}[\mathbf{y}] = \Sigma$$

となる。

この確率ベクトル $\mathbf{y}$ の分布を**多変量正規分布**といい，$N_n(\boldsymbol{\mu}, \Sigma)$ で表す。

次に，この多変量正規分布 $N_n(\boldsymbol{\mu}, \Sigma)$ の確率密度関数 $f_{\mathbf{Y}}(\mathbf{y})$ を求めよう。

確率密度の変数変換の公式により

$$f_{\mathbf{Y}}(\mathbf{y}) = f_{\mathbf{X}}(\mathbf{x}) \left| \frac{\partial \mathbf{x}}{\partial \mathbf{y}} \right|$$

ここで

$$\mathbf{y} = \boldsymbol{\mu} + B\mathbf{x} \qquad \text{すなわち，} \quad y_i = \mu_i + \sum_{k=1}^{n} b_{ik} x_k$$

より

$$\frac{\partial y_i}{\partial x_j} = \frac{\partial}{\partial x_j}\left(\sum_{k=1}^{n} b_{ik} x_k\right) = b_{ij} \qquad \therefore \quad 行列 : \left(\frac{\partial y_i}{\partial x_j}\right) = (b_{ij}) = B$$

よって

$$ヤコビアン : \frac{\partial \mathbf{y}}{\partial \mathbf{x}} = \det\left(\frac{\partial y_i}{\partial x_j}\right) = \det(B)$$

ここで

$$\det(BB^T) = \det(B)\det(B^T) = \{\det(B)\}^2$$

より

$$\left|\frac{\partial \mathbf{y}}{\partial \mathbf{x}}\right| = \sqrt{\det(BB^T)} = \sqrt{\det(\Sigma)}$$

したがって，$\det(\Sigma) \neq 0$ の場合，すなわち，非退化な場合は

$$\left|\frac{\partial \mathbf{x}}{\partial \mathbf{y}}\right| = \frac{1}{\sqrt{\det(\Sigma)}}$$

また，このとき $\det(B) \neq 0$ でもあるから

$$\mathbf{x}^T \mathbf{x} = \{B^{-1}(\mathbf{y}-\boldsymbol{\mu})\}^T \{B^{-1}(\mathbf{y}-\boldsymbol{\mu})\}$$

$$= (\mathbf{y}-\boldsymbol{\mu})^T (B^T)^{-1} B^{-1}(\mathbf{y}-\boldsymbol{\mu})$$

$$= (\mathbf{y}-\boldsymbol{\mu})^T (BB^T)^{-1}(\mathbf{y}-\boldsymbol{\mu})$$

$$= (\mathbf{y}-\boldsymbol{\mu})^T \Sigma^{-1}(\mathbf{y}-\boldsymbol{\mu})$$

であるから

$$f_{\mathbf{Y}}(\mathbf{y}) = f_{\mathbf{X}}(\mathbf{x})\left|\frac{\partial \mathbf{x}}{\partial \mathbf{y}}\right| = \left(\frac{1}{\sqrt{2\pi}}\right)^n \exp\left(-\frac{\mathbf{x}^T \mathbf{x}}{2}\right) \cdot \frac{1}{\sqrt{\det(\Sigma)}}$$

$$= \left(\frac{1}{\sqrt{2\pi}}\right)^n \frac{1}{\sqrt{\det(\Sigma)}} \exp\left(-\frac{(\mathbf{y}-\boldsymbol{\mu})^T \Sigma^{-1}(\mathbf{y}-\boldsymbol{\mu})}{2}\right)$$

$$= \frac{1}{\sqrt{(2\pi)^n \det(\Sigma)}} \exp\left(-\frac{(\mathbf{y}-\boldsymbol{\mu})^T \Sigma^{-1}(\mathbf{y}-\boldsymbol{\mu})}{2}\right) \quad (\mathrm{Var}[\mathbf{y}] = \Sigma)$$

また，$\mathbf{y}$ の共分散行列とその逆行列を $\Sigma = (\sigma_{ij})$，$\Sigma^{-1} = (\sigma^{ij})$ と表すと

$$-\frac{(\mathbf{y}-\boldsymbol{\mu})^T \Sigma^{-1}(\mathbf{y}-\boldsymbol{\mu})}{2} = -\frac{1}{2}\sum_{i,j=1}^{n} \sigma^{ij}(y_i - \mu_i)(y_j - \mu_j)$$

であるから

$$f_{\mathbf{Y}}(\mathbf{y}) = \frac{1}{\sqrt{(2\pi)^n \det(\sigma_{ij})}} \exp\left(-\frac{1}{2}\sum_{i,j=1}^{n} \sigma^{ij}(x_i - \mu_i)(x_j - \mu_j)\right)$$

（注）退化した多変量正規分布は同時確率密度関数をもたない！

### 3.4.2 2変量正規分布の同時確率密度関数

多変量正規分布の重要な例として2変量正規分布を詳しく見ておこう。ここでは非退化な場合のみを考える。

$$\mathbf{\mu} = \begin{pmatrix} \mu_1 \\ \mu_2 \end{pmatrix}, \quad \Sigma = BB^T = \begin{pmatrix} \sigma_1^2 & \rho\sigma_1\sigma_2 \\ \rho\sigma_1\sigma_2 & \sigma_2^2 \end{pmatrix}$$

とする。

このような $\Sigma$ となるためには

$$B = \begin{pmatrix} \sigma_1 & 0 \\ 0 & \sigma_2 \end{pmatrix}\begin{pmatrix} \cos\alpha & \sin\alpha \\ \sin\beta & \cos\beta \end{pmatrix} = \begin{pmatrix} \sigma_1\cos\alpha & \sigma_1\sin\alpha \\ \sigma_2\sin\beta & \sigma_2\cos\beta \end{pmatrix}$$

ととればよい。ただし，$\alpha, \beta$ は $\sin(\alpha+\beta) = \rho$ を満たす。

確率ベクトル $\mathbf{X} = (X_1, X_2)^T$ が非退化な2変量正規分布 $N_2(\mathbf{\mu}, \Sigma)$ に従うとき，その同時密度関数 $f_{(X_1, X_2)}(x_1, x_2) = f_{\mathbf{X}}(\mathbf{x})$ を詳しく調べてみよう。

$$f_{\mathbf{X}}(\mathbf{x}) = \frac{1}{\sqrt{(2\pi)^2\det(\Sigma)}}\exp\left(-\frac{(\mathbf{x}-\mathbf{\mu})^T\Sigma^{-1}(\mathbf{x}-\mathbf{\mu})}{2}\right)$$

このとき

$$\det(\Sigma) = \sigma_1^2\sigma_2^2 - \rho^2\sigma_1^2\sigma_2^2 = \sigma_1^2\sigma_2^2(1-\rho^2)$$

$$\therefore \quad \sqrt{\det(\Sigma)} = \sigma_1\sigma_2\sqrt{1-\rho^2} \qquad (\text{いま非退化なので，} -1 < \rho < 1)$$

また

$$(\mathbf{x}-\mathbf{\mu})^T\Sigma^{-1}(\mathbf{x}-\mathbf{\mu})$$

$$= (x_1-\mu_1, x_2-\mu_2)\frac{1}{\sigma_1^2\sigma_2^2(1-\rho^2)}\begin{pmatrix} \sigma_2^2 & -\rho\sigma_1\sigma_2 \\ -\rho\sigma_1\sigma_2 & \sigma_1^2 \end{pmatrix}\begin{pmatrix} x_1-\mu_1 \\ x_2-\mu_2 \end{pmatrix}$$

$$= \frac{1}{1-\rho^2}(x_1-\mu_1, x_2-\mu_2)\begin{pmatrix} 1/\sigma_1^2 & -\rho/\sigma_1\sigma_2 \\ -\rho/\sigma_1\sigma_2 & 1/\sigma_2^2 \end{pmatrix}\begin{pmatrix} x_1-\mu_1 \\ x_2-\mu_2 \end{pmatrix}$$

$$= \frac{1}{1-\rho^2}\left\{\left(\frac{x_1-\mu_1}{\sigma_1}\right)^2 - \frac{2\rho}{\sigma_1\sigma_2}(x_1-\mu_1)(x_2-\mu_2) + \left(\frac{x_2-\mu_2}{\sigma_2}\right)^2\right\}$$

であるから，同時確率密度関数は次のようになる。

$$f_{X_1, X_2}(x_1, x_2)$$

$$= \frac{1}{2\pi\sigma_1\sigma_2\sqrt{1-\rho^2}}\times$$

$$\exp\left[-\frac{1}{2(1-\rho^2)}\left\{\left(\frac{x_1-\mu_1}{\sigma_1}\right)^2 - \frac{2\rho}{\sigma_1\sigma_2}(x_1-\mu_1)(x_2-\mu_2) + \left(\frac{x_2-\mu_2}{\sigma_2}\right)^2\right\}\right]$$

### 3.4.3　2変量正規分布の周辺確率密度関数

まず

$$I = -\frac{1}{2(1-\rho^2)}\left\{\left(\frac{x_1-\mu_1}{\sigma_1}\right)^2 - \frac{2\rho}{\sigma_1\sigma_2}(x_1-\mu_1)(x_2-\mu_2) + \left(\frac{x_2-\mu_2}{\sigma_2}\right)^2\right\}$$

とおくと

$$I = -\frac{1}{2(1-\rho^2)}\left\{\left(\frac{x_2-\mu_2}{\sigma_2} - \rho\frac{x_1-\mu_1}{\sigma_1}\right)^2 + (1-\rho^2)\left(\frac{x_1-\mu_1}{\sigma_1}\right)^2\right\}$$

$$= -\frac{1}{2(1-\rho^2)}\left(\frac{x_2-\mu_2}{\sigma_2} - \rho\frac{x_1-\mu_1}{\sigma_1}\right)^2 - \frac{1}{2}\left(\frac{x_1-\mu_1}{\sigma_1}\right)^2$$

より

$$\int_{-\infty}^{\infty}\exp(I)dx_2$$

$$= \exp\left\{-\frac{1}{2}\left(\frac{x_1-\mu_1}{\sigma_1}\right)^2\right\}\int_{-\infty}^{\infty}\exp\left\{-\frac{1}{2(1-\rho^2)}\left(\frac{x_2-\mu_2}{\sigma_2} - \rho\frac{x_1-\mu_1}{\sigma_1}\right)^2\right\}dx_2$$

であり，さらに

$$z = \frac{1}{\sqrt{2(1-\rho^2)}}\left(\frac{x_2-\mu_2}{\sigma_2} - \rho\frac{x_1-\mu_1}{\sigma_1}\right)$$

と置換積分することにより

$$\int_{-\infty}^{\infty}\exp\left\{-\frac{1}{2(1-\rho^2)}\left(\frac{x_2-\mu_2}{\sigma_2} - \rho\frac{x_1-\mu_1}{\sigma_1}\right)^2\right\}dx_2$$

$$= \int_{-\infty}^{\infty}\exp(-z^2)\sqrt{2(1-\rho^2)}\sigma_2 dz$$

$$= \sqrt{2(1-\rho^2)}\sigma_2\int_{-\infty}^{\infty}\exp(-z^2)dz$$

$$= \sqrt{2(1-\rho^2)}\sigma_2\cdot\sqrt{\pi} = \sqrt{2\pi(1-\rho^2)}\sigma_2$$

であるから，周辺確率密度関数 $f_{X_1}(x_1)$ は

$$f_{X_1}(x_1) = \frac{1}{2\pi\sigma_1\sigma_2\sqrt{1-\rho^2}}\exp\left\{-\frac{1}{2}\left(\frac{x_1-\mu_1}{\sigma_1}\right)^2\right\}\cdot\sqrt{2\pi(1-\rho^2)}\sigma_2$$

$$= \frac{1}{\sqrt{2\pi}\sigma_1}\exp\left\{-\frac{1}{2}\left(\frac{x_1-\mu_1}{\sigma_1}\right)^2\right\}$$

すなわち

　　$X_1$ は正規分布 $N(\mu_1, \sigma_1^2)$ に従う。

全く同様に

　　$X_2$ は正規分布 $N(\mu_2, \sigma_2^2)$ に従う。

### 3.4.4　2つの正規分布の相関係数と独立性

　いま調べたように，2変量確率変数 $X_1, X_2$ の確率分布が

$$f_{X_1, X_2}(x_1, x_2) = \frac{1}{2\pi\sigma_1\sigma_2\sqrt{1-\rho^2}} \times$$

$$\exp\left[-\frac{1}{2(1-\rho^2)}\left\{\left(\frac{x_1-\mu_1}{\sigma_1}\right)^2 - \frac{2\rho}{\sigma_1\sigma_2}(x_1-\mu_1)(x_2-\mu_2) + \left(\frac{x_2-\mu_2}{\sigma_2}\right)^2\right\}\right]$$

を同時密度関数とする2変量正規分布であるとき

$$\mathrm{Var}[\mathbf{X}] = \mathrm{Var}[(X_1, X_2)^T] = \Sigma = \begin{pmatrix} \sigma_1^2 & \rho\sigma_1\sigma_2 \\ \rho\sigma_1\sigma_2 & \sigma_2^2 \end{pmatrix}$$

であるから

$$V[X_1] = \sigma_1^2, \quad V[X_2] = \sigma_2^2, \quad \mathrm{Cov}[X_1, X_2] = \rho\sigma_1\sigma_2$$

が成り立つ。

　2変量確率変数 $X, Y$ 相関係数 $\rho$ が $\rho = 0$ を満たすとき，$X$ と $Y$ は**無相関**であるという。すでに見たように，$X, Y$ が独立ならば $\rho = 0$，すなわち，$X$ と $Y$ は無相関である。しかし，一般には，無相関であっても $X$ と $Y$ が独立とは限らない。しかし，正規分布については次が成り立つ。

　**[定理]**　2変量 $X_1, X_2$ の非退化な正規分布において

　　　$\mathrm{Cov}[X_1, X_2] = 0$（$\rho = 0$）ならば，$X_1, X_2$ は独立である。

すなわち，多変量正規分布では，**無相関ならば独立である**。

　**(証明)** $\rho = 0$ とするとき，$X_1, X_2$ の同時確率密度関数 $f_{X_1, X_2}(x_1, x_2)$ は

$$f_{X_1, X_2}(x_1, x_2)$$

$$= \frac{1}{2\pi\sigma_1\sigma_2}\exp\left[-\frac{1}{2}\left\{\left(\frac{x_1-\mu_1}{\sigma_1}\right)^2 + \left(\frac{x_2-\mu_2}{\sigma_2}\right)^2\right\}\right]$$

$$= \frac{1}{\sqrt{2\pi}\sigma_1}\exp\left\{-\frac{1}{2}\left(\frac{x_1-\mu_1}{\sigma_1}\right)^2\right\} \cdot \frac{1}{\sqrt{2\pi}\sigma_2}\exp\left\{-\frac{1}{2}\left(\frac{x_2-\mu_2}{\sigma_2}\right)^2\right\}$$

$$= f_{X_1}(x_1) \cdot f_{X_2}(x_2)$$

よって，$X_1, X_2$ は独立である。　　　　　　　　　　　　　　　　　□

　すなわち，正規分布においては，無相関であることと独立であることは同値である。

# 第4章

# いろいろな確率分布

## 4．1　ガンマ関数とベータ関数

　ガンマ関数とベータ関数は微分積分で学習する重要な広義積分であるが，統計学において極めて重要な役割を果たすものであるから，ここでは特に重要な性質を中心にその要点をまとめておく。詳細は巻末にあげた教科書などを参照してもらうとよい。

### 4.1.1　ガンマ関数
　ガンマ関数とは次で定義される収束する広義積分である。

$$\Gamma(s) = \int_0^\infty x^{s-1}e^{-x}dx \quad (s>0)$$

この広義積分が収束することの証明は参考文献［桜井 1］などを参照。

　ガンマ関数に関する性質をいくつか述べる。

［公式］　$\Gamma(s+1) = s\Gamma(s)$

（証明）　$\Gamma(s+1) = \int_0^\infty x^s e^{-x}dx$

$$= \left[ x^s \cdot (-e^{-x}) \right]_0^\infty - \int_0^\infty sx^{s-1} \cdot (-e^{-x})dx$$

$$= 0 + s\int_0^\infty x^{s-1}e^{-x}dx = \Gamma(s) \qquad \square$$

［公式］　$n$ を負でない整数とするとき

　　$\Gamma(n+1) = n!$　　　（注）　$0! = 1$

（証明）　$\Gamma(1) = \int_0^\infty e^{-x}dx = \left[ -e^{-x} \right]_0^\infty = 0 - (-1) = 1$

　　$\Gamma(n+1) = n\Gamma(n)$

$$= n(n-1)\Gamma(n-1) = \cdots$$

$$= n(n-1)\cdots 3 \cdot 2 \cdot 1 \cdot \Gamma(1)$$

$$= n(n-1)\cdots 3 \cdot 2 \cdot 1 \cdot 1 = n! \qquad \square$$

[公式]　$\Gamma\left(\dfrac{1}{2}\right)=\sqrt{\pi}$

（証明）$x=u^2$ とおくと，$dx=2u\,du$

また，$x:0\to\infty$ のとき，$u:0\to\infty$

よって

$$\Gamma\left(\frac{1}{2}\right)=\int_0^\infty x^{-\frac{1}{2}}e^{-x}dx$$

$$=\int_0^\infty (u^2)^{-\frac{1}{2}}e^{-u^2}\cdot 2u\,du=2\int_0^\infty e^{-u^2}du=2\cdot\frac{\sqrt{\pi}}{2}=\sqrt{\pi}\qquad\square$$

### 4.1.2　ベータ関数

ベータ関数とは次で定義される収束する広義積分である。

$$B(p,q)=\int_0^1 x^{p-1}(1-x)^{q-1}dx\qquad (p,q>0)$$

この広義積分が収束することの証明は参考文献［桜井1］などを参照。

ベータ関数に関する性質をいくつか述べる。

[公式]　$m,n$ を負でない整数とするとき

$$B(m+1,n+1)=\frac{m!\,n!}{(m+n+1)!}\qquad （注）0!=1$$

（証明）$B(m+1,n+1)=\displaystyle\int_0^1 x^m(1-x)^n dx$

$$=\left[\frac{1}{m+1}x^{m+1}\cdot(1-x)^n\right]_0^1-\int_0^1\frac{1}{m+1}x^{m+1}\{-n(1-x)^{n-1}\}dx$$

$$=0+\frac{n}{m+1}\int_0^1 x^{m+1}(1-x)^{n-1}dx=\frac{n}{m+1}B(m+2,n)$$

この漸化式を繰り返し用いることにより

$$B(m+1,n+1)=\frac{n}{m+1}B(m+2,n)$$

$$=\frac{n}{m+1}\cdot\frac{n-1}{m+2}B(m+3,n-1)=\cdots$$

$$=\frac{n}{m+1}\cdot\frac{n-1}{m+2}\cdots\frac{2}{m+n-1}\cdot\frac{1}{m+n}B(m+n+1,1)$$

$$=\frac{m!\,n!}{(m+n)!}B(m+n+1,1)$$

$$=\frac{m!\,n!}{(m+n)!}\int_0^1 x^{m+n}dx=\frac{m!\,n!}{(m+n)!}\cdot\frac{1}{m+n+1}=\frac{m!\,n!}{(m+n+1)!}\qquad\square$$

### 4.1.3 ガンマ関数とベータ関数

ガンマ関数とベータ関数の間には密接な関係がある。

[公式] $\dfrac{\Gamma(p)\Gamma(q)}{\Gamma(p+q)} = B(p,q)$ $(p, q > 0)$

（証明） $x = \sin^2\theta$ とおくと、 $dx = 2\sin\theta\cos\theta\, d\theta$

また、 $x : 0 \to 1$ のとき、 $\theta : 0 \to \dfrac{\pi}{2}$

よって

$$B(p, q) = \int_0^1 x^{p-1}(1-x)^{q-1}dx$$

$$= \int_0^{\frac{\pi}{2}} (\sin^2\theta)^{p-1}(1-\sin^2\theta)^{q-1} \cdot 2\sin\theta\cos\theta\, d\theta$$

$$= \int_0^{\frac{\pi}{2}} \sin^{2p-2}\theta\cos^{2q-2}\theta \cdot 2\sin\theta\cos\theta\, d\theta$$

$$= 2\int_0^{\frac{\pi}{2}} \sin^{2p-1}\theta\cos^{2q-1}\theta\, d\theta$$

次に、 $x = z^2$ とおくと、 $dx = 2zdz$　　また、 $x : 0 \to \infty$ のとき、 $z : 0 \to \infty$

よって

$$\Gamma(s) = \int_0^\infty x^{s-1}e^{-x}dx = \int_0^\infty (z^2)^{s-1}e^{-z^2}\cdot 2z\, dz = 2\int_0^\infty z^{2s-1}e^{-z^2}dz$$

したがって

$$\Gamma(p)\Gamma(q) = \left(2\int_0^\infty z^{2p-1}e^{-z^2}dz\right)\left(2\int_0^\infty w^{2q-1}e^{-w^2}dw\right)$$

$$= 4\int_0^\infty\int_0^\infty z^{2p-1}w^{2q-1}e^{-(z^2+w^2)}\, dzdw \quad \cdots\cdots (*)$$

極座標変換： $z = r\cos\theta$ , $w = r\sin\theta$ により

$$(*) = 4\int_0^{\frac{\pi}{2}}\int_0^\infty (r\cos\theta)^{2p-1}(r\sin\theta)^{2q-1}e^{-r^2}\cdot r\, drd\theta$$

$$= 4\int_0^{\frac{\pi}{2}}\int_0^\infty r^{2(p+q)-1}e^{-r^2}\sin^{2p-1}\theta\cos^{2q-1}\theta\, drd\theta$$

$$= \left(2\int_0^\infty r^{2(p+q)-1}e^{-r^2}dr\right)\left(2\int_0^{\frac{\pi}{2}} \sin^{2p-1}\theta\cos^{2q-1}\theta\, d\theta\right)$$

$$= \Gamma(p+q)B(p, q)$$

以上より

$$\frac{\Gamma(p)\Gamma(q)}{\Gamma(p+q)} = B(p, q)$$

□

## ４．２　カイ二乗分布

　以下に述べるカイ二乗分布は，統計学において最も重要な確率分布の一つである。カイ二乗分布を統計学に本格的に導入し，多くの成果を得たのは**カール・ピアソン**(1851－1936)である。カイ二乗分布，ｔ分布，Ｆ分布とともに近代統計学が始まる。

### 4.2.1　カイ二乗分布

　$Z_1, Z_2, \cdots, Z_n$ は互いに独立で，すべて標準正規分布 $N(0,1)$ に従うとする。このとき

$$X_n = Z_1^2 + Z_2^2 + \cdots + Z_n^2$$

が従う分布を自由度 $n$ の**カイ二乗分布**といい，$\chi^2(n)$ で表す。

　カイ二乗分布 $\chi^2(n)$ の確率密度関数を導出してみよう。

　まずはじめに $n = 1, 2, 3$ の場合の確率密度関数を導くことにより，$\chi^2(n)$ の確率密度関数 $f_{X_n}(t)$ を予想し，それが正しいことを数学的帰納法で示すという方針で進める。$t > 0$ の場合を調べれば十分である。

（ⅰ）　$n = 1$ のとき

$$P(X_1 \leqq z) = P(Z_1^2 \leqq z) = P(-\sqrt{z} \leqq Z_1 \leqq \sqrt{z})$$

$$= 2\int_0^{\sqrt{z}} \frac{1}{\sqrt{2\pi}} e^{-\frac{x^2}{2}} dx$$

ここで，$t = x^2$ とおくと，$x = \sqrt{t}$　　$\therefore \quad dx = \frac{1}{2\sqrt{t}} dt$

また，$x : 0 \to \sqrt{z}$ のとき，$t : 0 \to z$

よって

$$2\int_0^{\sqrt{z}} \frac{1}{\sqrt{2\pi}} e^{-\frac{x^2}{2}} dx$$

$$= 2\int_0^z \frac{1}{\sqrt{2\pi}} e^{-\frac{t}{2}} \cdot \frac{1}{2\sqrt{t}} dt = \int_0^z \frac{1}{\sqrt{2\pi}} t^{-\frac{1}{2}} e^{-\frac{t}{2}} dt$$

したがって

$$f_{X_1}(t) = \frac{1}{\sqrt{2\pi}} t^{-\frac{1}{2}} e^{-\frac{t}{2}}$$

すなわち

$$f_{X_1}(t) = A_1 t^{-\frac{1}{2}} e^{-\frac{t}{2}} \quad （A_1 は定数）$$

（ⅱ）$n=2$ のとき

$f_{X_2}(t) = f_{Z_1{}^2+Z_2{}^2}(t)$ は "たたみこみ" を利用して計算する。

$$f_{X_2}(t) = f_{Z_1{}^2+Z_2{}^2}(t)$$

$$= \int_0^t f_{Z_1{}^2}(t-x) f_{Z_2{}^2}(x) dx$$

$$= \int_0^t \frac{1}{\sqrt{2\pi}}(t-x)^{-\frac{1}{2}} e^{-\frac{t-x}{2}} \cdot \frac{1}{\sqrt{2\pi}} x^{-\frac{1}{2}} e^{-\frac{x}{2}} dx$$

$$= \frac{1}{2\pi} e^{-\frac{t}{2}} \int_0^t (t-x)^{-\frac{1}{2}} x^{-\frac{1}{2}} dx$$

$$= \frac{1}{2\pi} e^{-\frac{t}{2}} \int_0^1 (t-tu)^{-\frac{1}{2}} (tu)^{-\frac{1}{2}} t\, du \quad （x=tu \text{ と置換積分}）$$

$$= \frac{1}{2\pi} e^{-\frac{t}{2}} \int_0^1 (1-u)^{-\frac{1}{2}} u^{-\frac{1}{2}} du$$

したがって

$$f_{X_2}(t) = A_2 e^{-\frac{t}{2}} \quad （A_2 \text{ は定数}）$$

（ⅲ）$n=3$ のとき

$f_{X_3}(t) = f_{X_2+Z_3{}^2}(t)$ も "たたみこみ" を利用して計算する。

$$f_{X_3}(t) = f_{X_2+Z_3{}^2}(t)$$

$$= \int_0^t f_{X_2}(t-x) f_{Z_3{}^2}(x) dx$$

$$= \int_0^t A_2 e^{-\frac{t-x}{2}} \cdot A_1 x^{-\frac{1}{2}} e^{-\frac{x}{2}} dx$$

$$= A_1 A_2 e^{-\frac{t}{2}} \int_0^t x^{-\frac{1}{2}} dx$$

$$= A_1 A_2 e^{-\frac{t}{2}} \cdot 2t^{\frac{1}{2}}$$

$$= 2A_1 A_2 t^{\frac{1}{2}} e^{-\frac{t}{2}}$$

したがって

$$f_{X_3}(t) = A_3 t^{\frac{1}{2}} e^{-\frac{t}{2}} \quad （A_3 \text{ は定数}）$$

（ⅰ）～（ⅲ）より，$t>0$ のとき

$$f_{X_n}(t) = A_n t^{\frac{n}{2}-1} e^{-\frac{t}{2}} \quad （A_n \text{ は定数}） \quad \cdots\cdots （*）$$

と予想する。この予想が正しいことを数学的帰納法で証明する。

（Ⅰ）$n=1$ のとき

明らかに（*）は成り立つ。

（Ⅱ）$n = k$ のとき（＊）が成り立つとする。

$n = k+1$ のとき

$$f_{X_{k+1}}(t) = f_{X_k + Z_{k+1}^2}(t)$$

$$= \int_0^t f_{X_k}(t-x) f_{Z_{k+1}^2}(x) dx$$

$$= \int_0^t A_k (t-x)^{\frac{k}{2}-1} e^{-\frac{t-x}{2}} \cdot A_1 x^{-\frac{1}{2}} e^{-\frac{x}{2}} dx$$

$$= A_1 A_k e^{-\frac{t}{2}} \int_0^t (t-x)^{\frac{k}{2}-1} x^{-\frac{1}{2}} dx$$

$$= A_1 A_k e^{-\frac{t}{2}} \int_0^1 (t-tu)^{\frac{k}{2}-1} (tu)^{-\frac{1}{2}} \cdot t\, du \quad (\, x = tu \text{ と置換積分})$$

$$= A_1 A_k e^{-\frac{t}{2}} t^{\frac{k}{2}-\frac{1}{2}} \int_0^1 (1-u)^{\frac{k}{2}-1} u^{-\frac{1}{2}} du$$

$$= A_1 A_k e^{-\frac{t}{2}} t^{\frac{k+1}{2}-1} \int_0^1 (1-u)^{\frac{k}{2}-1} u^{-\frac{1}{2}} du$$

したがって，$n = k$ のとき（＊）が成り立てば，$n = k+1$ のときも（＊）は成り立つ。

以上より

$$f_{X_n}(t) = A_n t^{\frac{n}{2}-1} e^{-\frac{t}{2}} \quad (\, A_n \text{ は定数})$$

　最後に，係数を求めよう。

全確率が 1 であることから

$$\int_0^\infty f_{X_n}(t) dt = \int_0^\infty A_n t^{\frac{n}{2}-1} e^{-\frac{t}{2}} dt = 1$$

よって

$$A_n = \frac{1}{\int_0^\infty t^{\frac{n}{2}-1} e^{-\frac{t}{2}} dt}$$

$$= \frac{1}{\int_0^\infty (2x)^{\frac{n}{2}-1} e^{-x} \cdot 2 dx}$$

$$= \frac{1}{2^{\frac{n}{2}} \int_0^\infty x^{\frac{n}{2}-1} e^{-x} dx} = \frac{1}{2^{\frac{n}{2}} \Gamma\left(\frac{n}{2}\right)}$$

以上より

$$f_{X_n}(t) = \frac{1}{2^{\frac{n}{2}} \Gamma\left(\frac{n}{2}\right)} t^{\frac{n}{2}-1} e^{-\frac{t}{2}} \quad (\, t > 0\,)$$

である。

### 4.2.2 カイ二乗分布の平均と分散

次に，カイ二乗分布の平均と分散を求めよう。

自由度 $n$ のカイ二乗分布 $\chi^2(n)$ に従う確率変数 $X_n$ の確率密度関数は

$$f_{X_n}(t) = \begin{cases} \dfrac{1}{2^{\frac{n}{2}}\Gamma\left(\dfrac{n}{2}\right)} t^{\frac{n}{2}-1} e^{-\frac{t}{2}} & (t > 0) \\ 0 & (t \leqq 0) \end{cases}$$

平均と分散について次の公式が成り立つ。

[公式]　$E[X_n] = n$，$V[X_n] = 2n$

（証明）　$E[X_n] = \displaystyle\int_{-\infty}^{\infty} t \cdot f_{X_n}(t)\,dt$

$$= \int_0^\infty t \cdot \frac{1}{2^{\frac{n}{2}}\Gamma\left(\frac{n}{2}\right)} t^{\frac{n}{2}-1} e^{-\frac{t}{2}}\,dt$$

$$= \frac{1}{2^{\frac{n}{2}}\Gamma\left(\frac{n}{2}\right)} \int_0^\infty t^{\frac{n}{2}} e^{-\frac{t}{2}}\,dt$$

$$= \frac{1}{2^{\frac{n}{2}}\Gamma\left(\frac{n}{2}\right)} \int_0^\infty (2u)^{\frac{n}{2}} e^{-u} \cdot 2\,du \qquad (t = 2u \text{ と置換積分})$$

$$= \frac{1}{2^{\frac{n}{2}}\Gamma\left(\frac{n}{2}\right)} \cdot 2^{\frac{n}{2}+1} \int_0^\infty u^{\frac{n}{2}} e^{-u}\,du$$

$$= \frac{1}{2^{\frac{n}{2}}\Gamma\left(\frac{n}{2}\right)} \cdot 2^{\frac{n}{2}+1} \Gamma\left(\frac{n}{2}+1\right)$$

$$= \frac{1}{2^{\frac{n}{2}}\Gamma\left(\frac{n}{2}\right)} \cdot 2^{\frac{n}{2}+1} \cdot \frac{n}{2} \Gamma\left(\frac{n}{2}\right)$$

$$= n$$

次に

$$E[X_n{}^2] = \int_{-\infty}^{\infty} t^2 \cdot f_{X_n}(t)\,dt$$

$$= \int_0^\infty t^2 \cdot \frac{1}{2^{\frac{n}{2}}\Gamma\left(\frac{n}{2}\right)} t^{\frac{n}{2}-1} e^{-\frac{t}{2}}\,dt$$

$$= \frac{1}{2^{\frac{n}{2}}\Gamma\left(\frac{n}{2}\right)} \int_0^\infty t^{\frac{n}{2}+1} e^{-\frac{t}{2}} dt$$

$$= \frac{1}{2^{\frac{n}{2}}\Gamma\left(\frac{n}{2}\right)} \int_0^\infty (2u)^{\frac{n}{2}+1} e^{-u} \cdot 2 du$$

$$= \frac{1}{2^{\frac{n}{2}}\Gamma\left(\frac{n}{2}\right)} \cdot 2^{\frac{n}{2}+2} \int_0^\infty u^{\frac{n}{2}+1} e^{-u} du$$

$$= \frac{1}{2^{\frac{n}{2}}\Gamma\left(\frac{n}{2}\right)} \cdot 2^{\frac{n}{2}+2} \Gamma\left(\frac{n}{2}+2\right)$$

$$= \frac{1}{2^{\frac{n}{2}}\Gamma\left(\frac{n}{2}\right)} \cdot 2^{\frac{n}{2}+2} \left(\frac{n}{2}+1\right)\frac{n}{2}\Gamma\left(\frac{n}{2}\right)$$

$$= (n+2)n$$

より

$$V[X_n] = E[X_n{}^2] - E[X_n]^2$$
$$= (n+2)n - n^2 = 2n \qquad \square$$

## ●カイ二乗分布の密度関数のグラフの形状

$f(x) = x^{\frac{n}{2}-1} e^{-\frac{x}{2}}$（ $x > 0$ ）のグラフの形を調べればよい。

$$f'(x) = \left(\frac{n}{2}-1\right)x^{\frac{n}{2}-2} \cdot e^{-\frac{x}{2}} + x^{\frac{n}{2}-1} \cdot \left(-\frac{1}{2}\right)e^{-\frac{x}{2}}$$

$$= \left\{\left(\frac{n}{2}-1\right) - \frac{1}{2}x\right\} x^{\frac{n}{2}-2} e^{-\frac{x}{2}}$$

$$= \frac{1}{2}\{(n-2) - x\} x^{\frac{n}{2}-2} e^{-\frac{x}{2}}$$

$n \geqq 3$ になると極大が現れる。

また，$n \geqq 3$ のとき

$$\lim_{x \to +0} f(x) = \lim_{x \to +0} x^{\frac{n}{2}-1} e^{-\frac{x}{2}} = 0$$

もちろん，$n$ によらず次が成り立つ。

$$\lim_{x \to \infty} f(x) = \lim_{x \to \infty} x^{\frac{n}{2}-1} e^{-\frac{x}{2}} = 0$$

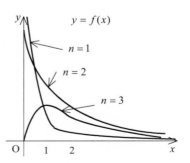

## ４．３　カイ二乗分布の重要性質

### 4.3.1　準備

準備として次の定理を証明しよう。

[定理]　$X_1, X_2, \cdots, X_n$ は互いに独立で，いずれも標準正規分布 $N(0,1)$ に従うとする。

このとき，$n$ 次の直交行列 $C = (c_{ij})$ に対して

$$\begin{pmatrix} Y_1 \\ Y_2 \\ \vdots \\ Y_n \end{pmatrix} = C \begin{pmatrix} X_1 \\ X_2 \\ \vdots \\ X_n \end{pmatrix} \qquad \text{すなわち,} \quad Y_i = \sum_{j=1}^{n} c_{ij} X_j \quad (n = 1, 2, \cdots, n)$$

とおくと

$Y_1, Y_2, \cdots, Y_n$ は互いに独立で，いずれも標準正規分布 $N(0,1)$ に従う。

（証明）$X_1, X_2, \cdots, X_n$ は互いに独立で，いずれも標準正規分布 $N(0,1)$ に従うことから，$(X_1, X_2, \cdots, X_n)$ の同時確率密度関数は

$$f(x_1, x_2, \cdots, x_n) = \left( \frac{1}{\sqrt{2\pi}} \right)^n \exp\left( -\frac{1}{2} \sum_{i=1}^{n} x_i^2 \right)$$

である。

ここで，直交行列 $C = (c_{ij})$ により

$$\begin{pmatrix} y_1 \\ y_2 \\ \vdots \\ y_n \end{pmatrix} = C \begin{pmatrix} x_1 \\ x_2 \\ \vdots \\ x_n \end{pmatrix} \qquad \text{すなわち,} \quad y_i = \sum_{j=1}^{n} c_{ij} x_j$$

と変数変換すると，$(Y_1, Y_2, \cdots, Y_n)$ の同時確率密度関数は

$$g(y_1, y_2, \cdots, y_n) = f(x_1, x_2, \cdots, x_n) \left| \frac{\partial(x_1, x_2, \cdots, x_n)}{\partial(y_1, y_2, \cdots, y_n)} \right|$$

であり

$$\begin{pmatrix} x_1 \\ x_2 \\ \vdots \\ x_n \end{pmatrix} = C^{-1} \begin{pmatrix} y_1 \\ y_2 \\ \vdots \\ y_n \end{pmatrix} = C^T \begin{pmatrix} y_1 \\ y_2 \\ \vdots \\ y_n \end{pmatrix} \qquad \text{すなわち,} \quad x_i = \sum_{j=1}^{n} c_{ji} y_j$$

であるから

$$\frac{\partial(x_1, x_2, \cdots, x_n)}{\partial(y_1, y_2, \cdots, y_n)} = \det(C^T) = \pm 1 \qquad \therefore \quad \left| \frac{\partial(x_1, x_2, \cdots, x_n)}{\partial(y_1, y_2, \cdots, y_n)} \right| = 1$$

したがって

$$g(y_1, y_2, \cdots, y_n) = f(x_1, x_2, \cdots, x_n) \cdot 1$$

$$= \left( \frac{1}{\sqrt{2\pi}} \right)^n \exp\left( -\frac{1}{2} \sum_{i=1}^{n} x_i^2 \right)$$

$$= \left( \frac{1}{\sqrt{2\pi}} \right)^n \exp\left( -\frac{1}{2} \sum_{i=1}^{n} y_i^2 \right) \quad (\because \sum_{i=1}^{n} y_i^2 = \sum_{i=1}^{n} x_i^2)$$

であり

$Y_1, Y_2, \cdots, Y_n$ は互いに独立で,

いずれも標準正規分布 $N(0, 1)$ に従う。 □

### 4.3.2 カイ二乗分布の重要性質

正規分布とカイ二乗分布の次の関係も重要である。

[定理] $X_1, X_2, \cdots, X_n$ は互いに独立で,いずれも正規分布 $N(\mu, \sigma^2)$ に従うとする。このとき,次が成り立つ。

(ⅰ) $\displaystyle\sum_{i=1}^{n} \frac{(X_i - \mu)^2}{\sigma^2}$ は自由度 $n$ のカイ二乗分布 $\chi^2(n)$ に従う。

(ⅱ) $\displaystyle\sum_{i=1}^{n} \frac{(X_i - \overline{X})^2}{\sigma^2}$ は自由度 $n-1$ のカイ二乗分布 $\chi^2(n-1)$ に従う。

ただし,$\overline{X}$ は標本平均 $\overline{X} = \dfrac{1}{n}\displaystyle\sum_{i=1}^{n} X_i$ である。

(証明)(ⅰ) $V_i = \dfrac{X_i - \mu}{\sigma}$ ($i = 1, 2, \cdots, n$) は互いに独立で,いずれも標準正規分布 $N(0, 1)$ に従うので,カイ二乗分布の定義より明らか。

(ⅱ) $Z_i = \left( \dfrac{X_i - \overline{X}}{\sigma} \right)^2$ とおくと

$$Z_i = \left( \frac{X_i - \mu}{\sigma} - \frac{\overline{X} - \mu}{\sigma} \right)^2$$

$$= \left( \frac{X_i - \mu}{\sigma} \right)^2 - 2\frac{\overline{X} - \mu}{\sigma} \cdot \frac{X_i - \mu}{\sigma} + \left( \frac{\overline{X} - \mu}{\sigma} \right)^2$$

であるから

$$\sum_{i=1}^{n} Z_i = \sum_{i=1}^{n} \left( \frac{X_i - \mu}{\sigma} \right)^2 - 2\frac{\overline{X} - \mu}{\sigma} \sum_{i=1}^{n} \frac{X_i - \mu}{\sigma} + \sum_{i=1}^{n} \left( \frac{\overline{X} - \mu}{\sigma} \right)^2$$

$$= \sum_{i=1}^{n} \left( \frac{X_i - \mu}{\sigma} \right)^2 - 2\frac{\overline{X} - \mu}{\sigma} \cdot n\frac{\overline{X} - \mu}{\sigma} + n\left( \frac{\overline{X} - \mu}{\sigma} \right)^2$$

$$= \sum_{i=1}^{n} \left( \frac{X_i - \mu}{\sigma} \right)^2 - n\left( \frac{\overline{X} - \mu}{\sigma} \right)^2$$

$$= \sum_{i=1}^{n} V_i^2 - n\left( \frac{\overline{X} - \mu}{\sigma} \right)^2$$

ここで

$$\frac{\overline{X} - \mu}{\sigma} = \frac{1}{n}\sum_{i=1}^{n} \frac{X_i - \mu}{\sigma} = \frac{1}{n}\sum_{i=1}^{n} V_i = \overline{V}$$

であるから

$$\sum_{i=1}^{n} Z_i = \sum_{i=1}^{n} V_i^2 - n(\overline{V})^2$$

さて，$n$ 次正方行列 $C = (c_{ij})$ を

$$c_{11} = c_{12} = \cdots = c_{1n} = \frac{1}{\sqrt{n}}$$

を満たす直交行列とし

$$\begin{pmatrix} W_1 \\ W_2 \\ \vdots \\ W_n \end{pmatrix} = C \begin{pmatrix} V_1 \\ V_2 \\ \vdots \\ V_n \end{pmatrix} \qquad \text{すなわち，} \quad W_i = \sum_{j=1}^{n} c_{ij} V_j$$

とおくと

$W_1, W_2, \cdots, W_n$ は互いに独立で，いずれも標準正規分布 $N(0,1)$ に従う。
このとき

$$W_1 = \sum_{j=1}^{n} c_{1j} V_j = \sum_{j=1}^{n} \frac{1}{\sqrt{n}} V_j = \sqrt{n} \cdot \frac{1}{n}\sum_{j=1}^{n} V_j = \sqrt{n}\overline{V}$$

$$\therefore \quad n(\overline{V})^2 = W_1^2$$

また，$C = (c_{ij})$ が直交行列であることに注意して

$$\sum_{i=1}^{n} Z_i = \sum_{i=1}^{n} V_i^2 - n(\overline{V})^2 = \sum_{i=1}^{n} W_i^2 - W_1^2 = \sum_{i=2}^{n} W_i^2$$

したがって

$$\sum_{i=1}^{n} \left( \frac{X_i - \overline{X}}{\sigma} \right)^2 = \sum_{i=1}^{n} Z_i = \sum_{i=2}^{n} W_i^2$$

は自由度 $n-1$ のカイ二乗分布 $\chi^2(n-1)$ に従う。　　　　　□

━╱━╱━ **線形代数からの復習（直交行列と直交変換）** ━╱━╱━╱━╱━╱━╱━━

ここで，線形代数から直交行列に関連する事項をいくつか復習しておこう。まず，直交行列の定義を確認する。

**直交行列の定義** 正方行列 $P$ が $P^T P = E$ （$E$ は単位行列）を満たすとき，$P$ を直交行列という。すなわち，$P$ の転置行列 $P^T$ が $P$ の逆行列 $P^{-1}$ となる正方行列である。

以下の定理が成り立つ。

**[定理]（直交行列と正規直交基底）**

正方行列 $P = (\mathbf{p}_1 \ \mathbf{p}_2 \ \cdots \ \mathbf{p}_n)$ が直交行列であるための必要十分条件は，

$$\{\mathbf{p}_1, \mathbf{p}_2, \cdots, \mathbf{p}_n\} \ \text{が} \ \mathbf{R}^n \ \text{の正規直交基底になること}$$

である。

（**証明**）内積：$(\mathbf{a}, \mathbf{b}) = \mathbf{a}^T \mathbf{b}$ ← 行列の積

に注意して

$$P^T P = \begin{pmatrix} \mathbf{p}_1^T \\ \mathbf{p}_2^T \\ \vdots \\ \mathbf{p}_n^T \end{pmatrix} (\mathbf{p}_1 \ \mathbf{p}_2 \ \cdots \ \mathbf{p}_n) = \begin{pmatrix} \mathbf{p}_1^T \mathbf{p}_1 & \mathbf{p}_1^T \mathbf{p}_2 & \cdots & \mathbf{p}_1^T \mathbf{p}_n \\ \mathbf{p}_2^T \mathbf{p}_1 & \mathbf{p}_2^T \mathbf{p}_2 & \cdots & \mathbf{p}_2^T \mathbf{p}_n \\ \vdots & \vdots & \ddots & \vdots \\ \mathbf{p}_n^T \mathbf{p}_1 & \mathbf{p}_n^T \mathbf{p}_2 & \cdots & \mathbf{p}_n^T \mathbf{p}_n \end{pmatrix}$$

$$= \begin{pmatrix} (\mathbf{p}_1, \mathbf{p}_1) & (\mathbf{p}_1, \mathbf{p}_2) & \cdots & (\mathbf{p}_1, \mathbf{p}_n) \\ (\mathbf{p}_2, \mathbf{p}_1) & (\mathbf{p}_2, \mathbf{p}_2) & \cdots & (\mathbf{p}_2, \mathbf{p}_n) \\ \vdots & \vdots & \ddots & \vdots \\ (\mathbf{p}_n, \mathbf{p}_1) & (\mathbf{p}_n, \mathbf{p}_2) & \cdots & (\mathbf{p}_n, \mathbf{p}_n) \end{pmatrix}$$

であるから，定理が成り立つ。 □

**[定理]（直交変換の基本性質）**

直交変換：$\mathbf{y} = P\mathbf{x}$ （$P$ は直交行列）によって，ベクトルの大きさは不変である。

（**証明**）より一般に，直交変換で内積が不変に保たれることを示す。

$\mathbf{y} = P\mathbf{x}$，$\mathbf{w} = P\mathbf{z}$ とする。

$$(\mathbf{y}, \mathbf{w}) = (P\mathbf{x}, P\mathbf{z})$$
$$= (P\mathbf{x})^T P\mathbf{z} \qquad \text{（注）内積：} (\mathbf{a}, \mathbf{b}) = \mathbf{a}^T \mathbf{b} \ \text{← 行列の積}$$
$$= \mathbf{x}^T P^T P\mathbf{z}$$
$$= \mathbf{x}^T E\mathbf{z}$$
$$= \mathbf{x}^T \mathbf{z} = (\mathbf{x}, \mathbf{z})$$

□

# ４．４　ｔ分布

**ゴセット**（筆名は**ステューデント**, 1876 − 1937）による ｔ分布は近代統計学の幕開けともなった，統計学において極めて重要な確率分布である。

### 4.4.1　ｔ分布

$Z$ は標準正規分布 $N(0,1)$ に従い，$W_n$ は自由度 $n$ のカイ二乗分布に従う，互いに独立な確率変数とする。

このとき

$$X_n = \frac{Z}{\sqrt{W_n / n}}$$

が従う分布を自由度 $n$ の **ｔ分布**といい，$t(n)$ で表す。

ｔ分布 $t(n)$ の確率密度関数 $f_{X_n}(t)$ を導出してみよう。

変数変換：

$$x = \frac{z}{\sqrt{w / n}}, \quad y = w$$

すなわち

$$z = x\sqrt{\frac{y}{n}}, \quad w = y$$

の変数変換により

$$f_{X_n, Y_n}(x, y) = f_{Z, W_n}(z, w)\left| \frac{\partial(z, w)}{\partial(x, y)} \right| dxdy$$

ここで，$Z$ と $W_n$ は互いに独立なので

$$f_{Z, W_n}(z, w) = f_Z(z) f_{W_n}(w)$$

$$= \frac{1}{\sqrt{2\pi}} e^{-\frac{z^2}{2}} \cdot \frac{1}{2^{\frac{n}{2}} \Gamma\left(\frac{n}{2}\right)} w^{\frac{n}{2}-1} e^{-\frac{w}{2}}$$

また

$$\frac{\partial(z, w)}{\partial(x, y)} = \det\begin{pmatrix} \sqrt{\frac{y}{n}} & x\frac{1}{2\sqrt{n}\sqrt{y}} \\ 0 & 1 \end{pmatrix} = \sqrt{\frac{y}{n}}$$

であるから

$$f_{X_n, Y_n}(x, y) = \frac{1}{\sqrt{2\pi}} e^{-\frac{z^2}{2}} \cdot \frac{1}{2^{\frac{n}{2}} \Gamma\left(\frac{n}{2}\right)} w^{\frac{n}{2}-1} e^{-\frac{w}{2}} \cdot \sqrt{\frac{y}{n}}$$

$$= \frac{1}{\sqrt{2\pi}} e^{-\frac{x^2 y}{2n}} \cdot \frac{1}{2^{\frac{n}{2}} \Gamma\left(\frac{n}{2}\right)} y^{\frac{n}{2}-1} e^{-\frac{y}{2}} \cdot \sqrt{\frac{y}{n}}$$

$$= \frac{1}{\sqrt{2n\pi}} \cdot \frac{1}{2^{\frac{n}{2}} \Gamma\left(\frac{n}{2}\right)} y^{\frac{n-1}{2}} e^{-\frac{x^2 y}{2n}-\frac{y}{2}}$$

$$= \frac{1}{\sqrt{2n\pi}} \cdot \frac{1}{2^{\frac{n}{2}} \Gamma\left(\frac{n}{2}\right)} y^{\frac{n-1}{2}} e^{-\left(\frac{x^2}{n}+1\right)\frac{y}{2}}$$

よって

$$f_{X_n}(x) = \int_0^\infty f_{X_n, Y_n}(x, y) dy$$

$$= \int_0^\infty \frac{1}{\sqrt{2n\pi}} \cdot \frac{1}{2^{\frac{n}{2}} \Gamma\left(\frac{n}{2}\right)} y^{\frac{n-1}{2}} e^{-\left(\frac{x^2}{n}+1\right)\frac{y}{2}} dy$$

$$= \int_0^\infty \frac{1}{\sqrt{2n\pi}} \cdot \frac{1}{2^{\frac{n}{2}} \Gamma\left(\frac{n}{2}\right)} \left(\frac{2r}{\frac{x^2}{n}+1}\right)^{\frac{n-1}{2}} e^{-r} \cdot \frac{2}{\frac{x^2}{n}+1} dr \quad (r = \left(\frac{x^2}{n}+1\right)\frac{y}{2})$$

$$= \int_0^\infty \frac{1}{\sqrt{2n\pi}} \cdot \frac{1}{2^{\frac{n}{2}} \Gamma\left(\frac{n}{2}\right)} \cdot \frac{2^{\frac{n+1}{2}}}{\left(\frac{x^2}{n}+1\right)^{\frac{n+1}{2}}} r^{\frac{n-1}{2}} e^{-r} dr$$

$$= \frac{1}{\sqrt{n\pi}} \cdot \frac{1}{\Gamma\left(\frac{n}{2}\right)} \cdot \frac{1}{\left(\frac{x^2}{n}+1\right)^{\frac{n+1}{2}}} \int_0^\infty r^{\frac{n-1}{2}} e^{-r} dr$$

$$= \frac{1}{\sqrt{n\pi}} \cdot \frac{1}{\Gamma\left(\frac{n}{2}\right)} \cdot \frac{1}{\left(\frac{x^2}{n}+1\right)^{\frac{n+1}{2}}} \cdot \Gamma\left(\frac{n+1}{2}\right)$$

$$= \frac{1}{\sqrt{n\pi}} \cdot \frac{\Gamma\left(\frac{n+1}{2}\right)}{\Gamma\left(\frac{n}{2}\right)} \cdot \frac{1}{\left(\frac{x^2}{n}+1\right)^{\frac{n+1}{2}}} \qquad \square$$

（注）公式：

$$\frac{\Gamma(p)\Gamma(q)}{\Gamma(p+q)} = B(p, q) \quad および \quad \Gamma\left(\frac{1}{2}\right) = \sqrt{\pi}$$

に注意すると

$$B\left(\frac{n}{2}, \frac{1}{2}\right) = \frac{\Gamma\left(\frac{n}{2}\right)\Gamma\left(\frac{1}{2}\right)}{\Gamma\left(\frac{n+1}{2}\right)} = \frac{\Gamma\left(\frac{n}{2}\right)\sqrt{\pi}}{\Gamma\left(\frac{n+1}{2}\right)} \qquad \therefore \quad \frac{\Gamma\left(\frac{n+1}{2}\right)}{\Gamma\left(\frac{n}{2}\right)} = \frac{\sqrt{\pi}}{B\left(\frac{n}{2}, \frac{1}{2}\right)}$$

したがって

$$f_{X_n}(x) = \frac{1}{\sqrt{n\pi}} \cdot \frac{\Gamma\left(\frac{n+1}{2}\right)}{\Gamma\left(\frac{n}{2}\right)} \cdot \frac{1}{\left(\frac{x^2}{n}+1\right)^{\frac{n+1}{2}}}$$

$$= \frac{1}{\sqrt{n}B\left(\frac{n}{2}, \frac{1}{2}\right)} \cdot \frac{1}{\left(\frac{x^2}{n}+1\right)^{\frac{n+1}{2}}}$$

## 4.4.2  t 分布の平均と分散

次に，t 分布の平均と分散を求めよう。

自由度 $n$ の t 分布 $t(n)$ に従う確率変数 $X_n$ の確率密度関数は

$$f_{X_n}(x) = \frac{1}{\sqrt{n\pi}} \cdot \frac{\Gamma\left(\frac{n+1}{2}\right)}{\Gamma\left(\frac{n}{2}\right)} \cdot \frac{1}{\left(\frac{x^2}{n}+1\right)^{\frac{n+1}{2}}} = \frac{1}{\sqrt{n}B\left(\frac{n}{2}, \frac{1}{2}\right)} \cdot \frac{1}{\left(\frac{x^2}{n}+1\right)^{\frac{n+1}{2}}}$$

平均と分散について次の公式が成り立つ。

[公式]　$E[X_n] = 0$ （$n > 1$），　$V[X_n] = \dfrac{n}{n-2}$ （$n > 2$）

（証明）$E[X_n] = \displaystyle\int_{-\infty}^{\infty} x \cdot f_{X_n}(x)dx$

$$= \int_{-\infty}^{\infty} x \cdot \frac{1}{\sqrt{n\pi}} \cdot \frac{\Gamma\left(\frac{n+1}{2}\right)}{\Gamma\left(\frac{n}{2}\right)} \cdot \frac{1}{\left(\frac{x^2}{n}+1\right)^{\frac{n+1}{2}}} dx$$

被積分関数は奇関数であり，積分可能であれば明らかにその値は 0 である。そこで，積分可能条件を考えると

$$-\frac{n+1}{2}+1 < 0 \qquad \therefore \quad -\frac{n-1}{2} < 0$$

$\therefore \quad n > 1$

次に，$n > 1$ として，分散について考える。

$E[X_n] = 0$ であるから，$V[X_n] = E[X_n{}^2]$ であり

$$E[X_n{}^2] = \int_{-\infty}^{\infty} x^2 \cdot \frac{1}{\sqrt{n\pi}} \cdot \frac{\Gamma\left(\dfrac{n+1}{2}\right)}{\Gamma\left(\dfrac{n}{2}\right)} \cdot \frac{1}{\left(\dfrac{x^2}{n}+1\right)^{\frac{n+1}{2}}} dx$$

$$= \frac{2\Gamma\left(\dfrac{n+1}{2}\right)}{\sqrt{n\pi}\,\Gamma\left(\dfrac{n}{2}\right)} \int_0^{\infty} \frac{x^2}{\left(\dfrac{x^2}{n}+1\right)^{\frac{n+1}{2}}} dx \quad \cdots\cdots (*)$$

ここで，変数変換：

$$t = \frac{1}{\dfrac{x^2}{n}+1} = \left(\frac{x^2}{n}+1\right)^{-1}$$

を考えると

$$\frac{x^2}{n}+1 = t^{-1} \qquad \therefore \quad \frac{2x}{n}dx = -t^{-2}dt \qquad \therefore \quad xdx = -\frac{n}{2}t^{-2}dt$$

また，$x:0\to\infty$ のとき，$x:1\to 0$
よって

$$(*) = \frac{2\Gamma\left(\dfrac{n+1}{2}\right)}{\sqrt{n\pi}\,\Gamma\left(\dfrac{n}{2}\right)} \int_0^{\infty} \frac{x}{\left(\dfrac{x^2}{n}+1\right)^{\frac{n+1}{2}}} \cdot xdx$$

$$= \frac{2\Gamma\left(\dfrac{n+1}{2}\right)}{\sqrt{n\pi}\,\Gamma\left(\dfrac{n}{2}\right)} \int_1^0 \sqrt{n(t^{-1}-1)}\, t^{\frac{n+1}{2}} \cdot \left(-\frac{n}{2}t^{-2}\right) dt$$

$$= \frac{n\sqrt{n}\,\Gamma\left(\dfrac{n+1}{2}\right)}{\sqrt{n\pi}\,\Gamma\left(\dfrac{n}{2}\right)} \int_0^1 (t^{-1}-1)^{\frac{1}{2}} t^{\frac{n-3}{2}} dt$$

$$= \frac{n\sqrt{n}\,\Gamma\left(\dfrac{n+1}{2}\right)}{\sqrt{n\pi}\,\Gamma\left(\dfrac{n}{2}\right)} \int_0^1 t^{\frac{n}{2}-2} (1-t)^{\frac{1}{2}} dt$$

$$= \frac{n\sqrt{n}\,\Gamma\left(\dfrac{n+1}{2}\right)}{\sqrt{n\pi}\,\Gamma\left(\dfrac{n}{2}\right)} B\left(\frac{n}{2}-1, \frac{3}{2}\right)$$

これが収束するための条件は

$$\frac{n}{2}-1>0 \qquad \therefore \quad n>2$$

このとき

$$\frac{n\sqrt{n}\,\Gamma\left(\frac{n+1}{2}\right)}{\sqrt{n\pi}\,\Gamma\left(\frac{n}{2}\right)}B\left(\frac{n}{2}-1,\frac{3}{2}\right)=\frac{n\Gamma\left(\frac{n+1}{2}\right)}{\sqrt{\pi}\,\Gamma\left(\frac{n}{2}\right)}\cdot\frac{\Gamma\left(\frac{n}{2}-1\right)\Gamma\left(\frac{3}{2}\right)}{\Gamma\left(\frac{n+1}{2}\right)}$$

$$=\frac{n\Gamma\left(\frac{n}{2}-1\right)\Gamma\left(\frac{3}{2}\right)}{\sqrt{\pi}\,\Gamma\left(\frac{n}{2}\right)}$$

$$=\frac{n\Gamma\left(\frac{n}{2}-1\right)\cdot\frac{1}{2}\Gamma\left(\frac{1}{2}\right)}{\sqrt{\pi}\left(\frac{n}{2}-1\right)\Gamma\left(\frac{n}{2}-1\right)}$$

$$=\frac{\frac{n}{2}\cdot\sqrt{\pi}}{\sqrt{\pi}\left(\frac{n}{2}-1\right)}=\frac{n}{n-2} \qquad\qquad \square$$

## ● t 分布の密度関数のグラフの形状

$$f(x)=\left(\frac{x^2}{n}+1\right)^{-\frac{n+1}{2}}$$ のグラフを調べればよいが，概形は単純である。

$x=0$ で極大となり，$\displaystyle\lim_{x\to\pm\infty}f(x)=0$

ついでに，変曲点の $x$ 座標を確認しておこう。

$$f'(x)=-\frac{n+1}{2}\left(\frac{x^2}{n}+1\right)^{-\frac{n+1}{2}-1}\frac{2x}{n}=-\frac{n+1}{n}x\left(\frac{x^2}{n}+1\right)^{-\frac{n+3}{2}}$$

$$f''(x)=-\frac{n+1}{n}\left\{1\cdot\left(\frac{x^2}{n}+1\right)^{-\frac{n+3}{2}}+x\cdot\left(-\frac{n+3}{2}\right)\left(\frac{x^2}{n}+1\right)^{-\frac{n+5}{2}}\frac{2x}{n}\right\}$$

$$=-\frac{n+1}{n}\left\{\left(\frac{x^2}{n}+1\right)-\frac{n+3}{n}x^2\right\}\left(\frac{x^2}{n}+1\right)^{-\frac{n+5}{2}}$$

$$=-\frac{n+1}{n}\left(1-\frac{n+2}{n}x^2\right)\left(\frac{x^2}{n}+1\right)^{-\frac{n+5}{2}}$$

よって，$x=\pm\sqrt{\dfrac{n}{n+2}}$ に変曲点がある。

## 4.5　t分布の標準正規分布への収束

### 4.5.1　ガンマ関数の極限公式

　t分布の密度関数のグラフが標準正規分布のそれと似ていることはわかった。t分布の極限を考察するために，ガンマ関数の極限公式を述べる。

[定理]（ガンマ関数の極限公式）

$$\lim_{s \to \infty} \frac{\Gamma(s+\alpha)}{s^{\alpha}\Gamma(s)} = 1$$

（証明）ガンマ関数に関するスターリングの公式（参考文献[笠原]参照）：

$$\lim_{s \to \infty} \frac{\Gamma(s+1)}{\sqrt{2\pi}s^{s+\frac{1}{2}}e^{-s}} = 1$$

に注意する。

$$\lim_{s \to \infty} \frac{\Gamma(s+\alpha)}{s^{\alpha}\Gamma(s)}$$

$$= \lim_{s \to \infty} \frac{\dfrac{\Gamma(s+\alpha)}{\sqrt{2\pi}(s+\alpha-1)^{s+\alpha-1+\frac{1}{2}}e^{-(s+\alpha-1)}}}{s^{\alpha}\dfrac{\Gamma(s)}{\sqrt{2\pi}(s-1)^{s-1+\frac{1}{2}}e^{-(s-1)}}} \cdot \frac{\sqrt{2\pi}(s+\alpha-1)^{s+\alpha-1+\frac{1}{2}}e^{-(s+\alpha-1)}}{\sqrt{2\pi}(s-1)^{s-1+\frac{1}{2}}e^{-(s-1)}}$$

$$= \lim_{s \to \infty} \frac{\dfrac{\Gamma(s+\alpha)}{\sqrt{2\pi}(s+\alpha-1)^{s+\alpha-1+\frac{1}{2}}e^{-(s+\alpha-1)}}}{\dfrac{\Gamma(s)}{\sqrt{2\pi}(s-1)^{s-1+\frac{1}{2}}e^{-(s-1)}}} \cdot \frac{(s+\alpha-1)^{s+\alpha-\frac{1}{2}}e^{-\alpha}}{s^{\alpha}(s-1)^{s-\frac{1}{2}}}$$

$$= \lim_{s \to \infty} \frac{\dfrac{\Gamma(s+\alpha)}{\sqrt{2\pi}(s+\alpha-1)^{s+\alpha-1+\frac{1}{2}}e^{-(s+\alpha-1)}}}{\dfrac{\Gamma(s)}{\sqrt{2\pi}(s-1)^{s-1+\frac{1}{2}}e^{-(s-1)}}} \cdot \frac{\left(1+\dfrac{\alpha-1}{s}\right)^{s+\alpha-\frac{1}{2}}e^{-\alpha}}{\left(1-\dfrac{1}{s}\right)^{s-\frac{1}{2}}}$$

$$= \lim_{s \to \infty} \frac{\dfrac{\Gamma(s+\alpha)}{\sqrt{2\pi}(s+\alpha-1)^{s+\alpha-1+\frac{1}{2}}e^{-(s+\alpha-1)}}}{\dfrac{\Gamma(s)}{\sqrt{2\pi}(s-1)^{s-1+\frac{1}{2}}e^{-(s-1)}}} \cdot \frac{\left\{\left(1+\dfrac{\alpha-1}{s}\right)^{\frac{s}{\alpha-1}}\right\}^{\frac{(\alpha-1)}{s}(s+\alpha-\frac{1}{2})} e^{-\alpha}}{\left\{\left(1-\dfrac{1}{s}\right)^{-s}\right\}^{-\frac{1}{s}(s-\frac{1}{2})}}$$

$$= \frac{e^{\alpha-1} \cdot e^{-\alpha}}{e^{-1}} = 1 \qquad\qquad \square$$

### 4.5.2　ｔ分布の確率密度関数の極限

自由度 $n$ の t 分布 $t(n)$ の確率密度関数は

$$f_n(x) = \frac{1}{\sqrt{n\pi}} \cdot \frac{\Gamma\left(\frac{n+1}{2}\right)}{\Gamma\left(\frac{n}{2}\right)} \cdot \frac{1}{\left(\frac{x^2}{n}+1\right)^{\frac{n+1}{2}}} = \frac{1}{\sqrt{n}B\left(\frac{n}{2},\frac{1}{2}\right)} \cdot \frac{1}{\left(\frac{x^2}{n}+1\right)^{\frac{n+1}{2}}}$$

であり，標準正規分布 $N(0,1)$ の確率密度関数は

$$\varphi(x) = \frac{1}{\sqrt{2\pi}} e^{-\frac{x^2}{2}} = \frac{1}{\sqrt{2\pi}} \exp\left(-\frac{x^2}{2}\right)$$

であった。

### ［定理］（確率密度関数の収束）

密度関数の極限について，次が成り立つ。

$$\lim_{n\to\infty} f_n(x) = \varphi(x)$$

（証明）　$\displaystyle \lim_{n\to\infty} f_n(x) = \lim_{n\to\infty} \frac{1}{\sqrt{n\pi}} \cdot \frac{\Gamma\left(\frac{n+1}{2}\right)}{\Gamma\left(\frac{n}{2}\right)} \cdot \frac{1}{\left(\frac{x^2}{n}+1\right)^{\frac{n+1}{2}}}$

$$= \lim_{n\to\infty} \frac{1}{\sqrt{n\pi}} \cdot \frac{\Gamma\left(\frac{n+1}{2}\right)}{\Gamma\left(\frac{n}{2}\right)} \cdot \left(1+\frac{x^2}{n}\right)^{-\frac{n+1}{2}}$$

$$= \lim_{n\to\infty} \frac{1}{\sqrt{2\pi}} \cdot \frac{\Gamma\left(\frac{n+1}{2}\right)}{\sqrt{\frac{n}{2}}\Gamma\left(\frac{n}{2}\right)} \cdot \left\{\left(1+\frac{x^2}{n}\right)^{\frac{n}{x^2}}\right\}^{-\frac{n+1}{2}\frac{x^2}{n}}$$

$$= \lim_{n\to\infty} \frac{1}{\sqrt{2\pi}} \cdot \frac{\Gamma\left(\frac{n}{2}+\frac{1}{2}\right)}{\left(\frac{n}{2}\right)^{\frac{1}{2}}\Gamma\left(\frac{n}{2}\right)} \cdot \left\{\left(1+\frac{x^2}{n}\right)^{\frac{n}{x^2}}\right\}^{-\frac{x^2}{2}\left(1+\frac{1}{n}\right)}$$

$$= \frac{1}{\sqrt{2\pi}} e^{-\frac{x^2}{2}}$$

□

### ［定理］（確率分布の収束）

任意の $a<b$ に対して

$$\lim_{n\to\infty} \int_a^b f_n(x)dx = \int_a^b \varphi(x)dx$$

**（証明）** 十分大きな $n$ に対して

$$f_n(x) = \frac{1}{\sqrt{n\pi}} \cdot \frac{\Gamma\left(\frac{n+1}{2}\right)}{\Gamma\left(\frac{n}{2}\right)} \cdot \frac{1}{\left(\frac{x^2}{n}+1\right)^{\frac{n+1}{2}}}$$

$$\leqq \frac{1}{\sqrt{n\pi}} \cdot \frac{\Gamma\left(\frac{n+1}{2}\right)}{\Gamma\left(\frac{n}{2}\right)}$$

$$= \frac{1}{\sqrt{2\pi}} \cdot \frac{\Gamma\left(\frac{n+1}{2}\right)}{\sqrt{\frac{n}{2}}\Gamma\left(\frac{n}{2}\right)} < 1 \quad \left(\because \lim_{n\to\infty} \frac{1}{\sqrt{2\pi}} \cdot \frac{\Gamma\left(\frac{n+1}{2}\right)}{\sqrt{\frac{n}{2}}\Gamma\left(\frac{n}{2}\right)} = \frac{1}{\sqrt{2\pi}} < 1\right)$$

よって，**アルツェラの定理**（参考文献[小平]参照）より，積分と極限の交換ができて

$$\lim_{n\to\infty}\int_a^b f_n(x)dx = \int_a^b \lim_{n\to\infty} f_n(x)dx = \int_a^b \varphi(x)dx \qquad\qquad □$$

以上で，自由度 $n$ の t 分布 $t(n)$ は $n \to \infty$ のとき，標準正規分布に収束することが証明された。

### （参考）アルツェラの定理

　本書ではルベーグ積分を用いていないので，リーマン積分におけるアルツェラの定理を用いた。アルツェラの定理は以下のような定理であり，その厳密な証明は参考文献[小平]に与えられている。この定理はルベーグ積分における収束定理の特別な場合であるが，通常の積分（リーマン積分）においても極めて有用な定理である。

### [定理]（アルツェラ）の定理

　閉区間 $[a, b]$ において関数 $f_n(x)$，$n = 1, 2, 3, \cdots$，は連続で，一様に有界，すなわち $n$ に無関係な定数 $M$ が存在して $[a, b]$ でつねに $|f_n(x)| \leqq M$ であるとする。このとき，関数列 $\{f_n(x)\}$ が収束してその極限 $f(x) = \lim_{n\to\infty} f_n(x)$ が $[a, b]$ で連続ならば

$$\int_a^b f(x)dx = \lim_{n\to\infty}\int_a^b f_n(x)dx$$

**（注）** 上の定理は閉区間 $[a, b]$ を開区間 $(a, b)$ に置き換えても成り立つ。

# ４．６　Ｆ分布

### 4.6.1　Ｆ分布

$Z_m$ は自由度 $m$ のカイ二乗分布 $\chi^2(m)$ に従い，$W_n$ は自由度 $n$ のカイ二乗分布 $\chi^2(n)$ に従う，互いに独立な確率変数とする。

このとき

$$X_{m,n} = \frac{Z_m / m}{W_n / n} = \frac{nZ_m}{mW_n}$$

が従う分布を自由度 $(m, n)$ の**Ｆ分布**といい，$F(m, n)$ で表す。Ｆ分布は"近代統計学の父"**フィッシャー**（1890－1962）に敬意を表して命名された。

Ｆ分布 $F(m, n)$ の確率密度関数 $f_{X_{m,n}}(t)$ を導出してみよう。

確率変数の変換：

$$X_{m,n} = \frac{Z_m / m}{W_n / n} = \frac{nZ_m}{mW_n} , \quad Y_{m,n} = mW_n$$

すなわち，変数変換：

$$x = \frac{z / m}{w / n} = \frac{nz}{mw} , \quad y = mw$$

を考えると

$$z = \frac{1}{n}xy , \quad w = \frac{1}{m}y$$

同時確率密度関数の変数変換の公式より

$$f_{X_{m,n}, Y_{m,n}}(x, y) = f_{Z_m, W_n}(z, w) \left| \frac{\partial(z, w)}{\partial(x, y)} \right|$$

が成り立つ。

ここで，$Z_m$ と $W_n$ は互いに独立であるから

$$f_{Z_m, W_n}(z, w) = f_{Z_m}(z) f_{W_n}(w)$$

$$= \frac{1}{2^{\frac{m}{2}}\Gamma\left(\frac{m}{2}\right)} z^{\frac{m}{2}-1} e^{-\frac{z}{2}} \cdot \frac{1}{2^{\frac{n}{2}}\Gamma\left(\frac{n}{2}\right)} w^{\frac{n}{2}-1} e^{-\frac{w}{2}}$$

$$= \frac{1}{2^{\frac{m+n}{2}}\Gamma\left(\frac{m}{2}\right)\Gamma\left(\frac{n}{2}\right)} z^{\frac{m}{2}-1} w^{\frac{n}{2}-1} e^{-\frac{z+w}{2}}$$

また

$$\frac{\partial(z, w)}{\partial(x, y)} = \det\begin{pmatrix} \frac{1}{n}y & \frac{1}{n}x \\ 0 & \frac{1}{m} \end{pmatrix} = \frac{1}{mn}y \quad \therefore \quad \left| \frac{\partial(z, w)}{\partial(x, y)} \right| = \frac{1}{mn}y$$

よって

$$f_{X_m, Y_n}(x, y) = \frac{1}{2^{\frac{m+n}{2}} \Gamma\left(\frac{m}{2}\right) \Gamma\left(\frac{n}{2}\right)} z^{\frac{m}{2}-1} w^{\frac{n}{2}-1} e^{-\frac{z+w}{2}} \cdot \frac{1}{mn} y$$

$$= \frac{1}{2^{\frac{m+n}{2}} \Gamma\left(\frac{m}{2}\right) \Gamma\left(\frac{n}{2}\right)} \left(\frac{1}{n} xy\right)^{\frac{m}{2}-1} \left(\frac{1}{m} y\right)^{\frac{n}{2}-1} e^{-\frac{1}{2}\left(\frac{1}{n}xy + \frac{1}{m}y\right)} \cdot \frac{1}{mn} y$$

$$= \frac{1}{2^{\frac{m+n}{2}} \Gamma\left(\frac{m}{2}\right) \Gamma\left(\frac{n}{2}\right) m^{\frac{n}{2}} n^{\frac{m}{2}}} x^{\frac{m}{2}-1} y^{\frac{m+n}{2}-1} e^{-\left(\frac{1}{n}x + \frac{1}{m}\right)\frac{y}{2}}$$

したがって

$$f_{X_{m,n}}(x) = \int_0^\infty f_{X_{m,n}, Y_{m,n}}(x, y) dy$$

$$= \int_0^\infty \frac{1}{2^{\frac{m+n}{2}} \Gamma\left(\frac{m}{2}\right) \Gamma\left(\frac{n}{2}\right) m^{\frac{n}{2}} n^{\frac{m}{2}}} x^{\frac{m}{2}-1} y^{\frac{m+n}{2}-1} e^{-\left(\frac{1}{n}x + \frac{1}{m}\right)\frac{y}{2}} dy$$

$$= \frac{x^{\frac{m}{2}-1}}{2^{\frac{m+n}{2}} \Gamma\left(\frac{m}{2}\right) \Gamma\left(\frac{n}{2}\right) m^{\frac{n}{2}} n^{\frac{m}{2}}} \int_0^\infty y^{\frac{m+n}{2}-1} e^{-\left(\frac{1}{n}x + \frac{1}{m}\right)\frac{y}{2}} dy$$

$$= \frac{x^{\frac{m}{2}-1}}{2^{\frac{m+n}{2}} \Gamma\left(\frac{m}{2}\right) \Gamma\left(\frac{n}{2}\right) m^{\frac{n}{2}} n^{\frac{m}{2}}} \int_0^\infty \left(\frac{2r}{\frac{1}{n}x + \frac{1}{m}}\right)^{\frac{m+n}{2}-1} e^{-r} \frac{2}{\frac{1}{n}x + \frac{1}{m}} dr$$

$$\left(r = \left(\frac{1}{n}x + \frac{1}{m}\right)\frac{y}{2} \text{ と置換}\right)$$

$$= \frac{x^{\frac{m}{2}-1}}{2^{\frac{m+n}{2}} \Gamma\left(\frac{m}{2}\right) \Gamma\left(\frac{n}{2}\right) m^{\frac{n}{2}} n^{\frac{m}{2}}} \left(\frac{2}{\frac{1}{n}x + \frac{1}{m}}\right)^{\frac{m+n}{2}} \int_0^\infty r^{\frac{m+n}{2}-1} e^{-r} dr$$

$$= \frac{m^{\frac{m}{2}} n^{\frac{n}{2}} x^{\frac{m}{2}-1}}{\Gamma\left(\frac{m}{2}\right) \Gamma\left(\frac{n}{2}\right) m^{\frac{m+n}{2}} n^{\frac{m+2}{2}} \left(\frac{1}{n}x + \frac{1}{m}\right)^{\frac{m+n}{2}}} \Gamma\left(\frac{m+n}{2}\right)$$

$$= \frac{m^{\frac{m}{2}} n^{\frac{n}{2}} x^{\frac{m}{2}-1}}{\Gamma\left(\frac{m}{2}\right) \Gamma\left(\frac{n}{2}\right) (mx + n)^{\frac{m+n}{2}}} \Gamma\left(\frac{m+n}{2}\right)$$

$$= \frac{m^{\frac{m}{2}} n^{\frac{n}{2}} \Gamma\left(\frac{m+n}{2}\right) x^{\frac{m}{2}-1}}{\Gamma\left(\frac{m}{2}\right)\Gamma\left(\frac{n}{2}\right)(mx+n)^{\frac{m+n}{2}}}$$

$$= \frac{m^{\frac{m}{2}} n^{\frac{n}{2}} \Gamma\left(\frac{m+n}{2}\right)}{\Gamma\left(\frac{m}{2}\right)\Gamma\left(\frac{n}{2}\right)} \cdot \frac{x^{\frac{m}{2}-1}}{(mx+n)^{\frac{m+n}{2}}}$$

$$= \frac{m^{\frac{m}{2}} n^{\frac{n}{2}}}{B\left(\frac{m}{2}, \frac{n}{2}\right)} \cdot \frac{x^{\frac{m}{2}-1}}{(mx+n)^{\frac{m+n}{2}}} \qquad \square$$

## 4.6.2　F分布の平均と分散

上で示したように自由度 $(m, n)$ のF分布の確率密度関数は

$$f_{X_{m,n}}(x) = \begin{cases} \dfrac{m^{\frac{m}{2}} n^{\frac{n}{2}}}{B\left(\frac{m}{2}, \frac{n}{2}\right)} \cdot \dfrac{x^{\frac{m}{2}-1}}{(mx+n)^{\frac{m+n}{2}}} & (x > 0) \\ 0 & (x \leqq 0) \end{cases}$$

であり，平均と分散については次の公式が成り立つ。

［公式］（F分布の平均と分散）

$$E[X_{m,n}] = \frac{n}{n-2} \quad (n > 2),$$

$$V[X_{m,n}] = \frac{2n^2(m+n-2)}{m(n-4)(n-2)^2} \quad (n > 4)$$

（証明）　$E[X_{m,n}] = \displaystyle\int_0^\infty x \cdot f_{X_{m,n}}(x) dx$

$$= \int_0^\infty x \cdot \frac{m^{\frac{m}{2}} n^{\frac{n}{2}}}{B\left(\frac{m}{2}, \frac{n}{2}\right)} \cdot \frac{x^{\frac{m}{2}-1}}{(mx+n)^{\frac{m+n}{2}}} dx$$

$$= \frac{m^{\frac{m}{2}} n^{\frac{n}{2}}}{B\left(\frac{m}{2}, \frac{n}{2}\right)} \int_0^\infty \frac{x^{\frac{m}{2}}}{(mx+n)^{\frac{m+n}{2}}} dx$$

$$= \frac{m^{\frac{m}{2}} n^{\frac{n}{2}}}{B\left(\frac{m}{2}, \frac{n}{2}\right)} \int_0^\infty \left(\frac{x}{mx+n}\right)^{\frac{m}{2}} \left(\frac{1}{mx+n}\right)^{\frac{n}{2}} dx$$

ここで

$$\frac{mx}{mx+n}=t$$

とおくと

$$1-\frac{n}{mx+n}=t \qquad \therefore \quad \frac{1}{mx+n}=\frac{1-t}{n}$$

$$\therefore \quad x=\frac{n\{(1-t)^{-1}-1\}}{m}$$

また，$x:0\to\infty$ のとき，$t:0\to1$

したがって

$$(*)=\frac{m^{\frac{m}{2}}n^{\frac{n}{2}}}{B\left(\frac{m}{2},\frac{n}{2}\right)}\int_0^1\left(\frac{t}{m}\right)^{\frac{m}{2}}\left(\frac{1-t}{n}\right)^{\frac{n}{2}}\cdot\frac{n}{m}(1-t)^{-2}\,dt$$

$$=\frac{m^{\frac{m}{2}}n^{\frac{n}{2}}}{B\left(\frac{m}{2},\frac{n}{2}\right)}\cdot\frac{1}{m^{\frac{m}{2}+1}n^{\frac{n}{2}-1}}\int_0^1 t^{\frac{m}{2}}(1-t)^{\frac{n}{2}-2}\,dt$$

$$=\frac{m^{\frac{m}{2}}n^{\frac{n}{2}}}{B\left(\frac{m}{2},\frac{n}{2}\right)}\cdot\frac{1}{m^{\frac{m}{2}+1}n^{\frac{n}{2}-1}}B\left(\frac{m}{2}+1,\frac{n}{2}-1\right) \quad\cdots\cdots(**)$$

よって，積分可能であるための条件は

$$\frac{n}{2}-1>0 \qquad \therefore \quad n>2$$

ここで

$$B\left(\frac{m}{2}+1,\frac{n}{2}-1\right)=\int_0^1 t^{\frac{m}{2}}(1-t)^{\frac{n}{2}-2}\,dt$$

$$=\left[\ t^{\frac{m}{2}}\left\{-\frac{1}{\frac{n}{2}-1}(1-t)^{\frac{n}{2}-1}\right\}\ \right]_0^1-\int_0^1\frac{m}{2}t^{\frac{m}{2}-1}\left\{-\frac{1}{\frac{n}{2}-1}(1-t)^{\frac{n}{2}-1}\right\}dt$$

$$=\frac{\frac{m}{2}}{\frac{n}{2}-1}\int_0^1 t^{\frac{m}{2}-1}(1-t)^{\frac{n}{2}-1}\,dt$$

$$=\frac{m}{n-2}B\left(\frac{m}{2},\frac{n}{2}\right)$$

より

$$(**) \quad = \frac{m^{\frac{m}{2}} n^{\frac{n}{2}}}{B\left(\frac{m}{2}, \frac{n}{2}\right)} \cdot \frac{1}{m^{\frac{m}{2}+1} n^{\frac{n}{2}-1}} \cdot \frac{m}{n-2} B\left(\frac{m}{2}, \frac{n}{2}\right)$$

$$= \frac{n}{n-2}$$

次に，分散を計算する。

$$E[X_{m,n}{}^2] = \int_0^\infty x^2 \cdot f_{X_{m,n}}(x) dx$$

$$= \int_0^\infty x^2 \cdot \frac{m^{\frac{m}{2}} n^{\frac{n}{2}}}{B\left(\frac{m}{2}, \frac{n}{2}\right)} \cdot \frac{x^{\frac{m}{2}-1}}{(mx+n)^{\frac{m+n}{2}}} dx$$

$$= \frac{m^{\frac{m}{2}} n^{\frac{n}{2}}}{B\left(\frac{m}{2}, \frac{n}{2}\right)} \int_0^\infty \frac{x^{\frac{m}{2}+1}}{(mx+n)^{\frac{m+n}{2}}} dx$$

$$= \frac{m^{\frac{m}{2}} n^{\frac{n}{2}}}{B\left(\frac{m}{2}, \frac{n}{2}\right)} \int_0^\infty \left(\frac{x}{mx+n}\right)^{\frac{m}{2}+1} \left(\frac{1}{mx+n}\right)^{\frac{n}{2}-1} dx$$

$$= \frac{m^{\frac{m}{2}} n^{\frac{n}{2}}}{B\left(\frac{m}{2}, \frac{n}{2}\right)} \int_0^1 \left(\frac{t}{m}\right)^{\frac{m}{2}+1} \left(\frac{1-t}{n}\right)^{\frac{n}{2}-1} \cdot \frac{n}{m}(1-t)^{-2} dt$$

$$= \frac{m^{\frac{m}{2}} n^{\frac{n}{2}}}{B\left(\frac{m}{2}, \frac{n}{2}\right)} \cdot \frac{1}{m^{\frac{m}{2}+2} n^{\frac{n}{2}-2}} \int_0^1 t^{\frac{m}{2}+1}(1-t)^{\frac{n}{2}-3} dt$$

$$= \frac{m^{\frac{m}{2}} n^{\frac{n}{2}}}{B\left(\frac{m}{2}, \frac{n}{2}\right)} \cdot \frac{1}{m^{\frac{m}{2}+2} n^{\frac{n}{2}-2}} B\left(\frac{m}{2}+2, \frac{n}{2}-2\right) \quad \cdots\cdots (\text{☆})$$

よって，積分可能であるための条件は

$$\frac{n}{2}-2>0 \quad \therefore \quad n>4$$

ここで

$$B\left(\frac{m}{2}+2, \frac{n}{2}-2\right) = \frac{\frac{m}{2}+1}{\frac{n}{2}-2} B\left(\frac{m}{2}+1, \frac{n}{2}-1\right)$$

$$= \frac{\frac{m}{2}+1}{\frac{n}{2}-2} \cdot \frac{\frac{m}{2}}{\frac{n}{2}-1} B\left(\frac{m}{2}, \frac{n}{2}\right)$$

$$= \frac{(m+2)m}{(n-4)(n-2)} B\left(\frac{m}{2}, \frac{n}{2}\right)$$

より

$$(☆) = \frac{m^{\frac{m}{2}} n^{\frac{n}{2}}}{B\left(\frac{m}{2}, \frac{n}{2}\right)} \cdot \frac{1}{m^{\frac{m}{2}+2} n^{\frac{n}{2}-2}} \cdot \frac{(m+2)m}{(n-4)(n-2)} B\left(\frac{m}{2}, \frac{n}{2}\right)$$

$$= \frac{n^2(m+2)}{m(n-4)(n-2)}$$

したがって

$$V[X_{m,n}] = E[X_{m,n}{}^2] - E[X_{m,n}]^2$$

$$= \frac{n^2(m+2)}{m(n-4)(n-2)} - \left(\frac{n}{n-2}\right)^2$$

$$= \frac{n^2\{(m+2)(n-2) - m(n-4)\}}{m(n-4)(n-2)^2}$$

$$= \frac{n^2(2n+2m-4)}{m(n-4)(n-2)^2} = \frac{2n^2(m+n-2)}{m(n-4)(n-2)^2}$$

□

## ● F 分布の密度関数のグラフの形状

$$f(x) = \frac{x^{\frac{m}{2}-1}}{(mx+n)^{\frac{m+n}{2}}} \quad (x > 0) \text{ のグラフの形状を調べればよい。}$$

$$f'(x) = \frac{\left(\frac{m}{2}-1\right)x^{\frac{m}{2}-2} \cdot (mx+n)^{\frac{m+n}{2}} - x^{\frac{m}{2}-1} \cdot \frac{m+n}{2} m(mx+n)^{\frac{m+n}{2}-1}}{(mx+n)^{m+n}}$$

$$= \frac{(m-2)(mx+n) - m(m+n)x}{2(mx+n)^{\frac{m+n}{2}+1}} x^{\frac{m}{2}-2}$$

$$= \frac{(m-2)n - m(n+2)x}{2(mx+n)^{\frac{m+n}{2}+1}} x^{\frac{m}{2}-2}$$

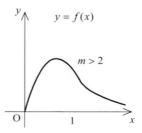

よって，$m > 2$ ならば，極大値が存在して

$$x = \frac{(m-2)n}{m(n+2)} \quad (<1) \text{ において極大となる。}$$

# 第5章

# 積率母関数

## 5．1　積率母関数

確率変数には**母関数**と呼ばれる重要な関数が対応しており，**確率母関数**，**積率母関数**，**特性関数**などがある。母関数の最大の重要性は確率分布との対応にある。

### 5.1.1　母関数
（ⅰ）確率母関数
**確率母関数**は主に非負の整数値をとる離散型確率変数に対して用いられ，離散型確率変数 $X$ に対して

$$\varphi(t) = E[t^X] = \sum_{k=0}^{\infty} t^k P(X = k)$$

で定義される。
（ⅱ）**積率母関数**
**積率母関数**は離散型確率変数，連続型確率変数のいずれに対しても用いられ，確率変数 $X$ に対して

$$\varphi(\theta) = E[e^{\theta X}]$$

で定義される。積率母関数はつねに存在するとは限らない。

$\theta = 0$ を含む開区間で積率母関数 $\varphi(\theta)$ が存在するとき，以下のようにしてすべての次数の積率 $E[X^k]$ が求まる。

$$\varphi(\theta) = E[e^{\theta X}] = E\left[\sum_{k=0}^{\infty} \frac{1}{k!}(\theta X)^k\right] = \sum_{k=0}^{\infty} \frac{E[X^k]}{k!}\theta^k$$

より

$$E[X^k] = \varphi^{(k)}(0) = \frac{d^k \varphi}{d\theta^k}(0)$$

である。$\mu_k = E[X^k]$ は $k$ 次の**積率**または**モーメント**と呼ばれる。よって，平均と分散は

平均：$E[X] = \varphi'(0) = \mu_1$

分散：$V[X] = E[X^2] - E[X]^2$
$$= \varphi''(0) - \varphi'(0)^2 = \mu_2 - \mu_1^2$$

（iii）**特性関数**

　**特性関数**も積率母関数と同様，離散型確率変数，連続型確率変数のいずれに
対しても用いられ，確率変数 $X$ に対して

$$\varphi(t) = E[e^{\sqrt{-1}\,tX}]$$

で定義される。

　特性関数はつねに存在することが大きな特徴である。ただし，複素関数であ
るため複素解析の知識を要する。

　以上のように，確率変数の母関数には主に上にあげた 3 つのものが考えられ
るが，本書では適用範囲が広く，かつ，扱いが初等的である積率母関数を主に
用いる。

それではいろいろな確率変数の積率母関数を具体的に求めてみよう。

### 5.1.2　2 項分布の積率母関数

　2 項分布 $B(n, p)$ : $P(X = k) = {}_nC_k\, p^k (1-p)^{n-k}$

**[公式]**　$\varphi(\theta) = (pe^{\theta} + 1 - p)^n$

　（証明）　$\displaystyle \varphi(\theta) = E[e^{\theta X}] = \sum_{k=0}^{n} e^{\theta k} P(X = k)$

$$= \sum_{k=0}^{n} e^{\theta k} \cdot {}_nC_k\, p^k (1-p)^{n-k}$$

$$= \sum_{k=0}^{n} {}_nC_k\, (pe^{\theta})^k (1-p)^{n-k}$$

$$= (pe^{\theta} + 1 - p)^n \qquad\qquad \square$$

　積率母関数を用いて，2 項分布 $B(n, p)$ の平均と分散を求めてみよう。

$\varphi(\theta) = (pe^{\theta} + 1 - p)^n$ より

$$\varphi'(\theta) = npe^{\theta}(pe^{\theta} + 1 - p)^{n-1},$$

$$\varphi''(\theta) = np\{e^{\theta} \cdot (pe^{\theta} + 1 - p)^{n-1} + e^{\theta} \cdot (n-1)pe^{\theta}(pe^{\theta} + 1 - p)^{n-2}\}$$

$$= npe^{\theta}\{(pe^{\theta} + 1 - p) + (n-1)pe^{\theta}\}(pe^{\theta} + 1 - p)^{n-2}$$

であるから

$$\varphi'(0) = np, \quad \varphi''(0) = np(np + 1 - p)$$

よって

　　平均：$E[X] = \varphi'(0) = np$

　　分散：$V[X] = \varphi''(0) - \varphi'(0)^2 = np(np + 1 - p) - (np)^2 = np(1-p)$

### 5.1.3 ポアソン分布の積率母関数

ポアソン分布 $Po(\lambda)$ : $P(X = k) = \dfrac{\lambda^k}{k!} e^{-\lambda}$

［公式］　$\varphi(\theta) = e^{\lambda(e^\theta - 1)} = \exp\{\lambda(e^\theta - 1)\}$

（証明）　$\varphi(\theta) = E[e^{\theta X}] = \displaystyle\sum_{k=0}^{\infty} e^{\theta k} P(X = k)$

$$= \sum_{k=0}^{\infty} e^{\theta k} \cdot \frac{\lambda^k}{k!} e^{-\lambda} = e^{-\lambda} \sum_{k=0}^{\infty} \frac{(\lambda e^\theta)^k}{k!} = e^{-\lambda} e^{\lambda e^\theta}$$

$$= e^{\lambda(e^\theta - 1)} \qquad\qquad\qquad\qquad \square$$

積率母関数を用いて，ポアソン分布 $Po(\lambda)$ の平均と分散を求めてみよう。
$\varphi(\theta) = e^{\lambda(e^\theta - 1)}$ より

$$\varphi'(\theta) = e^{\lambda(e^\theta - 1)} \cdot \lambda e^\theta = \lambda e^{\lambda(e^\theta - 1) + \theta}, \quad \varphi''(\theta) = \lambda e^{\lambda(e^\theta - 1) + \theta} \cdot (\lambda e^\theta + 1)$$

であるから

$$\varphi'(0) = \lambda, \quad \varphi''(0) = \lambda(\lambda + 1)$$

よって

平均：$E[X] = \varphi'(0) = \lambda$

分散：$V[X] = \varphi''(0) - \varphi'(0)^2 = \lambda(\lambda + 1) - \lambda^2 = \lambda$

### 5.1.3 正規分布の積率母関数

正規分布 $N(\mu, \sigma^2)$ : $f(x) = \dfrac{1}{\sqrt{2\pi}\sigma} e^{-\frac{(x-\mu)^2}{2\sigma^2}} = \dfrac{1}{\sqrt{2\pi}\sigma} \exp\left(-\dfrac{(x-\mu)^2}{2\sigma^2}\right)$

［公式］　$\varphi(\theta) = e^{\mu\theta + \frac{1}{2}\sigma^2\theta^2} = \exp\left(\mu\theta + \dfrac{1}{2}\sigma^2\theta^2\right)$

（証明）　$\varphi(\theta) = E[e^{\theta X}] = \displaystyle\int_{-\infty}^{\infty} e^{\theta x} \cdot f(x) dx$

$$= \int_{-\infty}^{\infty} e^{\theta x} \cdot \frac{1}{\sqrt{2\pi}\sigma} e^{-\frac{(x-\mu)^2}{2\sigma^2}} dx = \frac{1}{\sqrt{2\pi}\sigma} \int_{-\infty}^{\infty} e^{-\frac{(x-\mu)^2}{2\sigma^2} + \theta x} dx$$

$$= \frac{1}{\sqrt{2\pi}\sigma} \int_{-\infty}^{\infty} \exp\left\{-\frac{(x-\mu)^2}{2\sigma^2} + \theta x\right\} dx$$

$$= \frac{1}{\sqrt{2\pi}\sigma} \int_{-\infty}^{\infty} \exp\left\{-\frac{1}{2\sigma^2} x^2 + \left(\frac{\mu}{\sigma^2} + \theta\right) x - \frac{\mu^2}{2\sigma^2}\right\} dx$$

$$= \frac{1}{\sqrt{2\pi}\sigma} \int_{-\infty}^{\infty} \exp\left\{ -\frac{1}{2\sigma^2}(x-(\mu+\sigma^2\theta))^2 + \frac{2\mu\sigma^2\theta+\sigma^4\theta^2}{2\sigma^2} \right\} dx$$

$$= \frac{1}{\sqrt{2\pi}\sigma} \int_{-\infty}^{\infty} \exp\left\{ -\frac{1}{2\sigma^2}(x-(\mu+\sigma^2\theta))^2 + \mu\theta + \frac{1}{2}\sigma^2\theta^2 \right\} dx$$

$$= \frac{1}{\sqrt{2\pi}\sigma} \exp\left(\mu\theta + \frac{1}{2}\sigma^2\theta^2\right) \int_{-\infty}^{\infty} \exp\left\{ -\frac{1}{2\sigma^2}(x-(\mu+\sigma^2\theta))^2 \right\} dx$$

$$= \frac{1}{\sqrt{2\pi}\sigma} \exp\left(\mu\theta + \frac{1}{2}\sigma^2\theta^2\right) \int_{-\infty}^{\infty} \exp(-z^2)\cdot\sqrt{2}\sigma dz$$

$$= \frac{1}{\sqrt{2\pi}\sigma} \exp\left(\mu\theta + \frac{1}{2}\sigma^2\theta^2\right) \cdot \sqrt{2}\sigma \int_{-\infty}^{\infty} \exp(-z^2) dz$$

$$= \frac{1}{\sqrt{2\pi}\sigma} \exp\left(\mu\theta + \frac{1}{2}\sigma^2\theta^2\right) \cdot \sqrt{2}\sigma \cdot \sqrt{\pi}$$

$$= \exp\left(\mu\theta + \frac{1}{2}\sigma^2\theta^2\right) = e^{\mu\theta+\frac{1}{2}\sigma^2\theta^2} \qquad\qquad \square$$

積率母関数を用いて，正規分布 $N(\mu,\sigma^2)$ の平均と分散を求めてみよう。

$\varphi(\theta) = e^{\mu\theta+\frac{1}{2}\sigma^2\theta^2}$ より

$$\varphi'(\theta) = e^{\mu\theta+\frac{1}{2}\sigma^2\theta^2}(\mu+\sigma^2\theta)$$

$$\varphi''(\theta) = e^{\mu\theta+\frac{1}{2}\sigma^2\theta^2}(\mu+\sigma^2\theta)\cdot(\mu+\sigma^2\theta) + e^{\mu\theta+\frac{1}{2}\sigma^2\theta^2}\cdot\sigma^2$$

であるから

$$\varphi'(0) = \mu, \quad \varphi''(0) = \mu^2+\sigma^2$$

よって

平均：$E[X] = \varphi'(0) = \mu$

分散：$V[X] = \varphi''(0) - \varphi'(0)^2 = (\mu^2+\sigma^2) - \mu^2 = \sigma^2$

（注）$e^x$ のマクローリン展開を利用して，積率 $E[X^k]$ を少し求めてみよう。

$$\varphi(\theta) = e^{\mu\theta+\frac{1}{2}\sigma^2\theta^2} = \exp\left(\mu\theta + \frac{1}{2}\sigma^2\theta^2\right)$$

$$= 1 + \frac{1}{1!}\left(\mu\theta + \frac{1}{2}\sigma^2\theta^2\right) + \frac{1}{2!}\left(\mu\theta + \frac{1}{2}\sigma^2\theta^2\right)^2 + \frac{1}{3!}\left(\mu\theta + \frac{1}{2}\sigma^2\theta^2\right)^3 + \cdots$$

$$= 1 + \mu\theta + \left(\frac{1}{2}\sigma^2 + \frac{1}{2}\mu^2\right)\theta^2 + \left(\frac{1}{2}\mu\sigma^2 + \frac{1}{6}\mu^3\right)\theta^3$$

$$+ \left(\frac{1}{8}\sigma^4 + \frac{1}{4}\mu^2\sigma^2 + \frac{1}{4!}\mu^4\right)\theta^4 + \cdots$$

$$= 1 + \frac{\mu}{1!}\theta + \frac{\mu^2 + \sigma^2}{2!}\theta^2 + \frac{\mu^3 + 3\mu\sigma^2}{3!}\theta^3 + \frac{\mu^4 + 6\mu^2\sigma^2 + 3\sigma^4}{4!}\theta^4 + \cdots$$

より

$$E[X] = \mu, \quad E[X^2] = \mu^2 + \sigma^2,$$

$$E[X^3] = \mu^3 + 3\mu\sigma^2, \quad E[X^4] = \mu^4 + 6\mu^2\sigma^2 + 3\sigma^4$$

### 5.1.4 カイ二乗分布の積率母関数

自由度 $n$ のカイ二乗分布：

$$f(x) = \begin{cases} \dfrac{1}{2^{\frac{n}{2}}\Gamma\left(\dfrac{n}{2}\right)} x^{\frac{n}{2}-1} e^{-\frac{x}{2}} & (x > 0) \\ 0 & (x \leqq 0) \end{cases}$$

［公式］　$\varphi(\theta) = (1 - 2\theta)^{-\frac{n}{2}}$　$(\theta < \dfrac{1}{2})$

（証明）　$\varphi(\theta) = E[e^{\theta X}] = \displaystyle\int_0^\infty e^{\theta x} \cdot f(x) dx$

$$= \int_0^\infty e^{\theta x} \cdot \frac{1}{2^{\frac{n}{2}}\Gamma\left(\frac{n}{2}\right)} x^{\frac{n}{2}-1} e^{-\frac{x}{2}} dx = \frac{1}{2^{\frac{n}{2}}\Gamma\left(\frac{n}{2}\right)} \int_0^\infty x^{\frac{n}{2}-1} e^{-\left(\frac{1}{2}-\theta\right)x} dx$$

$$= \frac{1}{2^{\frac{n}{2}}\Gamma\left(\frac{n}{2}\right)} \int_0^\infty \left(\frac{t}{\frac{1}{2}-\theta}\right)^{\frac{n}{2}-1} e^{-t} \cdot \frac{1}{\frac{1}{2}-\theta} dt \quad \left(\text{ただし，} \ t = \left(\frac{1}{2}-\theta\right)x, \ \theta < \frac{1}{2}\right)$$

$$= \frac{1}{2^{\frac{n}{2}}\Gamma\left(\frac{n}{2}\right)} \cdot \frac{1}{\left(\frac{1}{2}-\theta\right)^{\frac{n}{2}}} \int_0^\infty t^{\frac{n}{2}-1} e^{-t} dt = \frac{1}{2^{\frac{n}{2}}\Gamma\left(\frac{n}{2}\right)} \cdot \frac{1}{\left(\frac{1}{2}-\theta\right)^{\frac{n}{2}}} \Gamma\left(\frac{n}{2}\right)$$

$$= \frac{1}{(1-2\theta)^{\frac{n}{2}}} = (1 - 2\theta)^{-\frac{n}{2}} \qquad\qquad \square$$

積率母関数を用いて，カイ二乗分布 $\chi^2(n)$ の平均と分散を求めてみよう。

$\varphi(\theta) = (1 - 2\theta)^{-\frac{n}{2}}$ より

$$\varphi'(\theta) = n(1-2\theta)^{-\frac{n}{2}-1}, \quad \varphi''(\theta) = n(n+2)(1-2\theta)^{-\frac{n}{2}-2}$$

であるから

$$\varphi'(0) = n, \quad \varphi''(0) = n(n+2)$$

よって

平均：$E[X] = \varphi'(0) = n$

分散：$V[X] = \varphi''(0) - \varphi'(0)^2 = n(n+2) - n^2 = 2n$

（**注**）t 分布，F 分布には積率母関数は存在しない。

### 5.1.5　その他の分布の積率母関数

最後にその他の基本的な確率分布の紹介も兼ねて，いくつか積率母関数を計算してみよう。なお，積率母関数が求まれば，その微分あるいはマクローリン展開により積率を確認すれば，平均や分散も求まる（演習問題参照）。

### ●幾何分布

確率関数：$P(X = k) = p(1-p)^k \qquad k = 0, 1, 2, \cdots ;\ 0 < p < 1$

積率母関数は

$$\varphi(\theta) = E[e^{\theta X}] = \sum_{k=0}^{\infty} e^{\theta k} P(X = k)$$

$$= \sum_{k=0}^{\infty} e^{\theta k} \cdot p(1-p)^k = \sum_{k=0}^{\infty} p\{(1-p)e^{\theta}\}^k = \frac{p}{1 - (1-p)e^{\theta}}$$

### ●一様分布

確率密度関数：$f(x) = \begin{cases} \dfrac{1}{b-a} & (a \leq x \leq b) \\ 0 & (x < a,\ b < x) \end{cases}$

積率母関数は

$$\varphi(\theta) = E[e^{\theta X}] = \int_a^b e^{\theta x} \cdot f(x) dx$$

$$= \int_a^b e^{\theta x} \cdot \frac{1}{b-a} dx = \left[ \frac{1}{b-a} \cdot \frac{e^{\theta x}}{\theta} \right]_a^b = \frac{e^{b\theta} - e^{a\theta}}{(b-a)\theta}$$

### ●指数分布

確率密度関数：$f(x) = \begin{cases} ae^{-ax} & (x \geq 0) \\ 0 & (x < 0) \end{cases} \qquad$ ただし，$a > 0$

積率母関数は

$$\varphi(\theta) = E[e^{\theta X}] = \int_0^{\infty} e^{\theta x} \cdot f(x) dx$$

$$= \int_0^{\infty} e^{\theta x} \cdot ae^{-ax} dx = \int_0^{\infty} ae^{(\theta - a)x} dx$$

$$= \left[ \frac{a}{\theta - a} e^{(\theta - a)x} \right]_0^{\infty} = \frac{a}{a - \theta} \quad (\theta < a)$$

## ５．２　積率母関数の応用(1)

### 5.2.1　母関数の性質

　積率母関数の重要性は以下の定理によるのであるが，その厳密な証明は難しく，本書では扱わない。興味ある人は参考文献[Billingsley]を参照のこと。

### ［定理］（積率母関数の一意性）

　$\varphi(\theta)$ がある確率分布の積率母関数であるとき，$\varphi(\theta)$ を積率母関数とする確率分布はただ一つである。

### ［定理］（積率母関数の極限と確率分布の極限の一致）

　$\{F_n(x)\}$ を確率分布関数の列とし，$\{\varphi_n(\theta)\}$ がそれぞれの分布に対応する積率母関数の列とする。また，確率分布関数 $F(x)$ に対応する積率母関数を $\varphi(\theta)$ とする。

　このとき，次が成り立つ。

$$\lim_{n \to \infty} F_n(x) = F(x) \quad \Longleftrightarrow \quad \lim_{n \to \infty} \varphi_n(\theta) = \varphi(\theta)$$

### 5.2.2　積率母関数の応用

#### 【例１】（２項分布のポアソン分布への収束）

　$\varphi_n(\theta)$ を ２項分布 $B(n, p)$ の積率母関数とするとき，$np = \lambda$ （一定）の条件の下で，$n \to \infty$ の極限を考える。

$$\begin{aligned}
\lim_{\substack{n \to \infty \\ np=\lambda}} \varphi_n(\theta) &= \lim_{\substack{n \to \infty \\ np=\lambda}} (pe^\theta + 1 - p)^n \\
&= \lim_{n \to \infty} \left( \frac{\lambda}{n} e^\theta + 1 - \frac{\lambda}{n} \right)^n \\
&= \lim_{n \to \infty} \left( 1 + \frac{\lambda(e^\theta - 1)}{n} \right)^n \\
&= \lim_{n \to \infty} \left\{ \left( 1 + \frac{\lambda(e^\theta - 1)}{n} \right)^{\frac{n}{\lambda(e^\theta-1)}} \right\}^{\lambda(e^\theta-1)} \\
&= e^{\lambda(e^\theta - 1)}
\end{aligned}$$

これはポアソン分布 $Po(\lambda)$ の積率母関数である。

　すなわち，２項分布 $B(n, p)$ は，$np = \lambda$ （一定）の条件の下で，$n \to \infty$ のときポアソン分布 $Po(\lambda)$ に収束する。

## 【例 2 】（2 項分布の正規分布への収束）

$X_n$ が 2 項分布 $B(n, p)$ に従うとき，$Z_n = \dfrac{X_n - np}{\sqrt{np(1-p)}}$ の積率母関数を

$\varphi_n(\theta)$ とすると

$$\varphi_n(\theta) = E[e^{\theta Z_n}] = E[\exp(\theta Z_n)]$$

$$= E\left[\exp\left(\theta \frac{X_n - np}{\sqrt{np(1-p)}}\right)\right]$$

$$= \exp\left(-\frac{np\theta}{\sqrt{np(1-p)}}\right) E\left[\exp\left(\frac{\theta}{\sqrt{np(1-p)}} X_n\right)\right]$$

$$= \exp\left(-\frac{np\theta}{\sqrt{np(1-p)}}\right)\left\{p\exp\left(\frac{\theta}{\sqrt{np(1-p)}}\right) + 1 - p\right\}^n$$

よって

$$\log \varphi_n(\theta)$$

$$= \log\left[\exp\left(-\frac{np\theta}{\sqrt{np(1-p)}}\right)\left\{p\exp\left(\frac{\theta}{\sqrt{np(1-p)}}\right) + 1 - p\right\}^n\right]$$

$$= -\frac{np\theta}{\sqrt{np(1-p)}} + n\log\left\{p\exp\left(\frac{\theta}{\sqrt{np(1-p)}}\right) + 1 - p\right\}$$

$$= -\frac{np\theta}{\sqrt{np(1-p)}} + n\log\left[1 + p\left\{\exp\left(\frac{\theta}{\sqrt{np(1-p)}}\right) - 1\right\}\right] \quad \cdots\cdots (*)$$

ここで，指数関数のマクローリン展開

$$e^x = 1 + \frac{1}{1!}x + \frac{1}{2!}x^2 + \cdots = 1 + \frac{1}{1!}x + \frac{1}{2!}x^2 + o(x^2)$$

に注意すると

$$\exp\left(\frac{\theta}{\sqrt{np(1-p)}}\right) - 1 = \frac{\theta}{\sqrt{np(1-p)}} + \frac{1}{2!}\left(\frac{\theta}{\sqrt{np(1-p)}}\right)^2 + \cdots$$

$$= \frac{\theta}{\sqrt{np(1-p)}} + \frac{1}{2}\cdot\frac{\theta^2}{np(1-p)} + o\left(\frac{1}{n}\right)$$

であるから

$$(*) = -\frac{np\theta}{\sqrt{np(1-p)}}$$

$$+ n\log\left[1 + p\left\{\frac{\theta}{\sqrt{np(1-p)}} + \frac{1}{2}\cdot\frac{\theta^2}{np(1-p)} + o\left(\frac{1}{n}\right)\right\}\right]$$

$$= -\frac{np\theta}{\sqrt{np(1-p)}} + n\left[ p\left\{ \frac{\theta}{\sqrt{np(1-p)}} + \frac{1}{2}\cdot\frac{\theta^2}{np(1-p)} + o\left(\frac{1}{n}\right) \right\} \right.$$

$$\left. -\frac{1}{2}p^2\left\{ \frac{\theta}{\sqrt{np(1-p)}} + \frac{1}{2}\cdot\frac{\theta^2}{np(1-p)} + o\left(\frac{1}{n}\right) \right\}^2 + \cdots \right]$$

$$= -\frac{np\theta}{\sqrt{np(1-p)}} + n\left[ p\left\{ \frac{\theta}{\sqrt{np(1-p)}} + \frac{1}{2}\cdot\frac{\theta^2}{np(1-p)} + o\left(\frac{1}{n}\right) \right\} \right.$$

$$\left. -\frac{1}{2}p^2\left\{ \frac{\theta}{\sqrt{np(1-p)}} + \frac{1}{2}\cdot\frac{\theta^2}{np(1-p)} + o\left(\frac{1}{n}\right) \right\}^2 \right] + o\left(\frac{1}{n}\right)$$

$$= \frac{1}{2}\cdot\frac{\theta^2}{1-p} + np\cdot o\left(\frac{1}{n}\right)$$

$$-\frac{1}{2}np^2\left\{ \frac{\theta}{\sqrt{np(1-p)}} + \frac{1}{2}\cdot\frac{\theta^2}{np(1-p)} + o\left(\frac{1}{n}\right) \right\}^2 + n\cdot o\left(\frac{1}{n}\right)$$

$$= \frac{1}{2}\cdot\frac{\theta^2}{1-p} + np\cdot o\left(\frac{1}{n}\right) - \frac{1}{2}np^2\left\{ \frac{\theta^2}{np(1-p)} + o\left(\frac{1}{n}\right) \right\} + n\cdot o\left(\frac{1}{n}\right)$$

$$= \frac{1}{2}\cdot\frac{\theta^2}{1-p} + np\cdot o\left(\frac{1}{n}\right) - \frac{1}{2}\cdot\frac{p\theta^2}{1-p} - \frac{1}{2}np^2\cdot o\left(\frac{1}{n}\right) + n\cdot o\left(\frac{1}{n}\right)$$

$$= \frac{\theta^2}{2} + np\cdot o\left(\frac{1}{n}\right) - \frac{1}{2}np^2\cdot o\left(\frac{1}{n}\right) + n\cdot o\left(\frac{1}{n}\right)$$

よって

$$\lim_{n\to\infty}\log\varphi_n(\theta) = \lim_{n\to\infty}\left\{ \frac{\theta^2}{2} + np\cdot o\left(\frac{1}{n}\right) - \frac{1}{2}np^2\cdot o\left(\frac{1}{n}\right) + n\cdot o\left(\frac{1}{n}\right) \right\}$$

$$= \frac{\theta^2}{2}$$

であり

$$\lim_{n\to\infty}\varphi_n(\theta) = \exp\left(\frac{\theta^2}{2}\right)$$

一方，正規分布 $N(\mu, \sigma^2)$ の積率母関数は $\exp\left(\mu\theta + \frac{1}{2}\sigma^2\theta^2\right)$ であるから，

$\exp\left(\frac{\theta^2}{2}\right)$ は標準正規分布 $N(0, 1)$ の積率母関数である。

以上より

$$Z_n = \frac{X_n - np}{\sqrt{np(1-p)}}$$

の分布は標準正規分布 $N(0, 1)$ に収束する。

## 【例3】（ポアソン分布の正規分布への収束）

$X_\lambda$ がポアソン分布 $Po(\lambda)$ に従うとき，$Z_\lambda = \dfrac{X_\lambda - \lambda}{\sqrt{\lambda}}$ の積率母関数を

$\varphi_\lambda(\theta)$ とすると

$$\begin{aligned}
\varphi_\lambda(\theta) &= E[e^{\theta Z_\lambda}] = E[\exp(\theta Z_\lambda)] \\
&= E\left[\exp\left(\theta \frac{X_\lambda - \lambda}{\sqrt{\lambda}}\right)\right] \\
&= \exp(-\theta\sqrt{\lambda})E\left[\exp\left(\frac{\theta}{\sqrt{\lambda}}X_\lambda\right)\right] \\
&= \exp(-\theta\sqrt{\lambda})\exp\left(\lambda\left\{\exp\left(\frac{\theta}{\sqrt{\lambda}}\right) - 1\right\}\right) \\
&= \exp(-\theta\rho)\exp\left(\rho^2\left\{\exp\left(\frac{\theta}{\rho}\right) - 1\right\}\right) \quad (\sqrt{\lambda} = \rho \text{ と置いた}) \\
&= \exp\left(\rho^2\left\{\exp\left(\frac{\theta}{\rho}\right) - 1\right\} - \theta\rho\right)
\end{aligned}$$

ここで

$$\begin{aligned}
&\lim_{\rho\to\infty}\left(\rho^2\left\{\exp\left(\frac{\theta}{\rho}\right) - 1\right\} - \theta\rho\right) \\
&= \lim_{\rho\to\infty}\left(\rho^2\left\{\frac{\theta}{\rho} + \frac{1}{2!}\left(\frac{\theta}{\rho}\right)^2 + \frac{1}{3!}\left(\frac{\theta}{\rho}\right)^3 + \cdots\right\} - \theta\rho\right) \\
&= \lim_{\rho\to\infty}\left(\frac{1}{2}\theta^2 + \frac{1}{6}\cdot\frac{\theta^3}{\rho} + \cdots\right) \\
&= \frac{1}{2}\theta^2
\end{aligned}$$

より

$$\begin{aligned}
\lim_{\lambda\to\infty}\varphi_\lambda(\theta) &= \lim_{\rho\to\infty}\exp\left(\rho^2\left\{\exp\left(\frac{\theta}{\rho}\right) - 1\right\} - \theta\rho\right) \\
&= \frac{1}{2}\theta^2
\end{aligned}$$

以上より

$$Z_\lambda = \frac{X_\lambda - \lambda}{\sqrt{\lambda}}$$

の分布は標準正規分布 $N(0, 1)$ に収束する。

したがって，ポアソン分布 $Po(\lambda)$ において $\lambda$ が十分大きいときは，正規分布 $N(\lambda, \lambda)$ で近似できる。

## ５．３　積率母関数の応用(2)

### 5.3.1　確率分布の再生性
同じ種類の確率分布に従う確率変数の和の分布について調べてみよう。

**【例1】（共通なpをもつ2項分布の再生性）**

互いに独立な確率変数 $X_1, X_2$ がそれぞれ2項分布 $B(n_1, p)$, $B(n_2, p)$ に従うとする。それぞれの積率母関数は

$$\varphi_1(\theta) = (pe^\theta + 1 - p)^{n_1},$$

$$\varphi_2(\theta) = (pe^\theta + 1 - p)^{n_2}$$

このとき，$Y = X_1 + X_2$ の積率母関数を $\varphi(\theta)$ とすると

$$\begin{aligned}
\varphi(\theta) &= E[e^{\theta(X_1+X_2)}] \\
&= E[e^{\theta X_1} \cdot e^{\theta X_2}] \\
&= E[e^{\theta X_1}] \cdot E[e^{\theta X_2}] \quad （独立性より） \\
&= (pe^\theta + 1 - p)^{n_1} \cdot (pe^\theta + 1 - p)^{n_2} \\
&= (pe^\theta + 1 - p)^{n_1 + n_2}
\end{aligned}$$

よって

和 $X_1 + X_2$ は2項分布 $B(n_1 + n_2, p)$ に従う。

**【例2】（ポアソン分布の再生性）**

互いに独立な確率変数 $X_1, X_2$ がそれぞれポアソン分布 $Po(\lambda_1)$, $Po(\lambda_2)$ に従うとする。それぞれの積率母関数は

$$\varphi_1(\theta) = e^{\lambda_1(e^\theta - 1)},$$

$$\varphi_2(\theta) = e^{\lambda_2(e^\theta - 1)}$$

このとき，$Y = X_1 + X_2$ の積率母関数を $\varphi(\theta)$ とすると

$$\begin{aligned}
\varphi(\theta) &= E[e^{\theta(X_1+X_2)}] \\
&= E[e^{\theta X_1} \cdot e^{\theta X_2}] \\
&= E[e^{\theta X_1}] \cdot E[e^{\theta X_2}] \quad （独立性より） \\
&= e^{\lambda_1(e^\theta - 1)} \cdot e^{\lambda_2(e^\theta - 1)} \\
&= e^{(\lambda_1 + \lambda_2)(e^\theta - 1)}
\end{aligned}$$

よって

和 $X_1 + X_2$ はポアソン分布 $Po(\lambda_1 + \lambda_2)$ に従う。

## 【例3】（正規分布の再生性）

互いに独立な確率変数 $X_1, X_2$ がそれぞれ正規分布 $N(\mu_1, \sigma_1{}^2)$, $N(\mu_2, \sigma_2{}^2)$ に従うとする。それぞれの積率母関数は

$$\varphi_1(\theta) = \exp\left(\mu_1\theta + \frac{1}{2}\sigma_1{}^2\theta^2\right),$$

$$\varphi_2(\theta) = \exp\left(\mu_2\theta + \frac{1}{2}\sigma_2{}^2\theta^2\right)$$

このとき，$Y = X_1 + X_2$ の積率母関数を $\varphi(\theta)$ とすると

$$
\begin{aligned}
\varphi(\theta) &= E[e^{\theta(X_1+X_2)}] \\
&= E[e^{\theta X_1} \cdot e^{\theta X_2}] \\
&= E[e^{\theta X_1}] \cdot E[e^{\theta X_2}] \quad （独立性より） \\
&= \exp\left(\mu_1\theta + \frac{1}{2}\sigma_1{}^2\theta^2\right) \cdot \exp\left(\mu_2\theta + \frac{1}{2}\sigma_2{}^2\theta^2\right) \\
&= \exp\left(\mu_1\theta + \frac{1}{2}\sigma_1{}^2\theta^2 + \mu_2\theta + \frac{1}{2}\sigma_2{}^2\theta^2\right) \\
&= \exp\left((\mu_1 + \mu_2)\theta + \frac{1}{2}(\sigma_1{}^2 + \sigma_2{}^2)\theta^2\right)
\end{aligned}
$$

よって

和 $X_1 + X_2$ は正規分布 $N(\mu_1 + \mu_2, \sigma_1{}^2 + \sigma_2{}^2)$ に従う。

（注）正規分布については，$X_1$ と $X_2$ の1次結合

$$Z = a_1 X_1 + a_2 X_2$$

の積率母関数を $\varphi_Z(\theta)$ とすると

$$
\begin{aligned}
\varphi(\theta) &= E[e^{\theta(a_1 X_1 + a_2 X_2)}] \\
&= E[e^{\theta a_1 X_1} \cdot e^{\theta a_2 X_2}] \\
&= E[e^{\theta a_1 X_1}] \cdot E[e^{\theta a_2 X_2}] \quad （独立性より） \\
&= \exp\left(\mu_1(a_1\theta) + \frac{1}{2}\sigma_1{}^2(a_1\theta)^2\right) \cdot \exp\left(\mu_2(a_2\theta) + \frac{1}{2}\sigma_2{}^2(a_2\theta)^2\right) \\
&= \exp\left(\mu_1(a_1\theta) + \frac{1}{2}\sigma_1{}^2(a_1\theta)^2 + \mu_2(a_2\theta) + \frac{1}{2}\sigma_2{}^2(a_2\theta)^2\right) \\
&= \exp\left((a_1\mu_1 + a_2\mu_2)\theta + \frac{1}{2}(a_1{}^2\sigma_1{}^2 + a_2{}^2\sigma_2{}^2)\theta^2\right)
\end{aligned}
$$

よって，$a_1 X_1 + a_2 X_2$ は正規分布 $N(a_1\mu_1 + a_2\mu_2, a_1{}^2\sigma_1{}^2 + a_2{}^2\sigma_2{}^2)$ に従う。

# 第6章

# 多変量の積率母関数

## 6. 1 多変量の積率母関数

### 6.1.1 多変量の積率母関数

まず，2変量の場合について述べよう。

2変量の確率変数 $X_1, X_2$ に対して，積率母関数を次で定義する。

$$\varphi(\theta_1, \theta_2) = E[e^{\theta_1 X_1 + \theta_2 X_2}] = E[\exp(\theta_1 X_1 + \theta_2 X_2)]$$

1変量の場合と同様，以下の定理が成り立つ。

**［定理］（積率母関数の一意性）**

$\varphi(\theta_1, \theta_2)$ がある2変量の確率分布の積率母関数であるとき，$\varphi(\theta_1, \theta_2)$ を積率母関数とする2変量の確率分布はただ一つである。

**［定理］（積率母関数の極限と確率分布の極限の一致）**

$\{F_n(x_1, x_2)\}$ を確率分布関数の列とし，$\{\varphi_n(\theta_1, \theta_2)\}$ をそれぞれの分布に対応する積率母関数の列とする。また，確率分布関数 $F(x_1, x_2)$ に対応する積率母関数を $\varphi(\theta_1, \theta_2)$ とする。このとき，次が成り立つ。

$$\lim_{n \to \infty} F_n(x_1, x_2) = F(x_1, x_2) \quad \Longleftrightarrow \quad \lim_{n \to \infty} \varphi_n(\theta_1, \theta_2) = \varphi(\theta_1, \theta_2)$$

**［定理］（独立性と積率母関数）**

2個の確率変数 $X_1, X_2$ が互いに独立であるための必要十分条件は

$$\varphi(\theta_1, \theta_2) = \varphi(\theta_1) \cdot \varphi(\theta_2)$$

が成り立つことである。

（証明）$X_1, X_2$ が独立とすると

$$\varphi(\theta_1, \theta_2) = E[e^{\theta_1 X_1 + \theta_2 X_2}] = E[e^{\theta_1 X_1} \cdot e^{\theta_2 X_2}] = E[e^{\theta_1 X_1}] \cdot E[e^{\theta_2 X_2}]$$
$$= \varphi(\theta_1) \cdot \varphi(\theta_2)$$

逆に，$\varphi(\theta_1, \theta_2) = \varphi(\theta_1) \cdot \varphi(\theta_2)$ とすると，積率母関数の一意性により，$X_1, X_2$ は互いに独立な2変量の確率変数である。　　　　□

　一般の多変量の確率変数の積率母関数も 2 変量の場合と同様に，$n$ 個の確率変数 $X_1, X_2, \cdots, X_n$ に対して

$$\varphi(\theta_1, \theta_2, \cdots, \theta_n) = E[e^{\theta_1 X_1 + \theta_2 X_2 + \cdots + \theta_n X_n}]$$
$$= E[\exp(\theta_1 X_1 + \theta_2 X_2 + \cdots + \theta_n X_n)]$$

と定義すると，2 変量の場合と同様の定理が成り立つ．

### 6.1.2　多変量確率変数の積率と平均および共分散

　多変量の確率変数 $X_1, X_2, \cdots, X_n$ に対する積率母関数

$$\varphi(\theta_1, \theta_2, \cdots, \theta_n) = E[e^{\theta_1 X_1 + \theta_2 X_2 + \cdots + \theta_n X_n}]$$
$$= E\left[1 + \frac{1}{1!}\sum_{i=1}^{n}\theta_i X_i + \frac{1}{2!}\sum_{i,\,j=1}^{n}\theta_i \theta_j X_i X_j + \cdots\right]$$
$$= 1 + \frac{1}{1!}\sum_{i=1}^{n}E[X_i]\theta_i + \frac{1}{2!}\sum_{i,\,j=1}^{n}E[X_i X_j]\theta_i \theta_j + \cdots$$

より

$$E[X_i] = \frac{\partial \varphi}{\partial \theta_i}(\mathbf{0}) = \varphi_{\theta_i}(\mathbf{0}), \quad E[X_i X_j] = \frac{\partial^2 \varphi}{\partial \theta_i \partial \theta_j}(\mathbf{0}) = \varphi_{\theta_i \theta_j}(\mathbf{0})$$

であり

$$V[X_i] = E[X_i^2] - E[X_i]^2 = \varphi_{\theta_i \theta_i}(\mathbf{0}) - \varphi_{\theta_i}(\mathbf{0})^2$$
$$\mathrm{Cov}[X_i, X_j] = E\big[(X_i - E[X_i])(X_j - E[X_j])\big]$$
$$= E[X_i X_j] - E[X_i]E[X_j] = \varphi_{\theta_i \theta_j}(\mathbf{0}) - \varphi_{\theta_i}(\mathbf{0})\varphi_{\theta_j}(\mathbf{0})$$

### 6.1.3　積率母関数と周辺分布

　積率母関数の定義を見ると，周辺確率分布が積率母関数から容易に導かれることがわかる．

　まずは 2 変量の場合について考えてみる．

　$X_1, X_2$ を同時密度関数 $f(x_1, x_2)$ をもつ連続型の 2 変量の確率変数とし，周辺密度関数をそれぞれ $f(x_1)$，$f(x_2)$ とする．

$$\varphi(\theta_1, \theta_2) = E[e^{\theta_1 X_1 + \theta_2 X_2}] = \int_{-\infty}^{\infty}\int_{-\infty}^{\infty}e^{\theta_1 x_1 + \theta_2 x_2}f(x_1, x_2)dx_1 dx_2$$

ここで，$\theta_2 = 0$ としてみると

$$\varphi(\theta_1, 0) = \int_{-\infty}^{\infty}\int_{-\infty}^{\infty}e^{\theta_1 x_1}f(x_1, x_2)dx_1 dx_2 = \int_{-\infty}^{\infty}\left(e^{\theta_1 x_1}\int_{-\infty}^{\infty}f(x_1, x_2)dx_2\right)dx_1$$
$$= \int_{-\infty}^{\infty}e^{\theta_1 x_1}f(x_1)dx_1 = E[e^{\theta_1 X_1}] = \varphi(\theta_1)$$

同様に，$\theta_1 = 0$ としてみると

$$\varphi(0, \theta_2) = \int_{-\infty}^{\infty}\int_{-\infty}^{\infty} e^{\theta_2 x_2} f(x_1, x_2)dx_1 dx_2 = \int_{-\infty}^{\infty}\left(e^{\theta_2 x_2}\int_{-\infty}^{\infty} f(x_1, x_2)dx_1\right)dx_2$$

$$= \int_{-\infty}^{\infty} e^{\theta_2 x_2} f(x_2)dx_2 = E[e^{\theta_2 X_2}] = \varphi(\theta_2)$$

すなわち，多変量積率母関数から容易に周辺分布を確認することができる。このことは後に具体的な多変量確率分布で応用する。

### 6.1.3 多項分布の積率母関数

確率ベクトル $\mathbf{X} = (X_1, X_2, \cdots, X_k)^T$ が多項分布：

$$P(X_1 = n_1, X_2 = n_2, \cdots, X_k = n_k) = \frac{n!}{n_1! n_2! \cdots n_k!} p_1^{n_1} p_2^{n_2} \cdots p_k^{n_k}$$

に従うとする。

[公式]　多項分布の積率母関数は次で与えられる。

$$\varphi(\theta_1, \theta_2, \cdots, \theta_k) = (p_1 e^{\theta_1} + p_2 e^{\theta_2} + \cdots + p_k e^{\theta_k})^n$$

（証明）$\varphi(\theta_1, \theta_2, \cdots, \theta_k) = E[e^{\theta_1 X_1 + \theta_2 X_2 + \cdots + \theta_k X_k}]$

$$= \sum_{n_1 + n_2 + \cdots + n_k = n} e^{\theta_1 n_1 + \theta_2 n_2 + \cdots + \theta_k n_k} \frac{n!}{n_1! n_2! \cdots n_k!} p_1^{n_1} p_2^{n_2} \cdots p_k^{n_k}$$

$$= \sum_{n_1 + n_2 + \cdots + n_k = n} \frac{n!}{n_1! n_2! \cdots n_k!} (p_1 e^{\theta_1})^{n_1} (p_2 e^{\theta_2})^{n_2} \cdots (p_k e^{\theta_k})^{n_k}$$

$$= (p_1 e^{\theta_1} + p_2 e^{\theta_2} + \cdots + p_k e^{\theta_k})^n \qquad\qquad \square$$

多項分布の平均，分散および共分散は以下のように計算できる。

$$\varphi_{\theta_i} = n(p_1 e^{\theta_1} + p_2 e^{\theta_2} + \cdots + p_k e^{\theta_k})^{n-1} p_i e^{\theta_i}$$

より，平均は

$$E[X_i] = \varphi_{\theta_i}(\mathbf{0}) = np_i$$

また

$$\varphi_{\theta_i \theta_i} = n(n-1)(p_1 e^{\theta_1} + p_2 e^{\theta_2} + \cdots + p_k e^{\theta_k})^{n-2} p_i e^{\theta_i} \cdot p_i e^{\theta_i}$$
$$+ n(p_1 e^{\theta_1} + p_2 e^{\theta_2} + \cdots + p_k e^{\theta_k})^{n-1} \cdot p_i e^{\theta_i}$$

より，$\varphi_{\theta_i \theta_i}(\mathbf{0}) = n(n-1)p_i^2 + np_i$ であるから，分散は

$$V[X_i] = \varphi_{\theta_i \theta_i}(\mathbf{0}) - \varphi_{\theta_i}(\mathbf{0})^2$$
$$= n(n-1)p_i^2 + np_i - (np_i)^2 = np_i(1 - p_i)$$

また，$i \neq j$ のとき

$$\varphi_{\theta_i \theta_j} = n(n-1)(p_1 e^{\theta_1} + p_2 e^{\theta_2} + \cdots + p_k e^{\theta_k})^{n-2} p_j e^{\theta_j} \cdot p_i e^{\theta_i}$$

より，$\varphi_{\theta_i\theta_j}(\mathbf{0}) = n(n-1)p_i p_j$ であるから，共分散は

$$\mathrm{Cov}[X_i, X_j] = \varphi_{\theta_i\theta_j}(\mathbf{0}) - \varphi_{\theta_i}(\mathbf{0})\varphi_{\theta_j}(\mathbf{0})$$

$$= n(n-1)p_i p_j - np_i \cdot np_j = -np_i p_j$$

### 6.1.4　k項分布の積率母関数

$k-1$ 次元確率ベクトル $\mathbf{X} = (X_1, X_2, \cdots, X_{k-1})^T$ が $k$ 項分布：

$$P(X_1 = n_1, X_2 = n_2, \cdots, X_{k-1} = n_{k-1}) = \frac{n!}{n_1! \, n_2! \cdots n_k!} p_1^{n_1} p_2^{n_2} \cdots p_k^{n_k}$$

に従うとする。ただし，$p_k = 1 - p_1 - \cdots - p_{k-1}$，$n_k = n - n_1 - \cdots - n_{k-1}$

[公式]　$k$ 項分布の積率母関数は次で与えられる。

$$\varphi(\theta_1, \theta_2, \cdots, \theta_{k-1}) = (p_1 e^{\theta_1} + p_2 e^{\theta_2} + \cdots + p_{k-1} e^{\theta_{k-1}} + p_k)^n$$

（証明）$\varphi(\theta_1, \theta_2, \cdots, \theta_{k-1}) = E[e^{\theta_1 X_1 + \theta_2 X_2 + \cdots + \theta_{k-1} X_{k-1}}]$

$$= \sum_{n_1 + n_2 + \cdots + n_{k-1} = n - n_k} e^{\theta_1 n_1 + \theta_2 n_2 + \cdots + \theta_{k-1} n_{k-1}} \frac{n!}{n_1! \, n_2! \cdots n_k!} p_1^{n_1} p_2^{n_2} \cdots p_{k-1}^{n_{k-1}} p_k^{n_k}$$

$$= \sum_{n_1 + n_2 + \cdots + n_{k-1} = n - n_k} \frac{n!}{n_1! \, n_2! \cdots n_k!} (p_1 e^{\theta_1})^{n_1} (p_2 e^{\theta_2})^{n_2} \cdots (p_{k-1} e^{\theta_{k-1}})^{n_{k-1}} p_k^{n_k}$$

$$= (p_1 e^{\theta_1} + p_2 e^{\theta_2} + \cdots + p_{k-1} e^{\theta_{k-1}} + p_k)^n \qquad \square$$

（注）$k$ 項分布の積率母関数は $k$ 変量の多項分布の積率母関数で $\theta_k = 0$ とした ものに他ならないが，これはそもそも $k$ 項分布が $k$ 変量の多項分布の周辺 分布であることから当然である。すなわち

$$P(X_1 = n_1, \cdots, X_{k-1} = n_{k-1}) = \sum_{n_k=0}^{n} P(X_1 = n_1, \cdots, X_{k-1} = n_{k-1}, X_k = n_k)$$

【例1】3項分布の周辺分布は2項分布である。
（証明）3項分布の積率母関数は

$$\varphi(\theta_1, \theta_2) = (p_1 e^{\theta_1} + p_2 e^{\theta_2} + 1 - p_1 - p_2)^n$$

であるから

$$\varphi(\theta_1, 0) = (p_1 e^{\theta_1} + p_2 + 1 - p_1 - p_2)^n = (p_1 e^{\theta_1} + 1 - p_1)^n = \varphi(\theta_1)$$

$$= (p_1 e^{\theta_1} + 1 - p_1)^n = \varphi(\theta_1)$$

$$\varphi(0, \theta_2) = (p_1 + p_2 e^{\theta_2} + 1 - p_1 - p_2)^n = (p_2 e^{\theta_2} + 1 - p_2)^n = \varphi(\theta_2)$$

$$= (p_2 e^{\theta_2} + 1 - p_2)^n = \varphi(\theta_2)$$

【例2】 $k$ 項分布の各変数の周辺分布は2項分布である。

（証明） $k$ 項分布の積率母関数は

$$\varphi(\theta_1, \theta_2, \cdots, \theta_{k-1}) = (p_1 e^{\theta_1} + p_2 e^{\theta_2} + \cdots + p_{k-1} e^{\theta_{k-1}} + p_k)^n$$

で与えられるから

$$\varphi(\theta_1, 0, \cdots, 0) = (p_1 e^{\theta_1} + p_2 + \cdots + p_{k-1} + p_k)^n = (p_1 e^{\theta_1} + 1 - p_1)^n$$

他の場合も同様である。

【例3】 $k$ 変量の多項分布の各変数の周辺分布は2項分布である。

（証明） $k$ 変量の多数項分布の積率母関数は

$$\varphi(\theta_1, \theta_2, \cdots, \theta_{k-1}, \theta_k) = (p_1 e^{\theta_1} + p_2 e^{\theta_2} + \cdots + p_{k-1} e^{\theta_{k-1}} + p_k e^{\theta_k})^n$$

で与えられるから

$$\varphi(\theta_1, 0, \cdots, 0, 0) = (p_1 e^{\theta_1} + p_2 + \cdots + p_{k-1} + p_k)^n = (p_1 e^{\theta_1} + 1 - p_1)^n$$

他の場合も同様である。

## 6.1.5　多変量正規分布の積率母関数

確率ベクトル $\mathbf{X} = (X_1, X_2, \cdots, X_n)^T$ が非退化な多変量正規分布：

$$f(x_1, x_2, \cdots, x_n) = \frac{1}{\sqrt{(2\pi)^n \det(\Sigma)}} \exp\left(-\frac{(\mathbf{x}-\boldsymbol{\mu})^T \Sigma^{-1}(\mathbf{x}-\boldsymbol{\mu})}{2}\right)$$

に従うとする。ただし，$\Sigma = (\sigma_{ij})$ は正則な対称行列とする。

[公式]　多変量正規分布の積率母関数は次で与えられる。

$$\varphi(\theta_1, \theta_2, \cdots, \theta_n) = \exp\left(\sum_{i=1}^n \mu_i \theta_i + \frac{1}{2}\sum_{i,j=1}^n \sigma_{ij}\theta_i\theta_j\right) = \exp\left(\boldsymbol{\mu}^T\boldsymbol{\theta} + \frac{1}{2}\boldsymbol{\theta}^T\Sigma\boldsymbol{\theta}\right)$$

（証明）まず，$\Sigma^{-1} = (\sigma^{ij})$ とするとき

$$(\mathbf{x}-\boldsymbol{\mu})^T \Sigma^{-1}(\mathbf{x}-\boldsymbol{\mu}) = (\mathbf{x}-\boldsymbol{\mu})^T (\sigma^{ij})(\mathbf{x}-\boldsymbol{\mu})$$

$$= \sum_{i,j=1}^n \sigma^{ij}(x_i - \mu_i)(x_j - \mu_j)$$

であり

$$\varphi(\theta_1, \theta_2, \cdots, \theta_n) = E[e^{\theta_1 X_1 + \theta_2 X_2 + \cdots + \theta_n X_n}]$$

$$= \int_{-\infty}^{\infty}\cdots\int_{-\infty}^{\infty} \exp\left(\sum_{i=1}^n \theta_i x_i\right)$$

$$\times \frac{1}{\sqrt{(2\pi)^n \det(\Sigma)}} \exp\left(-\frac{1}{2}\sum_{i,j=1}^n \sigma^{ij}(x_i - \mu_i)(x_j - \mu_j)\right) dx_1 \cdots dx_n$$

$$= \int_{-\infty}^{\infty} \cdots \int_{-\infty}^{\infty} \frac{1}{\sqrt{(2\pi)^n \det(\Sigma)}}$$

$$\times \exp\left(-\frac{1}{2} \sum_{i,j=1}^{n} \sigma^{ij}(x_i - \mu_i)(x_j - \mu_j) + \sum_{i=1}^{n} \theta_i x_i \right) dx_1 \cdots dx_n$$

$$= \int_{-\infty}^{\infty} \cdots \int_{-\infty}^{\infty} \frac{1}{\sqrt{(2\pi)^n \det(\Sigma)}}$$

$$\times \exp\left(-\frac{1}{2} \left\{ \sum_{i,j=1}^{n} \sigma^{ij}(x_i - \mu_i)(x_j - \mu_j) - 2\sum_{i=1}^{n} \theta_i x_i \right\} \right) dx_1 \cdots dx_n$$

ここで

$$\mu_i' = \mu_i + \sum_{j=1}^{n} \sigma_{ij}\theta_j \quad (i=1,2,\cdots,n)$$

とおき，さらに

$$\sum_{k=1}^{n} \sigma_{ik}\sigma^{kj} = \delta_i^j, \quad \sum_{k=1}^{n} \sigma^{ik}\sigma_{kj} = \delta_j^i \quad \left( \text{ただし}, \quad \delta_j^i = \delta_j^i = \begin{cases} 1 & (i=j) \\ 0 & (i \neq j) \end{cases} \right)$$

に注意して計算すると

$$\sum_{i,j=1}^{n} \sigma^{ij}(x_i - \mu_i)(x_j - \mu_j) - 2\sum_{i=1}^{n} \theta_i x_i$$

$$= \sum_{i,j=1}^{n} \sigma^{ij}\left( x_i - \mu_i' + \sum_{k=1}^{n} \sigma_{ik}\theta_k \right)\left( x_j - \mu_j' + \sum_{l=1}^{n} \sigma_{jl}\theta_l \right) - 2\sum_{i=1}^{n} \theta_i x_i$$

$$= \sum_{i,j=1}^{n} \sigma^{ij}(x_i - \mu_i')(x_j - \mu_j') + \sum_{i,j,k=1}^{n} \sigma^{ij}\sigma_{ik}\theta_k(x_j - \mu_j')$$

$$+ \sum_{i,j,l=1}^{n} \sigma^{ij}(x_i - \mu_i')\sigma_{jl}\theta_l + \sum_{i,j,k,l=1}^{n} \sigma^{ij}\sigma_{ik}\theta_k\sigma_{jl}\theta_l - 2\sum_{i=1}^{n} \theta_i x_i$$

$$= \sum_{i,j=1}^{n} \sigma^{ij}(x_i - \mu_i')(x_j - \mu_j') + \sum_{j,k=1}^{n} \left( \sum_{i=1}^{n} \sigma^{ij}\sigma_{ik} \right)\theta_k(x_j - \mu_j')$$

$$+ \sum_{i,l=1}^{n} \left( \sum_{j=1}^{n} \sigma^{ij}\sigma_{jl} \right)(x_i - \mu_i')\theta_l + \sum_{j,k,l=1}^{n} \left( \sum_{i=1}^{n} \sigma^{ij}\sigma_{ik} \right)\theta_k\sigma_{jl}\theta_l - 2\sum_{i=1}^{n} \theta_i x_i$$

$$= \sum_{i,j=1}^{n} \sigma^{ij}(x_i - \mu_i')(x_j - \mu_j') + \sum_{j,k=1}^{n} \delta_k^j \theta_k(x_j - \mu_j')$$

$$+ \sum_{i,l=1}^{n} \delta_l^i(x_i - \mu_i')\theta_l + \sum_{j,k,l=1}^{n} \delta_k^j\theta_k\sigma_{jl}\theta_l - 2\sum_{i=1}^{n} \theta_i x_i$$

$$= \sum_{i,j=1}^{n} \sigma^{ij}(x_i - \mu_i')(x_j - \mu_j') + \sum_{j=1}^{n} \theta_j(x_j - \mu_j')$$

$$+ \sum_{i=1}^{n}(x_i - \mu_i')\theta_i + \sum_{j,l=1}^{n} \theta_j \sigma_{jl} \theta_l - 2\sum_{i=1}^{n} \theta_i x_i$$

$$= \sum_{i,j=1}^{n} \sigma^{ij}(x_i - \mu_i')(x_j - \mu_j') + 2\sum_{i=1}^{n} \theta_i(x_i - \mu_i') + \sum_{i,j=1}^{n} \sigma_{ij}\theta_i\theta_j - 2\sum_{i=1}^{n} \theta_i x_i$$

$$= \sum_{i,j=1}^{n} \sigma^{ij}(x_i - \mu_i')(x_j - \mu_j') - 2\sum_{i=1}^{n} \theta_i \mu_i' + \sum_{i,j=1}^{n} \sigma_{ij}\theta_i\theta_j$$

$$= \sum_{i,j=1}^{n} \sigma^{ij}(x_i - \mu_i')(x_j - \mu_j') - 2\sum_{i=1}^{n} \theta_i \left( \mu_i + \sum_{j=1}^{n} \sigma_{ij}\theta_j \right) + \sum_{i,j=1}^{n} \sigma_{ij}\theta_i\theta_j$$

$$= \sum_{i,j=1}^{n} \sigma^{ij}(x_i - \mu_i')(x_j - \mu_j') - 2\left( \sum_{i=1}^{n} \theta_i \mu_i + \sum_{i,j=1}^{n} \sigma_{ij}\theta_i\theta_j \right) + \sum_{i,j=1}^{n} \sigma_{ij}\theta_i\theta_j$$

$$= \sum_{i,j=1}^{n} \sigma^{ij}(x_i - \mu_i')(x_j - \mu_j') - 2\sum_{i=1}^{n} \mu_i \theta_i - \sum_{i,j=1}^{n} \sigma_{ij}\theta_i\theta_j$$

よって

$$-\frac{1}{2}\sum_{i,j=1}^{n} \sigma^{ij}(x_i - \mu_i)(x_j - \mu_j) + \sum_{i=1}^{n} \theta_i x_i$$

$$= -\frac{1}{2}\sum_{i,j=1}^{n} \sigma^{ij}(x_i - \mu_i')(x_j - \mu_j') + \sum_{i=1}^{n} \mu_i \theta_i + \frac{1}{2}\sum_{i,j=1}^{n} \sigma_{ij}\theta_i\theta_j$$

したがって

$$\varphi(\theta_1, \theta_2, \cdots, \theta_n) = E[e^{\theta_1 X_1 + \theta_2 X_2 + \cdots + \theta_n X_n}]$$

$$= E[\exp(\theta_1 X_1 + \theta_2 X_2 + \cdots + \theta_n X_n)]$$

$$= \int_{-\infty}^{\infty} \cdots \int_{-\infty}^{\infty} \frac{1}{\sqrt{(2\pi)^n \det(\Sigma)}}$$

$$\times \exp\left(-\frac{1}{2}\sum_{i,j=1}^{n} \sigma^{ij}(x_i - \mu_i)(x_j - \mu_j) + \sum_{i=1}^{n} \theta_i x_i \right) dx_1 \cdots dx_n$$

$$= \exp\left( \sum_{i=1}^{n} \mu_i \theta_i + \frac{1}{2}\sum_{i,j=1}^{n} \sigma_{ij}\theta_i\theta_j \right)$$

$$\times \int_{-\infty}^{\infty} \cdots \int_{-\infty}^{\infty} \frac{1}{\sqrt{(2\pi)^n \det(\Sigma)}} \exp\left(-\frac{1}{2}\sum_{i,j=1}^{n} \sigma^{ij}(x_i - \mu_i')(x_j - \mu_j') \right) dx_1 \cdots dx_n$$

$$= \exp\left( \sum_{i=1}^{n} \mu_i \theta_i + \frac{1}{2}\sum_{i,j=1}^{n} \sigma_{ij}\theta_i\theta_j \right) \qquad \square$$

（注1）多変量正規分布の積率母関数の式をよく見ると，$\Sigma = (\sigma_{ij})$ が正則であるかどうかによらない。そこで，積率母関数が上の式で表される多変量確率分布を $N_n(\boldsymbol{\mu}, \Sigma)$ とすればよい。

（注2）多変量正規分布の積率母関数から，多変量正規分布の周辺分布はまた多変量正規分布（または変量の正規分布）となることもわかる。

[**公式**]　平均，分散，共分散について次が成り立つ。

$$E[X_i] = \mu_i, \quad V[X_i] = \sigma_{ii},$$

$$\mathrm{Cov}[X_i, X_j] = \sigma_{ij} \quad (i \ne j)$$

（証明）
$$\varphi(\theta_1, \theta_2, \cdots, \theta_n) = \exp\left( \sum_{i=1}^n \mu_i \theta_i + \frac{1}{2} \sum_{i,j=1}^n \sigma_{ij} \theta_i \theta_j \right)$$

$$= \exp\left( \sum_{k=1}^n \mu_k \theta_k + \frac{1}{2} \sum_{k,l=1}^n \sigma_{kl} \theta_k \theta_l \right)$$

より

$$\varphi_{\theta_i} = \exp\left( \sum_{k=1}^n \mu_k \theta_k + \frac{1}{2} \sum_{k,l=1}^n \sigma_{kl} \theta_k \theta_l \right) \cdot \left\{ \mu_i + \frac{1}{2} \left( \sum_{l=1}^n \sigma_{il} \theta_l + \sum_{k=1}^n \sigma_{ki} \theta_k \right) \right\}$$

$$= \exp\left( \sum_{k=1}^n \mu_k \theta_k + \frac{1}{2} \sum_{k,l=1}^n \sigma_{kl} \theta_k \theta_l \right) \cdot \left\{ \mu_i + \sum_{l=1}^n \sigma_{il} \theta_l \right\}$$

および

$$\varphi_{\theta_i \theta_j} = \exp\left( \sum_{k=1}^n \mu_k \theta_k + \frac{1}{2} \sum_{k,l=1}^n \sigma_{kl} \theta_k \theta_l \right) \left\{ \mu_j + \sum_{l=1}^n \sigma_{jl} \theta_l \right\} \cdot \left\{ \mu_i + \sum_{l=1}^n \sigma_{il} \theta_l \right\}$$

$$+ \exp\left( \sum_{k=1}^n \mu_k \theta_k + \frac{1}{2} \sum_{k,l=1}^n \sigma_{kl} \theta_k \theta_l \right) \cdot \sigma_{ij}$$

であるから

$$E[X_i] = \varphi_{\theta_i}(\mathbf{0}) = \mu_i, \quad E[X_i X_j] = \varphi_{\theta_i \theta_j}(\mathbf{0}) = \mu_i \mu_j + \sigma_{ij}$$

よって

$$V[X_i] = E[X_i^2] - E[X_i]^2$$

$$= (\mu_i^2 + \sigma_{ii}) - \mu_i^2 = \sigma_{ii}$$

$$\mathrm{Cov}[X_i, X_j] = E[(X_i - \mu_i)(X_j - \mu_j)]$$

$$= E[X_i X_j] - \mu_i E[X_j] - \mu_j E[X_i] + E[\mu_i \mu_j]$$

$$= (\mu_i \mu_j + \sigma_{ij}) - \mu_i \mu_j - \mu_j \mu_i + \mu_i \mu_j = \sigma_{ij} \qquad \square$$

よって，次が成り立つ。

$$\Sigma = (\sigma_{ij}) = \mathrm{Var}[\mathbf{X}]$$

## 6．2　多項分布の多変量正規分布への収束

最後に，多変量の積率母関数を利用して，多項分布の多変量正規分布への収束を示そう。

### 6.2.1　3項分布の非退化な2変量正規分布への収束

[定理]　$(X_1, X_2)$ が3項分布

$$P(X_1 = n_1,\ X_2 = n_2) = \frac{n!}{n_1!\, n_2!\,(1-n_1-n_2)!}\, p_1{}^{n_1} p_2{}^{n_2} (1-p_1-p_2)^{n-n_1-n_2}$$

に従うとき

$$Z_1 = \frac{X_1 - np_1}{\sqrt{np_1(1-p_1)}},\quad Z_2 = \frac{X_2 - np_2}{\sqrt{np_2(1-p_2)}}$$

とおくと，$n \to \infty$ のとき

$(Z_1, Z_2)$ は非退化な2変量正規分布 $N_2(\mathbf{0}, \Sigma)$ に収束する。

ここで，$\Sigma = \begin{pmatrix} 1 & \rho \\ \rho & 1 \end{pmatrix}$ （ただし，$\rho = -\sqrt{\dfrac{p_1 p_2}{(1-p_1)(1-p_2)}}$ ）

（証明）$(Z_1, Z_2)$，$(X_1, X_2)$ の積率母関数をそれぞれ $\varphi(\theta_1, \theta_2)$，$\varphi_0(\theta_1, \theta_2)$ とすると

$$\varphi(\theta_1, \theta_2) = E[\exp(\theta_1 Z_1 + \theta_2 Z_2)]$$

$$= E\left[ \exp\left( \theta_1 \frac{X_1 - np_1}{\sqrt{np_1(1-p_1)}} + \theta_2 \frac{X_1 - np_2}{\sqrt{np_2(1-p_2)}} \right) \right]$$

$$= E\left[ \exp\left( \frac{\theta_1}{\sqrt{np_1(1-p_1)}} X_1 + \frac{\theta_2}{\sqrt{np_2(1-p_2)}} X_2 \right) \right]$$

$$\times \exp\left( -\theta_1 \sqrt{\frac{np_1}{1-p_1}} - \theta_2 \sqrt{\frac{np_2}{1-p_2}} \right)$$

$$= \varphi_0\left( \frac{\theta_1}{\sqrt{np_1(1-p_1)}}, \frac{\theta_2}{\sqrt{np_2(1-p_2)}} \right)$$

$$\times \exp\left( -\theta_1 \sqrt{\frac{np_1}{1-p_1}} - \theta_2 \sqrt{\frac{np_2}{1-p_2}} \right)$$

$$= \left( p_1 \exp\frac{\theta_1}{\sqrt{np_1(1-p_1)}} + p_2 \exp\frac{\theta_2}{\sqrt{np_2(1-p_2)}} + 1 - p_1 - p_2 \right)^n$$

$$\times \exp\left( -\theta_1 \sqrt{\frac{np_1}{1-p_1}} - \theta_2 \sqrt{\frac{np_2}{1-p_2}} \right)$$

$$= \left\{ 1 + p_1 \left( \exp \frac{\theta_1}{\sqrt{np_1(1-p_1)}} - 1 \right) + p_2 \left( \exp \frac{\theta_2}{\sqrt{np_2(1-p_2)}} - 1 \right) \right\}^n$$

$$\times \exp \left( -\theta_1 \sqrt{\frac{np_1}{1-p_1}} - \theta_2 \sqrt{\frac{np_2}{1-p_2}} \right)$$

よって

$$\log \varphi(\theta_1, \theta_2)$$

$$= n \log \left\{ 1 + p_1 \left( \exp \frac{\theta_1}{\sqrt{np_1(1-p_1)}} - 1 \right) + p_2 \left( \exp \frac{\theta_2}{\sqrt{np_2(1-p_2)}} - 1 \right) \right\}$$

$$- \theta_1 \sqrt{\frac{np_1}{1-p_1}} - \theta_2 \sqrt{\frac{np_2}{1-p_2}}$$

$$= n \log \left\{ 1 + p_1 \frac{\theta_1}{\sqrt{np_1(1-p_1)}} + p_1 \cdot \frac{1}{2} \left( \frac{\theta_1}{\sqrt{np_1(1-p_1)}} \right)^2 + o\left( \frac{1}{n} \right) \right.$$

$$\left. + p_2 \frac{\theta_2}{\sqrt{np_2(1-p_2)}} + p_2 \cdot \frac{1}{2} \left( \frac{\theta_2}{\sqrt{np_2(1-p_2)}} \right)^2 + o\left( \frac{1}{n} \right) \right\}$$

$$- \theta_1 \sqrt{\frac{np_1}{1-p_1}} - \theta_2 \sqrt{\frac{np_2}{1-p_2}}$$

$$= n \log \left\{ 1 + \frac{p_1 \theta_1}{\sqrt{np_1(1-p_1)}} + \frac{p_2 \theta_2}{\sqrt{np_2(1-p_2)}} \right.$$

$$\left. + \frac{\theta_1^2}{2n(1-p_1)} + \frac{\theta_2^2}{2n(1-p_2)} + o\left( \frac{1}{n} \right) \right\} - \theta_1 \sqrt{\frac{np_1}{1-p_1}} - \theta_2 \sqrt{\frac{np_2}{1-p_2}}$$

ここで

$$\log(1+x) = x - \frac{1}{2}x^2 + o(x^2) \qquad (x \to 0)$$

に注意すると

$$\log \left\{ 1 + \frac{p_1 \theta_1}{\sqrt{np_1(1-p_1)}} + \frac{p_2 \theta_2}{\sqrt{np_2(1-p_2)}} \right.$$

$$\left. + \frac{\theta_1^2}{2n(1-p_1)} + \frac{\theta_2^2}{2n(1-p_2)} + o\left( \frac{1}{n} \right) \right\}$$

$$= \frac{p_1 \theta_1}{\sqrt{np_1(1-p_1)}} + \frac{p_2 \theta_2}{\sqrt{np_2(1-p_2)}} + \frac{\theta_1^2}{2n(1-p_1)} + \frac{\theta_2^2}{2n(1-p_2)} + o\left( \frac{1}{n} \right)$$

$$- \frac{1}{2} \left\{ \frac{p_1 \theta_1}{\sqrt{np_1(1-p_1)}} + \frac{p_2 \theta_2}{\sqrt{np_2(1-p_2)}} + \frac{\theta_1^2}{2n(1-p_1)} + \frac{\theta_2^2}{2n(1-p_2)} + o\left( \frac{1}{n} \right) \right\}^2$$

$$+ o\left( \frac{1}{n^2} \right)$$

$$= \frac{p_1\theta_1}{\sqrt{np_1(1-p_1)}} + \frac{p_2\theta_2}{\sqrt{np_2(1-p_2)}} + \frac{\theta_1^2}{2n(1-p_1)} + \frac{\theta_2^2}{2n(1-p_2)}$$

$$- \frac{1}{2}\left\{\frac{p_1\theta_1^2}{n(1-p_1)} + \frac{p_2\theta_2^2}{n(1-p_2)} + \frac{2p_1p_2\theta_1\theta_2}{n\sqrt{p_1(1-p_1)p_2(1-p_2)}}\right\} + o\left(\frac{1}{n}\right)$$

$$= \frac{p_1\theta_1}{\sqrt{np_1(1-p_1)}} + \frac{p_2\theta_2}{\sqrt{np_2(1-p_2)}}$$

$$+ \frac{\theta_1^2}{2n} + \frac{\theta_2^2}{2n} - \frac{p_1p_2\theta_1\theta_2}{n\sqrt{p_1(1-p_1)p_2(1-p_2)}} + o\left(\frac{1}{n}\right)$$

$$= \frac{p_1\theta_1}{\sqrt{np_1(1-p_1)}} + \frac{p_2\theta_2}{\sqrt{np_2(1-p_2)}}$$

$$+ \frac{\theta_1^2}{2n} + \frac{\theta_2^2}{2n} - \frac{1}{n}\theta_1\theta_2\sqrt{\frac{p_1p_2}{(1-p_1)(1-p_2)}} + o\left(\frac{1}{n}\right)$$

よって

$$\log\varphi(\theta_1, \theta_2)$$

$$= n\left\{\frac{p_1\theta_1}{\sqrt{np_1(1-p_1)}} + \frac{p_2\theta_2}{\sqrt{np_2(1-p_2)}}\right.$$

$$\left. + \frac{\theta_1^2}{2n} + \frac{\theta_2^2}{2n} - \frac{1}{n}\theta_1\theta_2\sqrt{\frac{p_1p_2}{(1-p_1)(1-p_2)}} + o\left(\frac{1}{n}\right)\right\} - \theta_1\sqrt{\frac{np_1}{1-p_1}} - \theta_2\sqrt{\frac{np_2}{1-p_2}}$$

$$= \frac{\theta_1^2}{2} + \frac{\theta_2^2}{2} - \theta_1\theta_2\sqrt{\frac{p_1p_2}{(1-p_1)(1-p_2)}} + n\cdot o\left(\frac{1}{n}\right)$$

$$= \frac{1}{2}(\theta_1^2 + \theta_2^2 + 2\rho\theta_1\theta_2) + + n\cdot o\left(\frac{1}{n}\right) \quad (\text{ここで、} \quad \rho = -\sqrt{\frac{p_1p_2}{(1-p_1)(1-p_2)}}\,)$$

したがって

$$\lim_{n\to\infty}\log\varphi(\theta_1, \theta_2) = \frac{1}{2}(\theta_1^2 + \theta_2^2 + 2\rho\theta_1\theta_2)$$

すなわち

$$\lim_{n\to\infty}\varphi(\theta_1, \theta_2) = \exp\left\{\frac{1}{2}(\theta_1^2 + \theta_2^2 + 2\rho\theta_1\theta_2)\right\}$$

ところで、2 次元正規分布 $N_2(\mathbf{0}, \Sigma)$

$$\text{ただし、} \quad \Sigma = \begin{pmatrix} 1 & \rho \\ \rho & 1 \end{pmatrix} \quad (\rho = -\sqrt{\frac{p_1p_2}{(1-p_1)(1-p_2)}}\,)$$

の積率母関数は

$$\exp\left\{\frac{1}{2}(\theta_1^2 + \theta_2^2 + 2\rho\theta_1\theta_2)\right\}$$

であり

$$\det(\Sigma) = 1 - \rho^2$$

$$= 1 - \frac{p_1 p_2}{(1-p_1)(1-p_2)} = \frac{1 - p_1 - p_2}{(1-p_1)(1-p_2)} > 0$$

すなわち，極限分布の 2 変量正規分布 $N_2(\mathbf{0}, \Sigma)$ は非退化である。　　　□

## 6.2.2　3 変量多項分布の退化する 3 変量正規分布への収束

[定理]　$(X_1, X_2, X_3)$ が 3 変量の多項分布

$$P(X_1 = n_1, \ X_2 = n_2, \ X_3 = n_3) = \frac{n!}{n_1! \, n_2! \, n_3!} p_1^{\,n_1} p_2^{\,n_2} p_3^{\,n_3}$$

に従うとき

$$Z_1 = \frac{X_1 - np_1}{\sqrt{np_1(1-p_1)}}, \quad Z_2 = \frac{X_2 - np_2}{\sqrt{np_2(1-p_2)}}, \quad Z_3 = \frac{X_3 - np_3}{\sqrt{np_3(1-p_3)}}$$

とおくと，$n \to \infty$ のとき

$(Z_1, Z_2, Z_3)$ は退化した 3 変量正規分布 $N_3(\mathbf{0}, \Sigma)$ に収束する。

$$\text{ここで，} \quad \Sigma = \begin{pmatrix} 1 & \rho_{12} & \rho_{13} \\ \rho_{21} & 1 & \rho_{23} \\ \rho_{31} & \rho_{32} & 1 \end{pmatrix} \quad (\rho_{ij} = -\sqrt{\frac{p_i p_j}{(1-p_i)(1-p_j)}})$$

（証明）$(Z_1, Z_2, Z_3)$, $(X_1, X_2, X_3)$ の積率母関数をそれぞれ $\varphi(\theta_1, \theta_2, \theta_3)$, $\varphi_0(\theta_1, \theta_2, \theta_3)$ とすると

$$\varphi(\theta_1, \theta_2, \theta_3) = E[\exp(\theta_1 Z_1 + \theta_2 Z_2 + \theta_3 Z_3)]$$

$$= E\left[ \exp\left( \sum_{i=1}^{3} \theta_i Z_i \right) \right]$$

$$= E\left[ \exp\left( \sum_{i=1}^{3} \theta_i \frac{X_i - np_i}{\sqrt{np_i(1-p_i)}} \right) \right]$$

$$= E\left[ \exp\left( \sum_{i=1}^{3} \frac{\theta_i}{\sqrt{np_i(1-p_i)}} X_i \right) \right] \exp\left( -\sum_{i=1}^{3} \theta_i \sqrt{\frac{np_i}{1-p_i}} \right)$$

$$= \varphi_0\left( \frac{\theta_1}{\sqrt{np_1(1-p_1)}}, \frac{\theta_2}{\sqrt{np_2(1-p_2)}}, \frac{\theta_3}{\sqrt{np_3(1-p_3)}} \right) \exp\left( -\sum_{i=1}^{3} \theta_i \sqrt{\frac{np_i}{1-p_i}} \right)$$

$$= \left( \sum_{i=1}^{3} p_i \exp\frac{\theta_i}{\sqrt{np_i(1-p_i)}} \right)^n \exp\left( -\sum_{i=1}^{3} \theta_i \sqrt{\frac{np_i}{1-p_i}} \right)$$

$$= \left\{1 + \sum_{i=1}^{3} p_i \left( \exp \frac{\theta_i}{\sqrt{np_i(1-p_i)}} - 1 \right) \right\}^n \exp\left( -\sum_{i=1}^{3} \theta_i \sqrt{\frac{np_i}{1-p_i}} \right)$$

（注） $p_1 + p_2 + p_3 = 1$

よって

$$\log \varphi(\theta_1, \theta_2, \theta_3)$$

$$= n \log \left\{1 + \sum_{i=1}^{3} p_i \left( \exp \frac{\theta_i}{\sqrt{np_i(1-p_i)}} - 1 \right) \right\} - \sum_{i=1}^{3} \theta_i \sqrt{\frac{np_i}{1-p_i}}$$

$$= n \log \left\{1 + \sum_{i=1}^{3} p_i \left( \frac{\theta_i}{\sqrt{np_i(1-p_i)}} + \frac{\theta_i^2}{2np_i(1-p_i)} \right) + o\left(\frac{1}{n}\right) \right\} - \sum_{i=1}^{3} \theta_i \sqrt{\frac{np_i}{1-p_i}}$$

$$= n \left[ \sum_{i=1}^{3} p_i \left( \frac{\theta_i}{\sqrt{np_i(1-p_i)}} + \frac{\theta_i^2}{2np_i(1-p_i)} \right) + o\left(\frac{1}{n}\right) \right.$$

$$\left. - \frac{1}{2} \left\{ \sum_{i=1}^{3} p_i \left( \frac{\theta_i}{\sqrt{np_i(1-p_i)}} + \frac{\theta_i^2}{2np_i(1-p_i)} \right) + o\left(\frac{1}{n}\right) \right\}^2 + o\left(\frac{1}{n^2}\right) \right]$$

$$- \sum_{i=1}^{3} \theta_i \sqrt{\frac{np_i}{1-p_i}}$$

$$= \sum_{i=1}^{3} \left( \theta_i \sqrt{\frac{np_i}{1-p_i}} + \frac{\theta_i^2}{2(1-p_i)} \right)$$

$$- \frac{1}{2} \left\{ \sum_{i=1}^{3} \frac{p_i \theta_i^2}{1-p_i} + 2\sum_{i<j} \theta_i \theta_j \sqrt{\frac{p_i p_j}{(1-p_i)(1-p_j)}} \right\} + n \cdot o\left(\frac{1}{n}\right)$$

$$- \sum_{i=1}^{3} \theta_i \sqrt{\frac{np_i}{1-p_i}}$$

$$= \sum_{i=1}^{3} \frac{\theta_i^2}{2} - \sum_{i<j} \theta_i \theta_j \sqrt{\frac{p_i p_j}{(1-p_i)(1-p_j)}} + n \cdot o\left(\frac{1}{n}\right)$$

$$= \sum_{i=1}^{3} \frac{\theta_i^2}{2} + \sum_{i<j} \rho_{ij} \theta_i \theta_j + n \cdot o\left(\frac{1}{n}\right) \qquad ( \rho_{ij} = -\sqrt{\frac{p_i p_j}{(1-p_i)(1-p_j)}} )$$

したがって

$$\lim_{n\to\infty} \log \varphi(\theta_1, \theta_2, \theta_3) = \sum_{i=1}^{3} \frac{\theta_i^2}{2} + \sum_{i<j} \rho_{ij} \theta_i \theta_j$$

すなわち

$$\lim_{n\to\infty} \varphi(\theta_1, \theta_2, \theta_3) = \exp\left( \sum_{i=1}^{3} \frac{\theta_i^2}{2} + \sum_{i<j} \rho_{ij} \theta_i \theta_j \right)$$

が成り立つ。

ところで，3 変量正規分布 $N_3(\mathbf{0}, \Sigma)$

$$
\text{ただし，} \quad \Sigma = \begin{pmatrix} 1 & \rho_{12} & \rho_{13} \\ \rho_{21} & 1 & \rho_{23} \\ \rho_{31} & \rho_{32} & 1 \end{pmatrix} \quad (\rho_{ij} = -\sqrt{\frac{p_i p_j}{(1-p_i)(1-p_j)}})
$$

の積率母関数は

$$
\exp\left( \sum_{i=1}^{3} \frac{\theta_i^2}{2} + \sum_{i<j} \rho_{ij}\theta_i\theta_j \right)
$$

であり

$$
\det(\Sigma) = 1 + \rho_{12}\rho_{23}\rho_{31} + \rho_{13}\rho_{21}\rho_{32} - \rho_{13}\rho_{31} - \rho_{12}\rho_{21} - \rho_{23}\rho_{32}
$$

$$
= 1 + \rho_{12}\rho_{23}\rho_{31} + \rho_{13}\rho_{21}\rho_{32} - \rho_{13}{}^2 - \rho_{12}{}^2 - \rho_{23}{}^2
$$

$$
= 1 - \frac{p_1 p_2 p_3}{(1-p_1)(1-p_2)(1-p_3)} - \frac{p_1 p_2 p_3}{(1-p_1)(1-p_2)(1-p_3)}
$$

$$
\quad - \frac{p_1 p_3}{(1-p_1)(1-p_3)} - \frac{p_1 p_2}{(1-p_1)(1-p_2)} - \frac{p_2 p_3}{(1-p_2)(1-p_3)}
$$

$$
= \frac{1}{(1-p_1)(1-p_2)(1-p_3)} \{ (1-p_1)(1-p_2)(1-p_3) - 2p_1 p_2 p_3
$$

$$
\qquad\qquad - (1-p_2)p_1 p_3 - (1-p_3)p_1 p_2 - (1-p_1)p_2 p_3 \}
$$

$$
= \frac{1}{(1-p_1)(1-p_2)(1-p_3)} \{ (1-p_1)(1-p_2)(1-p_3) - 2p_1 p_2 p_3
$$

$$
\qquad\qquad - p_1 p_3 - p_1 p_2 - p_2 p_3 + 3p_1 p_2 p_3 \}
$$

$$
= \frac{1}{(1-p_1)(1-p_2)(1-p_3)} (1 - p_1 - p_2 - p_3)
$$

$$
= 0 \quad (\because \quad p_1 + p_2 + p_3 = 1)
$$

すなわち，極限分布の 3 変量正規分布 $N_3(\mathbf{0}, \Sigma)$ は退化している。　　　□

　以上の議論はそのまま一般の多変量（3 変量以上）の場合にも成り立つ。多項分布の正規分布への収束については中心極限定理の章でもう一度考察する。

# 第7章
# 大数の法則と中心極限定理

## 7．1　大数の法則

　**大数の法則**は，標本の数が大きくなると標本平均が母平均に近づく理論的根拠となる定理である。大数の法則には確率・統計の本のほとんどに述べられている**弱法則**の他により精密な**強法則**があるが，本書では弱法則のみを扱う。

### 7.1.1　チェビシェフの不等式

　チェビシェフの不等式は確率・統計でよく用いられる重要公式である。

**［定理］（チェビシェフの不等式）**

　確率変数 $X$ が平均 $\mu$ と分散 $\sigma^2$ をもつとき，任意の $\varepsilon > 0$ に対して次が成り立つ。

$$P(|X-\mu|>\varepsilon) \leqq \frac{\sigma^2}{\varepsilon^2}$$

**（証明）** 関数 $g(x)$ を

$$g(x) = \begin{cases} 0 & (|x| \leqq 1) \\ 1 & (|x| > 1) \end{cases}$$

で定義すると，任意の実数 $x$ に対して $g(x) \leqq x^2$ であり

$$|X-\mu|>\varepsilon \iff \frac{|X-\mu|}{\varepsilon}>1$$
$$\iff g\left(\frac{|X-\mu|}{\varepsilon}\right)=1$$

であることに注意して

$$P(|X-\mu|>\varepsilon) = E\left[g\left(\frac{|X-\mu|}{\varepsilon}\right)\right]$$
$$\leqq E\left[\left(\frac{|X-\mu|}{\varepsilon}\right)^2\right]$$
$$= \frac{E[(X-\mu)^2]}{\varepsilon^2} = \frac{\sigma^2}{\varepsilon^2} \qquad \square$$

### 7.1.2　大数の法則

[定理]（大数の法則）

　平均 $\mu$ と分散 $\sigma^2$ をもつ独立同分布列 $X_1, X_2, \cdots, X_n, \cdots$ と任意の $\varepsilon > 0$ に対して，次が成り立つ。

$$\lim_{n \to \infty} P\left( \left| \frac{X_1 + X_2 + \cdots + X_n}{n} - \mu \right| \leqq \varepsilon \right) = 1$$

　（証明）　$E\left[ \dfrac{X_1 + X_2 + \cdots + X_n}{n} \right] = \dfrac{1}{n} \sum_{i=1}^{n} E[X_i]$

$$= \frac{1}{n} \cdot n\mu = \mu$$

また，分布列の独立性に注意して

$$V\left[ \frac{X_1 + X_2 + \cdots + X_n}{n} \right] = \frac{1}{n^2} \sum_{i=1}^{n} V[X_i]$$

$$= \frac{1}{n^2} \cdot n\sigma^2 = \frac{1}{n} \sigma^2$$

であるから，チェビシェフの不等式により

$$P\left( \left| \frac{X_1 + X_2 + \cdots + X_n}{n} - \mu \right| > \varepsilon \right) \leqq \frac{\sigma^2 / n}{\varepsilon^2} = \frac{\sigma^2}{n\varepsilon^2}$$

よって

$$\lim_{n \to \infty} P\left( \left| \frac{X_1 + X_2 + \cdots + X_n}{n} - \mu \right| > \varepsilon \right) = 0$$

すなわち

$$\lim_{n \to \infty} P\left( \left| \frac{X_1 + X_2 + \cdots + X_n}{n} - \mu \right| \leqq \varepsilon \right) = 1 \qquad \square$$

　（注）上で述べた定理は正確には**大数の弱法則**と呼ばれるものである。確率論において，以下に述べるより精密な**大数の強法則**が証明されている。
**大数の強法則：**

　平均 $\mu$ と分散 $\sigma^2$ をもつ独立同分布列 $X_1, X_2, \cdots, X_n, \cdots$ に対して

$$P\left( \lim_{n \to \infty} \frac{X_1 + X_2 + \cdots + X_n}{n} = \mu \right) = 1$$

が成り立つ。

　大数の強法則は，現代確率論（ルベーグ積分に基づく公理的確率論）の創始者である**コルモゴロフ**（1903−1987）によって初めて証明されたものである。

## 7．2　中心極限定理

　**中心極限定理**は，標本の数が大きくなると標本平均の分布は，母集団分布に関係なく，正規分布に近づくことを主張する定理である。確率分布の中で正規分布が占める特別な重要性の根拠はまさにこの中心極限定理による。中心極限定理（central limit theorem）という名称もまた，確率論において中心的な役割を果たす極限定理という意味である。中心極限定理はさらに精密化されたいくつかの形があるが，本書では確率・統計において一般的に用いられている基本的な形のみ取り扱う。

### 7.2.1　中心極限定理

**［定理］（中心極限定理）**
　平均 $\mu$ と分散 $\sigma^2$ をもつ独立同分布列 $X_1, X_2, \cdots, X_n, \cdots$ に対して

$$\overline{X}_{(n)} = \frac{X_1 + X_2 + \cdots + X_n}{n}$$

とおくとき，任意の $a < b$ に対して

$$\lim_{n \to \infty} P\left( a \leq \frac{\overline{X}_{(n)} - \mu}{\sigma / \sqrt{n}} \leq b \right) = \int_a^b \frac{1}{\sqrt{2\pi}} e^{-\frac{x^2}{2}} dx$$

が成り立つ。
　すなわち，標本平均 $\overline{X}_{(n)}$ の標準化の分布は標準正規分布 $N(0,1)$ に収束することがわかる。
　**（証明）** ここでは積率母関数をもつことを仮定して証明する。
　（注：特性関数を用いればその仮定は不要になる。）
$\dfrac{\overline{X}_{(n)} - \mu}{\sigma / \sqrt{n}}$ の積率母関数を $\varphi_n(\theta)$ とする。

$$\begin{aligned}
\varphi_n(\theta) &= E\left[ \exp\left( \theta \frac{\overline{X}_{(n)} - \mu}{\sigma / \sqrt{n}} \right) \right] \\
&= E\left[ \exp\left( \theta \frac{n\overline{X}_{(n)} - n\mu}{\sqrt{n}\sigma} \right) \right] \\
&= E\left[ \exp\left( \theta \frac{1}{\sqrt{n}\sigma} \sum_{i=1}^n (X_i - \mu) \right) \right] \\
&= E\left[ \exp\left( \sum_{i=1}^n \theta \frac{X_i - \mu}{\sqrt{n}\sigma} \right) \right] \\
&= E\left[ \prod_{i=1}^n \exp\left( \theta \frac{X_i - \mu}{\sqrt{n}\sigma} \right) \right]
\end{aligned}$$

$$= \prod_{i=1}^{n} E\left[\exp\left(\theta \frac{X_i - \mu}{\sqrt{n}\sigma}\right)\right] \quad (\text{独立性より})$$

$$= E\left[\exp\left(\theta \frac{X_1 - \mu}{\sqrt{n}\sigma}\right)\right]^n \quad (\text{同分布であるから})$$

ここで

$$E\left[\frac{X_1 - \mu}{\sigma}\right] = 0, \quad V\left[\frac{X_1 - \mu}{\sigma}\right] = E\left[\left(\frac{X_1 - \mu}{\sigma}\right)^2\right] = 1$$

であるから，$\dfrac{X_1 - \mu}{\sigma}$ の積率母関数を $\varphi(\theta)$ とすると

$$\varphi(\theta) = E\left[\exp\left(\theta \frac{X_1 - \mu}{\sigma}\right)\right]$$

$$= 1 + E\left[\frac{X_1 - \mu}{\sigma}\right]\theta + \frac{1}{2}E\left[\left(\frac{X_1 - \mu}{\sigma}\right)^2\right]\theta^2 + \cdots$$

$$= 1 + \frac{1}{2}\theta^2 + o(\theta^2) \qquad (\text{注})\quad o \text{ はランダウの記号}$$

よって

$$E\left[\exp\left(\theta \frac{X_1 - \mu}{\sqrt{n}\sigma}\right)\right] = E\left[\exp\left(\frac{\theta}{\sqrt{n}} \cdot \frac{X_1 - \mu}{\sigma}\right)\right]$$

$$= \varphi\left(\frac{\theta}{\sqrt{n}}\right)$$

$$= 1 + \frac{1}{2}\left(\frac{\theta}{\sqrt{n}}\right)^2 + o\left(\left(\frac{\theta}{\sqrt{n}}\right)^2\right)$$

$$= 1 + \frac{\theta^2}{2n} + o\left(\frac{1}{n}\right)$$

したがって

$$E\left[\exp\left(\theta \frac{X_1 - \mu}{\sqrt{n}\sigma}\right)\right]^n = \left\{1 + \frac{\theta^2}{2n} + o\left(\frac{1}{n}\right)\right\}^n$$

$$= (1 + t_n)^n \qquad \left(t_n = \frac{\theta^2}{2n} + o\left(\frac{1}{n}\right) \text{ と置いた}\right)$$

$$= \left\{(1 + t_n)^{\frac{1}{t_n}}\right\}^{n t_n}$$

ここで

$$\lim_{n \to \infty} n t_n = \lim_{n \to \infty} \left\{\frac{\theta^2}{2} + n \cdot o\left(\frac{1}{n}\right)\right\}$$

$$= \lim_{n\to\infty}\left\{\frac{\theta^2}{2} + \frac{o\left(\frac{1}{n}\right)}{\frac{1}{n}}\right\} = \frac{\theta^2}{2}$$

また

$$\lim_{n\to\infty}(1+t_n)^{\frac{1}{t_n}} = e \quad (\because \lim_{n\to\infty}t_n = 0)$$

であるから

$$\lim_{n\to\infty}\varphi_n(\theta) = \lim_{n\to\infty}\{(1+t_n)^{\frac{1}{t_n}}\}^{nt_n} = e^{\frac{\theta^2}{2}}$$

標準正規分布の積率母関数は $e^{\frac{\theta^2}{2}}$ であるから定理は証明された。　　　□

（注）中心極限定理における

$$\lim_{n\to\infty}P\left(a \leqq \frac{\overline{X}_{(n)} - \mu}{\sigma/\sqrt{n}} \leqq b\right) = \int_a^b \frac{1}{\sqrt{2\pi}}e^{-\frac{x^2}{2}}dx$$

は次のようにも表すことができる。

$$\lim_{n\to\infty}P(a \leqq \sqrt{n}(\overline{X}_{(n)} - \mu) \leqq b) = \int_a^b \frac{1}{\sqrt{2\pi\sigma^2}}e^{-\frac{x^2}{2\sigma^2}}dx$$

### 7.2.2　中心極限定理の応用

前に直接証明した"ド・モアブル‐ラプラスの定理"を中心極限定理から導いてみよう。

**[定理]（ド・モアブル‐ラプラスの定理）**

確率変数 $X_n$ が2項分布 $B(n, p)$ に従うとき

$$Z_n = \frac{X_n - np}{\sqrt{np(1-p)}}$$

とおくと，任意の $a < b$ に対して

$$\lim_{n\to\infty}P\left(a \leqq Z_n \leqq b\right) = \int_a^b \frac{1}{\sqrt{2\pi}}e^{-\frac{x^2}{2}}dx$$

が成り立つ。

すなわち，$X_n$ の標準化の分布は標準正規分布 $N(0,1)$ に収束する。

（証明）$Y_1, Y_2, \cdots, Y_n, \cdots$ は独立な分布列で，すべて

$$P(Y_i = 1) = p, \quad P(Y_i = 0) = 1 - p$$

を満たすとすると

$$X_n = Y_1 + Y_2 + \cdots + Y_n = n\overline{Y}_{(n)}$$

であり，また

$$E[\overline{Y}_{(n)}] = p, \quad V[\overline{Y}_{(n)}] = \frac{np(1-p)}{\sqrt{n}} = \sqrt{n}\,p(1-p)$$

であるから

$$Z_n = \frac{X_n - np}{\sqrt{np(1-p)}} = \frac{n\overline{Y}_{(n)} - np}{\sqrt{np(1-p)}} = \frac{\overline{Y}_{(n)} - p}{\sqrt{np(1-p)}/n}$$

$$= \frac{\overline{Y}_{(n)} - p}{\dfrac{\sqrt{np(1-p)}/\sqrt{n}}{\sqrt{n}}}$$

の分布は中心極限定理により標準正規分布 $N(0,1)$ に収束する。　　　□

　これにより，$X_n$ が 2 項分布 $B(n, p)$ に従うとき，$n$ が十分大きければ

　　$X_n$ は，近似的に，正規分布 $N(np, np(1-p))$ に従う。

### ランダウの記号

　極限の考察においてランダウ（Landau）の記号はしばしば便利であるから，ここで簡単にまとめておく。数列の極限の場合もほぼ同様である。

　$\lim_{x \to a} f(x) = 0$，$\lim_{x \to a} g(x) = 0$ を満たす 2 つの関数 $f(x)$ と $g(x)$ を考える。

（1）高位の無限小と同位の無限小

（ i ）$\lim_{x \to a} \dfrac{f(x)}{g(x)} = 0$ のとき，$f(x)$ は $g(x)$ より高位の無限小という。

（ ii ）$\lim_{x \to a} \dfrac{f(x)}{g(x)} = \alpha \neq 0$ のとき，$f(x)$ は $g(x)$ と同位の無限小という。

（2）ランダウの記号

（a）$f(x)$ が $g(x)$ よりも高位の無限小のとき

　　$f(x) = o(g(x)) \ \ (x \to a)$　　← スモール・オー

　と表す。特に混乱が無ければ（$x \to a$）を省略することが多い。

　【例】$\lim_{x \to 0} \dfrac{x^2}{x} = 0$ であるから，$x^2 = o(x) \ \ (x \to 0)$

　　（注）$f(x) = o(1) \ \ (x \to a)$ は $\lim_{x \to a} f(x) = 0$ を表している。

（b）$f(x)$ が $g(x)$ よりも高位の無限小か $g(x)$ と同位の無限小のとき

　　$f(x) = O(g(x)) \quad (x \to a)$　　← ビッグ・オー

　と表す。特に混乱が無ければ（$x \to a$）を省略することが多い。

　【例】$\lim_{x \to 0} \dfrac{\sin x}{x} = 1$ であるから，$\sin x = O(x) \ \ (x \to 0)$

## 7．3　多次元中心極限定理

### 7.3.1　多次元中心極限定理
1 次元の中心極限定理は次のようなものであった。

**[定理]（中心極限定理）**

平均 $\mu$ と分散 $\sigma^2$ をもつ独立同分布列 $X_1, X_2, \cdots, X_n, \cdots$ に対して

$$\overline{X}_{(n)} = \frac{X_1 + X_2 + \cdots + X_n}{n} = \frac{1}{n}\sum_{i=1}^{n} X_i$$

とおくとき，任意の $a < b$ に対して

$$\lim_{n\to\infty} P(a \leqq \sqrt{n}(\overline{X}_{(n)} - \mu) \leqq b) = \int_a^b \frac{1}{\sqrt{2\pi\sigma^2}} e^{-\frac{x^2}{2\sigma^2}} dx$$

が成り立つ。
　すなわち
　確率変数 $\sqrt{n}(\overline{X}_{(n)} - \mu)$ の分布は正規分布 $N(0, \sigma^2)$ に収束する。

これに対応する多次元の中心極限定理は次のような内容である。

**[定理]（多次元中心極限定理）**

平均ベクトル $\boldsymbol{\mu}$ と共分散行列 $\Sigma$ をもつ独立同分布な $k$ 次元確率ベクトル の列 $\mathbf{X}_1, \mathbf{X}_2, \cdots, \mathbf{X}_n, \cdots$ に対して，確率ベクトル $\overline{\mathbf{X}}_{(n)}$ を

$$\overline{\mathbf{X}}_{(n)} = \frac{\mathbf{X}_1 + \mathbf{X}_2 + \cdots + \mathbf{X}_n}{n} = \frac{1}{n}\sum_{i=1}^{n} \mathbf{X}_i$$

で定めるとき
　確率ベクトル $\sqrt{n}(\overline{\mathbf{X}}_{(n)} - \boldsymbol{\mu})$ の分布は多変量正規分布 $N_k(\mathbf{0}, \Sigma)$ に収束する。

### 7.3.2　定理の証明
1 次元のときと同様，積率母関数の存在を仮定して証明する。1 次元のとき に注意したように，特性関数を用いれば存在の仮定は不要である。

確率ベクトル，平均ベクトル，共分散行列の成分表示を
$$\mathbf{X}_i = (X_{i1}, X_{i2}, \cdots, X_{ik})^T, \quad \boldsymbol{\mu} = (\mu_1, \mu_2, \cdots, \mu_k), \quad \Sigma = (\sigma_{ij})$$
とし，確率ベクトル $\sqrt{n}(\overline{\mathbf{X}}_{(n)} - \boldsymbol{\mu})$ の積率母関数を $\varphi_n(\theta_1, \theta_2, \cdots, \theta_k)$ とする。
　このとき

$$\sqrt{n}(\overline{\mathbf{X}}_{(n)} - \boldsymbol{\mu}) = \sqrt{n}\left(\frac{1}{n}\sum_{i=1}^{n} \mathbf{X}_i - \boldsymbol{\mu}\right) = \frac{1}{\sqrt{n}}\sum_{i=1}^{n}(\mathbf{X}_i - \boldsymbol{\mu})$$

$$= \left( \frac{1}{\sqrt{n}} \sum_{i=1}^{n} (X_{i1} - \mu_1), \frac{1}{\sqrt{n}} \sum_{i=1}^{n} (X_{i2} - \mu_2), \cdots, \frac{1}{\sqrt{n}} \sum_{i=1}^{n} (X_{ik} - \mu_k) \right)$$

であるから

$$\varphi_n(\theta_1, \theta_2, \cdots, \theta_k) = E\left[ \exp\left\{ \sum_{j=1}^{k} \theta_j \frac{1}{\sqrt{n}} \sum_{i=1}^{n} (X_{ij} - \mu_j) \right\} \right]$$

$$= E\left[ \exp\left\{ \sum_{i=1}^{n} \sum_{j=1}^{k} \theta_j \frac{X_{ij} - \mu_j}{\sqrt{n}} \right\} \right]$$

$$= E\left[ \prod_{i=1}^{n} \exp\left( \sum_{j=1}^{k} \theta_j \frac{X_{ij} - \mu_j}{\sqrt{n}} \right) \right]$$

$$= \prod_{i=1}^{n} E\left[ \exp\left( \sum_{j=1}^{k} \theta_j \frac{X_{ij} - \mu_j}{\sqrt{n}} \right) \right] \quad (\text{独立性より})$$

$$= E\left[ \exp\left( \sum_{j=1}^{k} \theta_j \frac{X_{1j} - \mu_j}{\sqrt{n}} \right) \right]^n \quad (\text{同分布であるから})$$

$$= E\left[ 1 + \left( \sum_{j=1}^{k} \theta_j \frac{X_{1j} - \mu_j}{\sqrt{n}} \right) + \frac{1}{2} \left( \sum_{j=1}^{k} \theta_j \frac{X_{1j} - \mu_j}{\sqrt{n}} \right)^2 + o\left( \frac{1}{n} \right) \right]^n$$

ここで

$$E\left[ \sum_{j=1}^{k} \theta_j \frac{X_{1j} - \mu_j}{\sqrt{n}} \right] = 0$$

$$E\left[ \left( \sum_{j=1}^{k} \theta_j \frac{X_{1j} - \mu_j}{\sqrt{n}} \right)^2 \right] = E\left[ \sum_{j,h=1}^{k} \theta_j \theta_h \frac{X_{1j} - \mu_j}{\sqrt{n}} \frac{X_{1h} - \mu_h}{\sqrt{n}} \right]$$

$$= \sum_{j,h=1}^{k} \frac{\theta_j \theta_h}{n} E[(X_{1j} - \mu_j)(X_{1h} - \mu_h)]$$

$$= \frac{1}{n} \sum_{j,h=1}^{k} \sigma_{jh} \theta_j \theta_h$$

より

$$\varphi_n(\theta_1, \theta_2, \cdots, \theta_k) = \left\{ 1 + \frac{1}{2n} \sum_{j,h=1}^{k} \sigma_{jh} \theta_j \theta_h + o\left( \frac{1}{n} \right) \right\}^n$$

$$= (1 + t_n)^n \quad \left( t_n = \frac{1}{2n} \sum_{j,h=1}^{k} \sigma_{jh} \theta_j \theta_h + o\left( \frac{1}{n} \right) \text{ と置いた} \right)$$

$$= \{ (1 + t_n)^{\frac{1}{t_n}} \}^{n t_n}$$

ここで

$$\lim_{n \to \infty} n t_n = \lim_{n \to \infty} \left\{ \frac{1}{2} \sum_{j,h=1}^{k} \sigma_{jh} \theta_j \theta_h + o\left(\frac{1}{n}\right) \right\} = \frac{1}{2} \sum_{j,h=1}^{k} \sigma_{jh} \theta_j \theta_h$$

また

$$\lim_{n \to \infty} (1 + t_n)^{\frac{1}{t_n}} = e \qquad (\because \quad \lim_{n \to \infty} t_n = 0)$$

であるから

$$\lim_{n \to \infty} \varphi_n(\theta_1, \theta_2, \cdots, \theta_k) = \lim_{n \to \infty} \{ (1 + t_n)^{\frac{1}{t_n}} \}^{n t_n}$$

$$= \exp\left( \frac{1}{2} \sum_{j,h=1}^{k} \sigma_{jh} \theta_j \theta_h \right)$$

ところで，多変量正規分布 $N_k(\mathbf{0}, \Sigma)$ の積率母関数は

$$\exp\left( \frac{1}{2} \sum_{j,h=1}^{k} \sigma_{jh} \theta_j \theta_h \right) = \exp\left( \frac{1}{2} \boldsymbol{\theta}^T \Sigma \boldsymbol{\theta} \right)$$

であるから，定理は示された。

### 7.3.3　多次元中心極限定理の応用

多次元中心極限定理を利用して次の定理を証明しよう。

[定理]　確率ベクトル $\mathbf{X}_n = (X_1, X_2, \cdots, X_k)^T$ が $k$ 変量の多項分布

$$P(X_1 = n_1, X_2 = n_2, \cdots, X_k = n_k) = \frac{n!}{n_1! \, n_2! \cdots n_k!} \, p_1{}^{n_1} p_2{}^{n_2} \cdots p_k{}^{n_k}$$

に従うとき

$$Z_1 = \frac{X_1 - np_1}{\sqrt{np_1(1-p_1)}}, \quad Z_2 = \frac{X_2 - np_2}{\sqrt{np_2(1-p_2)}}, \quad \cdots, \quad Z_k = \frac{X_k - np_k}{\sqrt{np_k(1-p_k)}}$$

とおくと，　$n \to \infty$ のとき

$\mathbf{Z}_n = (Z_1, Z_2, \cdots, Z_k)^T$ は退化した $k$ 変量正規分布 $N_k(\mathbf{0}, \Sigma)$ に収束する。

$$\text{ただし，} \quad \Sigma = \begin{pmatrix} 1 & \rho_{12} & \cdots & \rho_{1k} \\ \rho_{21} & 1 & \cdots & \rho_{2k} \\ \vdots & \vdots & \ddots & \vdots \\ \rho_{k1} & \rho_{k2} & \cdots & 1 \end{pmatrix} \quad \left( \rho_{ij} = -\sqrt{\frac{p_i p_j}{(1-p_i)(1-p_j)}} \right.$$

（証明）　$\mathbf{Z}_n = (Z_1, Z_2, \cdots, Z_k)^T$

$$= \left( \frac{X_1 - np_1}{\sqrt{np_1(1-p_1)}}, \, \frac{X_2 - np_2}{\sqrt{np_2(1-p_2)}}, \, \cdots, \, \frac{X_k - np_k}{\sqrt{np_k(1-p_k)}} \right)^T$$

$$= \sqrt{n}\left( \frac{X_1-np_1}{n\sqrt{p_1(1-p_1)}},\ \frac{X_2-np_2}{n\sqrt{p_2(1-p_2)}},\ \cdots,\ \frac{X_k-np_k}{n\sqrt{p_k(1-p_k)}} \right)^T$$

$$= \sqrt{n}\left\{ \left( \frac{X_1}{n\sqrt{p_1(1-p_1)}},\ \frac{X_2}{n\sqrt{p_2(1-p_2)}},\ \cdots,\ \frac{X_k}{n\sqrt{p_k(1-p_k)}} \right)^T \right.$$
$$\left. -\left( \frac{p_1}{\sqrt{p_1(1-p_1)}},\ \frac{p_2}{\sqrt{p_2(1-p_2)}},\ \cdots,\ \frac{p_k}{\sqrt{p_k(1-p_k)}} \right)^T \right\}$$

$$= \sqrt{n}\left\{ \left( \frac{\sum_{i=1}^{n}Y_{1i}}{n\sqrt{p_1(1-p_1)}},\ \frac{\sum_{i=1}^{n}Y_{2i}}{n\sqrt{p_2(1-p_2)}},\ \cdots,\ \frac{\sum_{i=1}^{n}Y_{ki}}{n\sqrt{p_k(1-p_k)}} \right)^T \right.$$
$$\left. -\left( \sqrt{\frac{p_1}{1-p_1}},\ \sqrt{\frac{p_2}{1-p_2}},\ \cdots,\ \sqrt{\frac{p_k}{1-p_k}} \right)^T \right\}$$

（注）$Y_{ij}$（$i=1,2,\cdots,n$）はベルヌーイ分布 $B(1,p_i)$ に従う。

$$= \sqrt{n}\left\{ \frac{1}{n}\sum_{i=1}^{n}\left( \frac{Y_{1i}}{\sqrt{p_1(1-p_1)}},\ \frac{Y_{2i}}{\sqrt{p_2(1-p_2)}},\ \cdots,\ \frac{Y_{ki}}{\sqrt{p_k(1-p_k)}} \right) \right.$$
$$\left. -\left( \sqrt{\frac{p_1}{1-p_1}},\ \sqrt{\frac{p_2}{1-p_2}},\ \cdots,\ \sqrt{\frac{p_k}{1-p_k}} \right) \right\}$$

そこで
$$\mathbf{W}_j = (W_{1j},W_{2j},\cdots,W_{kj})^T$$
$$= \left( \frac{Y_{1j}}{\sqrt{p_1(1-p_1)}},\ \frac{Y_{2j}}{\sqrt{p_2(1-p_2)}},\ \cdots,\ \frac{Y_{kj}}{\sqrt{p_k(1-p_k)}} \right)^T$$
$$\boldsymbol{\mu} = (\mu_1,\mu_2,\cdots,\mu_k)^T$$
$$= \left( \sqrt{\frac{p_1}{1-p_1}},\ \sqrt{\frac{p_2}{1-p_2}},\ \cdots,\ \sqrt{\frac{p_k}{1-p_k}} \right)^T$$
とおくと
$$\mathbf{Z}_n = (Z_1,Z_2,\cdots,Z_k)^T$$
$$= \sqrt{n}\left( \frac{1}{n}\sum_{j=1}^{n}\mathbf{W}_j - \boldsymbol{\mu} \right)$$

と表される。確率ベクトルの列 $\{\mathbf{W}_j\}$ は明らかに独立の条件を満たす。
　ここで
$$E[\mathbf{W}_j] = (E[W_{1j}],E[W_{2j}],\cdots,E[W_{kj}])^T$$

$$= \left( \frac{E[Y_{1j}]}{\sqrt{p_1(1-p_1)}}, \frac{E[Y_{2j}]}{\sqrt{p_2(1-p_2)}}, \cdots, \frac{E[Y_{kj}]}{\sqrt{p_k(1-p_k)}} \right)^T$$

$$= \left( \frac{p_1}{\sqrt{p_1(1-p_1)}}, \frac{p_2}{\sqrt{p_2(1-p_2)}}, \cdots, \frac{p_k}{\sqrt{p_k(1-p_k)}} \right)^T$$

$$= \mu$$

また

$$V[W_{jj}] = V\left[ \frac{Y_{jj}}{\sqrt{p_j(1-p_j)}} \right] = \frac{V[Y_{jj}]}{p_j(1-p_j)} = \frac{p_j(1-p_j)}{p_j(1-p_j)} = 1$$

また，$h \neq i$ のとき

$$\mathrm{Cov}[W_{hj}, W_{ij}] = \mathrm{Cov}\left[ \frac{Y_{hj}}{\sqrt{p_h(1-p_h)}}, \frac{Y_{ij}}{\sqrt{p_i(1-p_i)}} \right]$$

$$= \frac{1}{\sqrt{p_h(1-p_h)}\sqrt{p_i(1-p_i)}} \mathrm{Cov}[Y_{hj}, Y_{ij}]$$

$$= \frac{-p_h p_i}{\sqrt{p_h(1-p_h)}\sqrt{p_i(1-p_i)}}$$

$$= -\sqrt{\frac{p_h p_i}{(1-p_h)(1-p_i)}} = \rho_{hi}$$

よって

$$\mathrm{Var}[\mathbf{W}_j] = \begin{pmatrix} 1 & \rho_{12} & \cdots & \rho_{1k} \\ \rho_{21} & 1 & \cdots & \rho_{2k} \\ \vdots & \vdots & \ddots & \vdots \\ \rho_{k1} & \rho_{k2} & \cdots & 1 \end{pmatrix} = \Sigma$$

したがって，多次元中心極限定理により，$n \to \infty$ のとき

$$\mathbf{Z}_n = \sqrt{n}\left( \frac{1}{n}\sum_{j=1}^{n} \mathbf{W}_j - \mu \right) \text{ は } k \text{ 変量正規分布 } N_k(\mathbf{0}, \Sigma) \text{ に収束する。}$$

ところで，第 3 章で調べたように

$$\Sigma = \begin{pmatrix} 1 & \rho_{12} & \cdots & \rho_{1k} \\ \rho_{21} & 1 & \cdots & \rho_{2k} \\ \vdots & \vdots & \ddots & \vdots \\ \rho_{k1} & \rho_{k2} & \cdots & 1 \end{pmatrix} \quad (\rho_{ij} = -\sqrt{\frac{p_i p_j}{(1-p_i)(1-p_j)}})$$

は $k$ 変量多項分布の相関行列であり，$\det(\Sigma) = 0$ である。

（注）定理の極限分布である多変量正規分布の共分散行列が多項分布の相関行列であることに注意しよう。

上の定理の証明から次の定理が成り立つことも明らかである。

**[定理]** 確率ベクトル $\mathbf{X}_n = (X_1, X_2, \cdots, X_{k-1})^T$ が $k$ 項分布

$$P(X_1 = n_1, \cdots, X_{k-1} = n_{k-1}) = \frac{n!}{n_1! \, n_2! \cdots n_k!} p_1^{n_1} p_2^{n_2} \cdots p_k^{n_k}$$

ただし，$n_1 + n_2 + \cdots + n_{k-1} + n_k = n$，$p_1 + p_2 + \cdots + p_{k-1} + p_k = 1$
に従うとき

$$Z_1 = \frac{X_1 - np_1}{\sqrt{np_1(1 - p_1)}}, \quad \cdots, \quad Z_{k-1} = \frac{X_{k-1} - np_{k-1}}{\sqrt{np_{k-1}(1 - p_{k-1})}}$$

とおくと，$n \to \infty$ のとき

$\mathbf{Z}_n = (Z_1, \cdots, Z_{k-1})^T$ は非退化な $k-1$ 変量正規分布 $N_k(\mathbf{0}, \Sigma')$ に収束する。

ただし，$\Sigma' = \begin{pmatrix} 1 & \rho_{12} & \cdots & \rho_{1, k-1} \\ \rho_{21} & 1 & \cdots & \rho_{2, k-1} \\ \vdots & \vdots & \ddots & \vdots \\ \rho_{k-1, 1} & \rho_{k-1, 2} & \cdots & 1 \end{pmatrix}$   $\left( \rho_{ij} = -\sqrt{\dfrac{p_i p_j}{(1 - p_i)(1 - p_j)}} \right)$

**（注）** 第 3 章で示したように次が成り立つ。

$$\det(\Sigma') \neq 0$$

すなわち，$k$ 項分布の極限分布の多変量正規分布は非退化である。

# 第8章

# 点 推 定

## 8. 1　不偏推定量

### 8.1.1　不偏推定量

　ある変量 $x$ の母集団における平均 $\mu$ や分散 $\sigma^2$ などをその母集団における**母数**という。しかし，一般には母数の値は未知であり，得られた標本から母数を"推定"することになる。

　母集団における平均（母平均）が $\mu$，分散（母分散）が $\sigma^2$ である変量 $x$ について，大きさ $n$ の標本

$$X_1, X_2, \cdots, X_n$$

が得られたとする。これらは標本ごとに異なった値の組をとる確率変数の組である。

　よって，$X_1, X_2, \cdots, X_n$ は互いに独立かつ同分布で

$$E[X_i] = \mu, \quad V[X_i] = \sigma^2 \quad (i = 1, 2, \cdots, n)$$

である。

　ここで，標本平均および標本分散，すなわち

**標本平均**：$\displaystyle \overline{X} = \frac{X_1 + X_2 + \cdots + X_n}{n} = \frac{1}{n}\sum_{i=1}^{n} X_i$

**標本分散**：$\displaystyle S^2 = \frac{(X_1 - \overline{X})^2 + (X_2 - \overline{X})^2 + \cdots + (X_n - \overline{X})^2}{n}$

$$= \frac{1}{n}\sum_{i=1}^{n}(X_i - \overline{X})^2$$

が母平均 $\mu$，母分散 $\sigma^2$ の推定量（母数を推定する目安となる量）として，"どの程度妥当なものであるか"を検討してみよう。

　一般に，母数 $\theta$ の推定量を $\hat{\theta}$ で表すとき

$$E[\hat{\theta}] = \theta$$

を満たすことが望ましいと考えるのは自然である。つまり，推定量 $\hat{\theta}$ の値は母数 $\theta$ を中心に分布しているべきであるという要請である。この条件を満たす推定量を**不偏推定量**という。

まず，標本平均 $\overline{X}$ について，次が成り立つ。

[定理]　$E[\overline{X}] = \mu$

　すなわち，標本平均 $\overline{X}$ は母平均 $\mu$ の不偏推定量である。

（証明）
$$E[\overline{X}] = E\left[\frac{1}{n}\sum_{i=1}^{n} X_i\right]$$
$$= \frac{1}{n}\sum_{i=1}^{n} E[X_i]$$
$$= \frac{1}{n}\sum_{i=1}^{n} \mu$$
$$= \frac{1}{n}\cdot n\mu = \mu \qquad \square$$

### 8.1.2　母分散の不偏推定量

　次に，標本分散 $S^2$ について調べる。

$$\sum_{i=1}^{n}(X_i - \overline{X})^2 = \sum_{i=1}^{n}\{(X_i - \mu) - (\overline{X} - \mu)\}^2$$
$$= \sum_{i=1}^{n}(X_i - \mu)^2 - 2(\overline{X} - \mu)\sum_{i=1}^{n}(X_i - \mu) + \sum_{i=1}^{n}(\overline{X} - \mu)^2$$
$$= \sum_{i=1}^{n}(X_i - \mu)^2 - 2(\overline{X} - \mu)\cdot n(\overline{X} - \mu) + n(\overline{X} - \mu)^2$$
$$= \sum_{i=1}^{n}(X_i - \mu)^2 - n(\overline{X} - \mu)^2$$

より

$$E[S^2] = E\left[\frac{1}{n}\sum_{i=1}^{n}(X_i - \overline{X})^2\right]$$
$$= \frac{1}{n}E\left[\sum_{i=1}^{n}(X_i - \overline{X})^2\right]$$
$$= \frac{1}{n}E\left[\sum_{i=1}^{n}(X_i - \mu)^2 - n(\overline{X} - \mu)^2\right]$$
$$= \frac{1}{n}\sum_{i=1}^{n}E[(X_i - \mu)^2] - E[(\overline{X} - \mu)^2]$$

である。

ここで

$$\frac{1}{n}\sum_{i=1}^{n}E[(X_i-\mu)^2]=\frac{1}{n}\sum_{i=1}^{n}V[X_i]=\frac{1}{n}\sum_{i=1}^{n}\sigma^2=\sigma^2$$

また

$$E[(\overline{X}-\mu)^2]=E\left[\left(\frac{1}{n}\sum_{i=1}^{n}(X_i-\mu)\right)^2\right]$$

$$=\frac{1}{n^2}E\left[\left(\sum_{i=1}^{n}(X_i-\mu)\right)^2\right]$$

$$=\frac{1}{n^2}E\left[\sum_{i=1}^{n}(X_i-\mu)^2+\sum_{i\neq j}(X_i-\mu)(X_j-\mu)\right]$$

$$=\frac{1}{n^2}\left\{\sum_{i=1}^{n}E[(X_i-\mu)^2]+\sum_{i\neq j}E[X_i-\mu]E[X_j-\mu]\right\}$$

$$=\frac{1}{n^2}\sum_{i=1}^{n}E[(X_i-\mu)^2]$$

$$(\because \quad X_1,X_2,\cdots,X_n \text{ は互いに独立,} \quad E[X_i-\mu]=0)$$

$$=\frac{1}{n^2}\sum_{i=1}^{n}\sigma^2=\frac{1}{n}\sigma^2$$

以上より

$$E[S^2]=\frac{1}{n}\sum_{i=1}^{n}E[(X_i-\mu)^2]-E[(\overline{X}-\mu)^2]$$

$$=\sigma^2-\frac{1}{n}\sigma^2=\frac{n-1}{n}\sigma^2<\sigma^2$$

であり，標本分散 $S^2$ の分布の中心は母分散 $\sigma^2$ より小さい方にずれている。
したがって，標本分散：

$$S^2=\frac{1}{n}\sum_{i=1}^{n}(X_i-\overline{X})^2$$

は母分散 $\sigma^2$ の不偏推定量ではない。

　一方，上の計算結果から，次が成り立つことがわかる。

$$E\left[\frac{n}{n-1}S^2\right]=\sigma^2$$

すなわち

$$E\left[\frac{1}{n-1}\sum_{i=1}^{n}(X_i-\overline{X})^2\right]=\sigma^2$$

そこで

$$U^2 = \frac{1}{n-1}\sum_{i=1}^{n}(X_i - \overline{X})^2$$

を**不偏分散**と名付ければ，次が成り立つ。

[定理]　$E[U^2] = \sigma^2$

　　すなわち，不偏分散 $U^2$ は母分散 $\sigma^2$ の不偏推定量である。

　　こうして，母分散 $\sigma^2$ に対する 2 つの推定量が現れた。

・標本分散 $S^2 = \dfrac{1}{n}\sum_{i=1}^{n}(X_i - \overline{X})^2$ は母分散 $\sigma^2$ を中心として分布していない。

・不偏分散 $U^2 = \dfrac{1}{n-1}\sum_{i=1}^{n}(X_i - \overline{X})^2$ は母分散 $\sigma^2$ を中心として分布している。

　　母分散 $\sigma^2$ に対するこの 2 つの推定量 $S^2, U^2$ については後でまた再考するとしよう。

### 8.1.3　母比率の不偏推定量

　母比率 $p$ の二項母集団から大きさ $n$ の標本

$$X_1, X_2, \cdots, X_n$$

をとるとき，母比率 $p$ の推定量として

**標本比率**：$\widehat{p} = \dfrac{X_1 + X_2 + \cdots + X_n}{n} = \dfrac{1}{n}\sum_{i=1}^{n}X_i$ （すなわち，標本平均）

を考えると，次が成り立つ。

[定理]　$E[\widehat{p}] = p$

　　すなわち，標本比率 $\widehat{p}$ は母比率 $p$ の不偏推定量である。

（証明）　$\begin{aligned}E[\widehat{p}] &= E\left[\frac{1}{n}\sum_{i=1}^{n}X_i\right]\\[2mm] &= \frac{1}{n}\sum_{i=1}^{n}E[X_i]\\[2mm] &= \frac{1}{n}\sum_{i=1}^{n}p\\[2mm] &= \frac{1}{n}\cdot np = p \qquad\qquad\qquad \square\end{aligned}$

## ８．２　不偏性という基準の問題点

### 8.2.1　不偏性という基準の問題点

　前の節で推定量の妥当性を判断する基準として，不偏性：$E[\hat{\theta}] = \theta$ を満た
しているかどうかを調べてきた。不偏性というこの基準は実に自然なものの
ように見えるが，さらに考察を進めるとこの基準の問題点も見えてくる。

　不偏性の問題点として最も顕著なのは，$\hat{\theta}$ が母数 $\theta$ の不偏推定量であった
としても，$f(\hat{\theta})$ は必ずしも $f(\theta)$ の不偏推定量になるとは限らないという点
である。たとえば，不偏分散 $U^2$ は母分散 $\sigma^2$ の不偏推定量であるが，$\sqrt{U^2}$
は母標準偏差 $\sigma = \sqrt{\sigma^2}$ の不偏推定量にはならない。これを証明しておこう。

まず，次の公式を確認しておく。

**［公式］（イェンセンの不等式）**

　　$f(x)$ を凸関数（下に凸）とするとき，次が成り立つ。

$$f(E[X]) \leqq E[f(X)]$$

特に，$f(x)$ が狭義凸関数で，$P(X \neq E[X]) > 0$ が成り立つならば

$$f(E[X]) < E[f(X)]$$

　（証明）　$\mu = E[X]$ とおくとき，点 $(\mu, f(\mu))$ における接線の方程式は

$$y = f'(\mu)(x - \mu) + f(\mu) \quad \text{（一般には } f'(\mu) \text{ を適当な定数 } C \text{ とする）}$$

$f(x)$ が凸関数であることから

$$f(x) \geqq f'(\mu)(x - \mu) + f(\mu)$$

がすべての実数 $x$ について成り立つ。

よって，確率変数 $X$ に対しても

$$f(X) \geqq f'(\mu)(X - \mu) + f(\mu)$$

が成り立つ。

両辺の平均をとれば

$$E[f(X)] \geqq E[f'(\mu)(X - \mu) + f(\mu)]$$
$$= f'(\mu)(E[X] - \mu) + f(\mu)$$
$$= f(\mu) = f(E[X])$$

すなわち

$$f(E[X]) \leqq E[f(X)]$$

が成り立つ。

さらに，$f(x)$ が狭義凸関数とするとき

$\quad x \neq \mu$ ならば，$f(x) > f'(\mu)(x - \mu) + f(\mu)$

$\quad x = \mu$ ならば，$f(x) = f(\mu)$

そこで，関数 $g(x)$ を

$$g(x) = \begin{cases} 1 & (x \neq \mu) \\ 0 & (x = \mu) \end{cases}$$

とおくと

$$E[f(X)] = E[g(X)f(X)] + E[\{1 - g(X)\}f(X)]$$

であり，$P(X \neq \mu) > 0$ が成り立つとすると

$$E[g(X)f(X)] > f(\mu)P(X \neq \mu)$$

$$E[\{1 - g(X)\}f(X)] = f(\mu)P(X = \mu)$$

であるから

$$E[f(X)] > f(\mu)P(X \neq \mu) + f(\mu)P(X = \mu) = f(\mu)$$

$\therefore \quad E[f(X)] > f(E[X])$　　　　　　　　　　□

**[定理]**　$U^2$ を母分散 $\sigma^2$ の不偏分散とするとき

$$E[\sqrt{U^2}] < \sigma$$

**（証明）** $f(x) = x^2$ とおくと，$f(x)$ は狭義凸関数である。
また，確率 1 で

$$U^2 = \frac{1}{n-1} \sum_{i=1}^{n} (X_i - \overline{X})^2 = \sigma^2$$

が成り立っているとすると，これは $X_1, X_2, \cdots, X_n$ の独立性に反する。

よって，$P(\sqrt{U^2} \neq \sigma) > 0$ が成り立つ。

したがって，イェンセンの不等式より

$$E[f(\sqrt{U^2})] > f(E[\sqrt{U^2}])$$

$\therefore \quad E[U^2] > E[\sqrt{U^2}]^2 \qquad \therefore \qquad \sigma^2 > E[\sqrt{U^2}]^2$

よって

$$E[\sqrt{U^2}] < \sigma \quad （したがって，E[\sqrt{U^2}] \neq \sigma）$$　　　□

　以上で，不偏分散 $U^2$ は母分散 $\sigma^2$ の不偏推定量であるが，$\sqrt{U^2}$ は母標準偏差 $\sigma = \sqrt{\sigma^2}$ の不偏推定量にはならないことが証明された。

　このように，不偏性という基準は非常に自然な要請であるように見えるが，注意すべき問題点が存在することも忘れてはならない。

### 8.2.2　正規母集団における標準偏差の不偏推定量

　母集団が正規母集団である場合については，次の定理に見るような母標準偏差 $\sigma$ に対する不偏推定量が存在する。

**［定理］（正規母集団における母標準偏差の不偏推定量）**

　正規母集団において

$$\widehat{\sigma} = \frac{\Gamma\left(\dfrac{n-1}{2}\right)}{\sqrt{2}\,\Gamma\left(\dfrac{n}{2}\right)}\sqrt{\sum_{i=1}^{n}(X_i - \overline{X})^2}$$

$$= \sqrt{\frac{n}{2}}\,\frac{\Gamma\left(\dfrac{n-1}{2}\right)}{\Gamma\left(\dfrac{n}{2}\right)}\sqrt{S^2} = \sqrt{\frac{n-1}{2}}\,\frac{\Gamma\left(\dfrac{n-1}{2}\right)}{\Gamma\left(\dfrac{n}{2}\right)}\sqrt{U^2}$$

は母標準偏差 $\sigma$ の不偏推定量である。

　**（証明）** $X_1, X_2, \cdots, X_n$ は互いに独立で，いずれも正規分布 $N(\mu, \sigma^2)$ 従うから，$Z = \displaystyle\sum_{i=1}^{n}\frac{(X_i - \overline{X})^2}{\sigma^2}$ は自由度 $n-1$ のカイ二乗分布 $\chi^2(n-1)$ に従う。

その確率密度関数は

$$f(x) = \begin{cases} \dfrac{1}{2^{\frac{n-1}{2}}\Gamma\left(\dfrac{n-1}{2}\right)}x^{\frac{n-1}{2}-1}e^{-\frac{x}{2}} & (x > 0) \\ 0 & (x \leqq 0) \end{cases}$$

である。

　このとき，確率変数 $W$ を $W = \sqrt{Z}$ で定めると，$w > 0$ に対して

$$P(0 < W \leqq w) = P(0 < Z \leqq w^2)$$

$$= \int_0^{w^2} f(t)dt$$

$$= \int_0^w f(u^2)\cdot 2u\,du \quad (t = u^2 \text{ と置換})$$

$$= \int_0^w 2uf(u^2)du$$

よって，確率変数 $W = \sqrt{Z}$ の確率密度関数を $g(w)$ とすると

$$g(w) = \begin{cases} 2w\cdot f(w^2) & (w > 0) \\ 0 & (w \leqq 0) \end{cases}$$

$$= \begin{cases} 2w \cdot \dfrac{1}{2^{\frac{n-1}{2}}\Gamma\left(\dfrac{n-1}{2}\right)}(w^2)^{\frac{n-1}{2}-1}e^{-\frac{w^2}{2}} & (w > 0) \\ 0 & (w \leqq 0) \end{cases}$$

$$= \begin{cases} \dfrac{2}{2^{\frac{n-1}{2}}\Gamma\left(\dfrac{n-1}{2}\right)}w^{n-2}e^{-\frac{w^2}{2}} & (w > 0) \\ 0 & (w \leqq 0) \end{cases}$$

したがって

$$E[W] = \int_0^\infty w \cdot g(w)dw = \int_0^\infty w \cdot \frac{2}{2^{\frac{n-1}{2}}\Gamma\left(\frac{n-1}{2}\right)}w^{n-2}e^{-\frac{w^2}{2}}dw$$

$$= \frac{2}{2^{\frac{n-1}{2}}\Gamma\left(\frac{n-1}{2}\right)}\int_0^\infty w^{n-1}e^{-\frac{w^2}{2}}dw$$

$$= \frac{2}{2^{\frac{n-1}{2}}\Gamma\left(\frac{n-1}{2}\right)}\int_0^\infty (\sqrt{2s})^{n-1}e^{-s}\cdot\frac{\sqrt{2}}{2\sqrt{s}}ds \qquad (s = \frac{w^2}{2} \text{ と置換})$$

$$= \frac{1}{2^{\frac{n-1}{2}}\Gamma\left(\frac{n-1}{2}\right)}\int_0^\infty 2^{\frac{n-1}{2}}s^{\frac{n-1}{2}}e^{-s}\sqrt{2}s^{-\frac{1}{2}}ds$$

$$= \frac{\sqrt{2}}{\Gamma\left(\frac{n-1}{2}\right)}\int_0^\infty s^{\frac{n}{2}-1}e^{-s}ds = \frac{\sqrt{2}}{\Gamma\left(\frac{n-1}{2}\right)}\Gamma\left(\frac{n}{2}\right)$$

すなわち

$$E\left[\sqrt{\sum_{i=1}^n \frac{(X_i - \overline{X})^2}{\sigma^2}}\right] = \frac{\sqrt{2}}{\Gamma\left(\frac{n-1}{2}\right)}\Gamma\left(\frac{n}{2}\right)$$

$$\therefore \quad E\left[\frac{\Gamma\left(\frac{n-1}{2}\right)}{\sqrt{2}\Gamma\left(\frac{n}{2}\right)}\sqrt{\sum_{i=1}^n (X_i - \overline{X})^2}\right] = \sigma$$

すなわち，$\widehat{\sigma}$ は母標準偏差 $\sigma$ の不偏推定量である　　　　　□

　　ただし，上の結果は母集団が正規母集団である場合であることに注意しなければならない。一般の母集団に適用できるような母標準偏差の不偏推定量は見出されていない。

# 8．3 最小分散不偏推定量

### 8.3.1 最小分散不偏推定量

すでに見たように推定量が満たすべき条件として不偏性は問題点があるとはいえ，自然な要請ではある。この不偏推定量の中でさらにその分散（平均のまわりの散らばり）が小さいものが望ましいことは言うまでもない。

母数 $\theta$ に対する2つの不偏推定量 $\hat{\theta}_1, \hat{\theta}_2$ が

$$V[\hat{\theta}_1] < V[\hat{\theta}_2]$$

を満たすとき，すなわち，推定量 $\hat{\theta}_1$ の分散が推定量 $\hat{\theta}_2$ の分散より小さいとき，$\hat{\theta}_1$ は $\hat{\theta}_2$ よりも**有効**であるという。そして，母数 $\theta$ に対する不偏推定量の中で分散が最小のものが存在するとき，それを**最小分散推定量**という（**有効推定量**または**最良推定量**ともいう）。分散が最小であるという要請を**有効性**という。

そこで，母数 $\theta$ の推定量 $\hat{\theta}$ が次の2つの条件を満たしているかということは重要な基準と言える。

不偏性：$E[\hat{\theta}] = \theta$

有効性：$V[\hat{\theta}] \leqq V[\widehat{\Theta}]$ （$\widehat{\Theta}$ は母数 $\theta$ に対する任意の推定量）

標本平均については次が成り立つ。

［定理］ $X_1, X_2, \cdots, X_n$ を，平均 $\mu$，分散 $\sigma^2$ の母集団からの標本とする。このとき，母平均 $\mu$ の不偏推定量 $\hat{\mu} = f(X_1, X_2, \cdots, X_n)$ のうち

$$\hat{\mu} = c_1 X_1 + c_2 X_2 + \cdots + c_n X_n \quad (c_1, c_2, \cdots, c_n \text{ は定数})$$

の形のもので，最小分散不偏推定量となるものは，標本平均

$$\overline{X} = \frac{X_1 + X_2 + \cdots + X_n}{n} = \frac{1}{n}\sum_{i=1}^{n} X_i$$

に限る。

（証明） $E[\hat{\mu}] = E[c_1 X_1 + c_2 X_2 + \cdots + c_n X_n]$

$$= c_1 E[X_1] + c_2 E[X_2] + \cdots + c_n E[X_n]$$

$$= c_1 \mu + c_2 \mu + \cdots + c_n \mu$$

$$= (c_1 + c_2 + \cdots + c_n)\mu$$

不偏性：$E[\hat{\mu}] = \mu$ より，$c_1 + c_2 + \cdots + c_n = 1$　……①

また

$$
\begin{aligned}
V[\hat{\mu}] &= V[c_1 X_1 + c_2 X_2 + \cdots + c_n X_n] \\
&= c_1{}^2 V[X_1] + c_2{}^2 V[X_2] + \cdots + c_n{}^2 V[X_n] \quad \text{(独立性より)} \\
&= c_1{}^2 \sigma^2 + c_2{}^2 \sigma^2 + \cdots + c_n{}^2 \sigma^2 \\
&= (c_1{}^2 + c_2{}^2 + \cdots + c_n{}^2)\sigma^2
\end{aligned}
$$

この分散を最小にする $c_1, c_2, \cdots, c_n$ を求める。

$$
\begin{aligned}
& c_1{}^2 + c_2{}^2 + \cdots + c_n{}^2 \\
&= \left(c_1 - \frac{1}{n}\right)^2 + \left(c_2 - \frac{1}{n}\right)^2 + \cdots + \left(c_n - \frac{1}{n}\right)^2 + \frac{2}{n}(c_1 + c_2 + \cdots + c_n) - \frac{n}{n^2} \\
&= \left(c_1 - \frac{1}{n}\right)^2 + \left(c_2 - \frac{1}{n}\right)^2 + \cdots + \left(c_n - \frac{1}{n}\right)^2 + \frac{2}{n} - \frac{1}{n} \quad \text{(①より)} \\
&= \left(c_1 - \frac{1}{n}\right)^2 + \left(c_2 - \frac{1}{n}\right)^2 + \cdots + \left(c_n - \frac{1}{n}\right)^2 + \frac{1}{n}
\end{aligned}
$$

よって，$c_1{}^2 + c_2{}^2 + \cdots + c_n{}^2$ を最小にする $c_1, c_2, \cdots, c_n$ は

$$
c_1 = c_2 = \cdots = c_n = \frac{1}{n}
$$

したがって，不偏推定量 $\hat{\mu} = c_1 X_1 + c_2 X_2 + \cdots + c_n X_n$ が最小分散不偏推定量とすると

$$
\hat{\mu} = \overline{X} = \frac{X_1 + X_2 + \cdots + X_n}{n} = \frac{1}{n}\sum_{i=1}^{n} X_i \qquad\qquad \square
$$

### 8.3.2　クラーメル・ラオの不等式

　一般に，不偏推定量が最小分散不偏推定量であるかどうか，すなわち数ある不偏推定量の中で分散が最小であるかどうかを確認することは簡単ではない。そのような場合，次の**クラーメル・ラオの不等式**が有効である場合が多い。
　定理の中にある"正則条件"については証明の後に説明する。

**[定理]（クラーメル・ラオの不等式）**

　未知母数 $\theta$ をもつ母集団の確率関数または確率密度関数を $f(x, \theta)$ とする。

$\theta$ の不偏推定量：$\hat{\theta} = \hat{\theta}(X_1, X_2, \cdots, X_n)$ を考える。

　$f$ と $\hat{\theta}$ が**正則条件**と呼ばれる条件を満たすならば，次の不等式を満たす。

$$
V[\hat{\theta}] \geqq \frac{1}{nE\left[\left(\dfrac{\partial \log f(X_1, \theta)}{\partial \theta}\right)^2\right]}
$$

（証明）確率分布が連続型（したがって，$f(x, \theta)$ は確率密度関数）の場合に証明するが，離散型（このとき，$f(x, \theta)$ は確率関数）の場合も証明はほぼ同じである。

$$E[\hat{\theta}] = E[\hat{\theta}(X_1, X_2, \cdots, X_n)]$$

$$= \int_{-\infty}^{\infty} \cdots \int_{-\infty}^{\infty} \hat{\theta}(x_1, x_2, \cdots, x_n) \prod_{i=1}^{n} f(x_i, \theta) dx_1 dx_2 \cdots dx_n$$

簡単のためこれを

$$\int \hat{\theta}(\mathbf{x}) f(\mathbf{x}, \theta) d\mathbf{x}$$

で表すことにする。

不偏性：$E[\hat{\mu}] = \mu$ より

$$\int \hat{\theta}(\mathbf{x}) f(\mathbf{x}, \theta) d\mathbf{x} = \theta$$

両辺を $\theta$ で微分すると

$$\frac{d}{d\theta} \int \hat{\theta}(\mathbf{x}) f(\mathbf{x}, \theta) d\mathbf{x} = 1$$

ここで，微分と積分の交換が成り立つと仮定すると

$$\int \hat{\theta}(\mathbf{x}) \frac{\partial f(\mathbf{x}, \theta)}{\partial \theta} d\mathbf{x} = 1$$

$$\therefore \quad \int \hat{\theta}(\mathbf{x}) \cdot \frac{1}{f(\mathbf{x}, \theta)} \frac{\partial f(\mathbf{x}, \theta)}{\partial \theta} f(\mathbf{x}, \theta) d\mathbf{x} = 1$$

$$\int \hat{\theta}(\mathbf{x}) \frac{\partial \log f(\mathbf{x}, \theta)}{\partial \theta} f(\mathbf{x}, \theta) d\mathbf{x} = 1 \quad \cdots\cdots①$$

一方

$$\int f(\mathbf{x}, \theta) d\mathbf{x} = 1$$

の両辺を $\theta$ で微分すると

$$\frac{d}{d\theta} \int f(\mathbf{x}, \theta) d\mathbf{x} = 0$$

ここでも，微分と積分の交換が成り立つと仮定すると

$$\int \frac{\partial f(\mathbf{x}, \theta)}{\partial \theta} d\mathbf{x} = 0$$

$$\therefore \quad \int \frac{1}{f(\mathbf{x}, \theta)} \frac{\partial f(\mathbf{x}, \theta)}{\partial \theta} f(\mathbf{x}, \theta) d\mathbf{x} = 0$$

$$\int \frac{\partial \log f(\mathbf{x}, \theta)}{\partial \theta} f(\mathbf{x}, \theta) d\mathbf{x} = 0 \quad \cdots\cdots②$$

①−②×$\theta$ より

$$\int \{\hat{\theta}(\mathbf{x}) - \theta\} \frac{\partial \log f(\mathbf{x}, \theta)}{\partial \theta} f(\mathbf{x}, \theta) d\mathbf{x} = 1$$

ここで

$$p(\mathbf{x}) = \{\hat{\theta}(\mathbf{x}) - \theta\}\sqrt{f(\mathbf{x}, \theta)}, \quad q(\mathbf{x}) = \frac{\partial \log f(\mathbf{x}, \theta)}{\partial \theta}\sqrt{f(\mathbf{x}, \theta)}$$

とおくと，コーシー・シュワルツの不等式より

$$\int p(\mathbf{x})^2 d\mathbf{x} \cdot \int q(\mathbf{x})^2 d\mathbf{x} \geqq \left( \int p(\mathbf{x}) q(\mathbf{x}) d\mathbf{x} \right)^2$$

が成り立つから

$$\int \{\hat{\theta}(\mathbf{x}) - \theta\}^2 f(\mathbf{x}, \theta) d\mathbf{x} \cdot \int \left( \frac{\partial \log f(\mathbf{x}, \theta)}{\partial \theta} \right)^2 f(\mathbf{x}, \theta) d\mathbf{x}$$

$$\geqq \left( \int \{\hat{\theta}(\mathbf{x}) - \theta\} \frac{\partial \log f(\mathbf{x}, \theta)}{\partial \theta} f(\mathbf{x}, \theta) d\mathbf{x} \right)^2 = 1$$

よって，両辺を

$$\int \left( \frac{\partial \log f(\mathbf{x}, \theta)}{\partial \theta} \right)^2 f(\mathbf{x}, \theta) d\mathbf{x}$$

で割ると

$$\int \{\hat{\theta}(\mathbf{x}) - \theta\}^2 f(\mathbf{x}, \theta) d\mathbf{x} \geqq \frac{1}{\displaystyle\int \left( \frac{\partial \log f(\mathbf{x}, \theta)}{\partial \theta} \right)^2 f(\mathbf{x}, \theta) d\mathbf{x}}$$

ここで

$$V[\hat{\theta}] = \int \{\hat{\theta}(\mathbf{x}) - \theta\}^2 f(\mathbf{x}, \theta) d\mathbf{x}$$

であり

$$\int \left( \frac{\partial \log f(\mathbf{x}, \theta)}{\partial \theta} \right)^2 f(\mathbf{x}, \theta) dx$$

$$= \int_{-\infty}^{\infty} \cdots \int_{-\infty}^{\infty} \left( \frac{\partial \log \prod_{i=1}^{n} f(x_i, \theta)}{\partial \theta} \right)^2 \prod_{j=1}^{n} f(x_j, \theta) dx_1 dx_2 \cdots dx_n$$

$$= \int_{-\infty}^{\infty} \cdots \int_{-\infty}^{\infty} \left( \sum_{i=1}^{n} \frac{\partial \log f(x_i, \theta)}{\partial \theta} \right)^2 \prod_{j=1}^{n} f(x_j, \theta) dx_1 dx_2 \cdots dx_n$$

$$= \sum_{i=1}^{n} \int_{-\infty}^{\infty} \cdots \int_{-\infty}^{\infty} \left( \frac{\partial \log f(x_i, \theta)}{\partial \theta} \right)^2 \prod_{j=1}^{n} f(x_j, \theta) dx_1 dx_2 \cdots dx_n \quad （独立性より）$$

$$= \sum_{i=1}^{n} E\left[\left(\frac{\partial \log f(X_i, \theta)}{\partial \theta}\right)^2\right]$$

$$= nE\left[\left(\frac{\partial \log f(X_1, \theta)}{\partial \theta}\right)^2\right]$$

であるから

$$V[\hat{\theta}] \geq \frac{1}{nE\left[\left(\dfrac{\partial \log f(X_1, \theta)}{\partial \theta}\right)^2\right]}$$

□

（**注**）定理の中の"正則条件"とは概ね以下の（ⅰ）～（ⅳ）と考えてよい。特に，微分と積分の順序交換に関する条件（ⅰ）と（ⅱ）に注意すること。

（ⅰ） $\dfrac{d}{d\theta} \int \hat{\theta}(\mathbf{x}) f(\mathbf{x}, \theta) d\mathbf{x} = \int \hat{\theta}(\mathbf{x}) \dfrac{\partial}{\partial \theta} f(\mathbf{x}, \theta) d\mathbf{x}$

（ⅱ） $\dfrac{d}{d\theta} \int f(\mathbf{x}, \theta) d\mathbf{x} = \int \dfrac{\partial}{\partial \theta} f(\mathbf{x}, \theta) d\mathbf{x}$

（ⅲ） $f(\mathbf{x}, \theta) > 0$

（ⅳ） $E\left[\left(\dfrac{\partial \log f(X_1, \theta)}{\partial \theta}\right)^2\right] < \infty$

この条件は，二項分布，ポアソン分布，正規分布では満たされているが，一様分布では満たされていない。

パラメータ $\theta$ をもつ次の一様分布を考える。

$$f(x, \theta) = \begin{cases} \dfrac{1}{\theta} & (0 \leqq x \leqq \theta) \\ 0 & (x < 0, \ \theta < x) \end{cases}$$

このとき

$$\frac{d}{d\theta} \int_{-\infty}^{\infty} f(x, \theta) dx = \frac{d}{d\theta} \int_{0}^{\theta} \frac{1}{\theta} dx = \frac{d}{d\theta} 1 = 0$$

であるが

$$\int_{-\infty}^{\infty} \frac{\partial}{\partial \theta} f(x, \theta) dx = \int_{0}^{\theta} \left(-\frac{1}{\theta^2}\right) dx = -\frac{1}{\theta}$$

であり，微分と積分の順序交換について

$$\frac{d}{d\theta} \int_{-\infty}^{\infty} f(x, \theta) dx = \int_{-\infty}^{\infty} \frac{\partial}{\partial \theta} f(x, \theta) dx$$

を満たさない。

なお，クラーメル・ラオの不等式を満たさない不偏推定量 $\hat{\boldsymbol{\theta}}$ の具体例は，**第15章**で紹介する。

### 8.3.3　クラーメル・ラオの不等式の応用

　典型的な確率分布にこのクラーメル・ラオの不等式を応用してみよう。

【例 1】　正規母集団 $N(\mu, \sigma^2)$ において

$$\text{標本平均}: \overline{X} = \frac{X_1 + X_2 + \cdots + X_n}{n} = \frac{1}{n}\sum_{i=1}^{n} X_i$$

は母平均 $\mu$ の最小分散不偏推定量である。

（証明）確率密度関数は

$$f(x, \mu) = \frac{1}{\sqrt{2\pi}\sigma}\exp\left(-\frac{(x-\mu)^2}{2\sigma^2}\right)$$

であるから

$$\log f(x, \mu) = \log\left\{\frac{1}{\sqrt{2\pi}\sigma}\exp\left(-\frac{(x-\mu)^2}{2\sigma^2}\right)\right\}$$

$$= \log\frac{1}{\sqrt{2\pi}\sigma} - \frac{(x-\mu)^2}{2\sigma^2}$$

よって

$$\frac{\partial \log f(x, \mu)}{\partial \mu} = \frac{x-\mu}{\sigma^2}$$

したがって

$$E\left[\left(\frac{\partial \log f(X_1, \mu)}{\partial \mu}\right)^2\right] = E\left[\left(\frac{X_1 - \mu}{\sigma^2}\right)^2\right]$$

$$= \frac{1}{\sigma^4}E[(X_1 - \mu)^2]$$

$$= \frac{1}{\sigma^4}\cdot\sigma^2 = \frac{1}{\sigma^2}$$

であり，正則条件を満たす任意の不偏推定量 $\hat{\mu}$ に対して

$$V[\hat{\mu}] \geqq \frac{1}{nE\left[\left(\dfrac{\partial \log f(X_1, \mu)}{\partial \mu}\right)^2\right]} = \frac{\sigma^2}{n}$$

が成り立つ。
　一方

$$V[\overline{X}] = V\left[\frac{1}{n}\sum_{i=1}^{n} X_i\right] = \frac{1}{n^2}\sum_{i=1}^{n} V[X_i] = \frac{1}{n^2}\cdot n\sigma^2 = \frac{\sigma^2}{n}$$

であるから，標本平均 $\overline{X}$ は正規母集団 $N(\mu, \sigma^2)$ において，母平均 $\mu$ の最小分散不偏推定量である。　　　　□

【例2】　ポアソン分布 $Po(\lambda)$ に従う母集団において

標本平均：$\overline{X} = \dfrac{X_1 + X_2 + \cdots + X_n}{n} = \dfrac{1}{n}\displaystyle\sum_{i=1}^{n} X_i$

は母平均 $\lambda$ の最小分散不偏推定量である。

（証明）確率関数は

$$f(k, \lambda) = \frac{\lambda^k}{k!} e^{-\lambda}$$

であるから

$$\log f(k, \lambda) = \log\left(\frac{\lambda^k}{k!} e^{-\lambda}\right) = k \log \lambda - \log(k!) - \lambda$$

よって

$$\frac{\partial \log f(k, \lambda)}{\partial \lambda} = \frac{k}{\lambda} - 1$$

したがって

$$E\left[\left(\frac{\partial \log f(X_1, \lambda)}{\partial \lambda}\right)^2\right] = E\left[\left(\frac{X_1}{\lambda} - 1\right)^2\right]$$

$$= \frac{1}{\lambda^2} E[(X_1 - \lambda)^2] = \frac{1}{\lambda^2} \cdot \lambda = \frac{1}{\lambda}$$

であり，正則条件を満たす任意の不偏推定量 $\hat{\lambda}$ に対して

$$V[\hat{\lambda}] \geqq \frac{1}{nE\left[\left(\dfrac{\partial \log f(X_1, \lambda)}{\partial \lambda}\right)^2\right]} = \frac{\lambda}{n}$$

が成り立つ。

一方

$$V[\overline{X}] = V\left[\frac{1}{n}\sum_{i=1}^{n} X_i\right]$$

$$= \frac{1}{n^2}\sum_{i=1}^{n} V[X_i]$$

$$= \frac{1}{n^2} \cdot n\lambda = \frac{\lambda}{n}$$

であるから，ポアソン分布 $Po(\lambda)$ に従う母集団において，標本平均：

$$\overline{X} = \frac{X_1 + X_2 + \cdots + X_n}{n} = \frac{1}{n}\sum_{i=1}^{n} X_i$$

は母平均 $\lambda$ の最小分散不偏推定量である。　　　　　　　　　　□

【例3】　2 項分布 $B(n, p)$ に従う母集団において，標本平均：

$$\overline{X} = \frac{X_1 + X_2 + \cdots + X_n}{n} = \frac{1}{n}\sum_{i=1}^{n} X_i$$

は母平均 $\theta = np$ の最小分散不偏推定量である。

（証明）確率関数は

$$f(k, \theta) = {}_nC_k\, p^k (1-p)^{n-k} = {}_nC_k \left(\frac{\theta}{n}\right)^k \left(1-\frac{\theta}{n}\right)^{n-k} \qquad (\theta = np)$$

であるから

$$\log f(k, \theta) = \log {}_nC_k + k \log \frac{\theta}{n} + (n-k)\log\left(1-\frac{\theta}{n}\right)$$

よって

$$\frac{\partial \log f(k, \theta)}{\partial \theta} = k \cdot \frac{n}{\theta} \cdot \frac{1}{n} + (n-k)\cdot\frac{n}{n-\theta}\cdot\left(-\frac{1}{n}\right)$$

$$= \frac{k}{\theta} - \frac{n-k}{n-\theta} = \frac{k(n-\theta)-(n-k)\theta}{\theta(n-\theta)} = \frac{(k-\theta)n}{\theta(n-\theta)}$$

したがって

$$E\left[\left(\frac{\partial \log f(X_1, \theta)}{\partial \theta}\right)^2\right] = E\left[\left(\frac{(X_1-\theta)n}{\theta(n-\theta)}\right)^2\right]$$

$$= \frac{n^2}{\theta^2(n-\theta)^2} E\left[(X_1-\theta)^2\right]$$

$$= \frac{n^2}{(np)^2(n-np)^2}\cdot np(1-p) = \frac{1}{np(1-p)}$$

であり，正則条件を満たす任意の不偏推定量 $\hat{\theta}$ に対して

$$V[\hat{\theta}] \geq \frac{1}{nE\left[\left(\dfrac{\partial \log f(X_1, \theta)}{\partial \theta}\right)^2\right]} = p(1-p)$$

一方

$$V[\overline{X}] = V\left[\frac{1}{n}\sum_{i=1}^{n} X_i\right] = \frac{1}{n^2}\sum_{i=1}^{n} V[X_i] = \frac{1}{n^2}\sum_{i=1}^{n} np(1-p)$$

$$= \frac{1}{n^2}\cdot n \cdot np(1-p) = p(1-p)$$

であるから，2 項分布 $B(n, p)$ に従う母集団において

標本平均 $\overline{X}$ は母平均 $\theta = np$ の最小分散不偏推定量である。　　　　□

【例4】　指数分布

$$f(x) = \begin{cases} ae^{-ax} & (x \geqq 0) \\ 0 & (x < 0) \end{cases}$$

を母集団分布とする母集団において

$$\text{標本平均}: \overline{X} = \frac{X_1 + X_2 + \cdots + X_n}{n} = \frac{1}{n}\sum_{i=1}^{n} X_i$$

は母平均 $\theta = \dfrac{1}{a}$ の最小分散不偏推定量である。

（証明）簡単な積分計算により次のことは容易にわかる。

$$E[X_1] = \frac{1}{a}, \quad V[X_1] = \frac{1}{a^2}$$

確率密度関数より

$$\log f(x,\theta) = \log(ae^{-ax}) = \log a - ax = -\log\theta - \frac{x}{\theta}$$

であるから

$$\frac{\partial \log f(x,\theta)}{\partial \theta} = -\frac{1}{\theta} + \frac{x}{\theta^2}$$

したがって

$$E\left[\left(\frac{\partial \log f(X_1,\theta)}{\partial \theta}\right)^2\right] = E\left[\left(-\frac{1}{\theta} + \frac{X_1}{\theta^2}\right)^2\right]$$

$$= \frac{1}{\theta^4} V[X_1] = a^4 \cdot \frac{1}{a^2} = a^2$$

であり，正則条件を満たす任意の不偏推定量 $\hat{u}$ に対して

$$V[\hat{\theta}] \geqq \frac{1}{nE\left[\left(\dfrac{\partial \log f(X_1,\theta)}{\partial \theta}\right)^2\right]} = \frac{1}{na^2}$$

が成り立つ。
　一方

$$V[\overline{X}] = V\left[\frac{1}{n}\sum_{i=1}^{n} X_i\right]$$

$$= \frac{1}{n^2}\sum_{i=1}^{n} V[X_i] = \frac{1}{n^2} \cdot n\frac{1}{a^2} = \frac{1}{na^2}$$

であるから，指数分布を母集団分布とする母集団において

標本平均 $\overline{X}$ は，母平均 $\dfrac{1}{a}$ の最小分散不偏推定量である。　　□

# 8．4　最尤法（最尤推定量）

### 7.4.1　最尤法（さいゆうほう）の考え方

　母数の推定量を具体的に求める有力な方法として**最尤法（さいゆうほう）**がある。最尤法によって求められた推定量を**最尤推定量**という。最尤推定量にはさまざまな良い性質があるが，まずは最尤法とはどのようなものかを見ていく。

　未知の母数 $\theta$ を含む母集団の確率関数または確率密度関数を $f(x, \theta)$ とする。大きさ $n$ の標本 $X_1, X_2, \cdots, X_n$ に対し

$$L(\theta) = f(X_1, \theta)f(X_2, \theta) \cdots f(X_n, \theta)$$

を最大にする $\theta$ が存在するとき，それを $\hat{\theta} = \hat{\theta}(X_1, X_2, \cdots, X_n)$ で表し，**最尤推定量**という。また，こうして最尤推定量を求める方法を**最尤法**という。

　$L(\theta) = f(X_1, \theta)f(X_2, \theta) \cdots f(X_n, \theta)$ を**尤度関数（ゆうどかんすう）**と呼ぶが，これは確率ベクトル $(X_1, X_2, \cdots, X_n)$ の同時確率関数または同時確率密度関数と同じものであるが，母数 $\theta$ の関数とみなしたものである。

　尤度関数 $L(\theta)$ が最大になることとその対数 $\log L(\theta)$ が最大になることとは同値であるが，$\log L(\theta)$ の方が扱いやすい場合が多い。$\log L(\theta)$ を**対数尤度関数**という。

　なお，最尤法という名称は，"最も尤もらしい方法"という意味である。確かに，$L(\theta)$ を最大にする $\theta = \hat{\theta}$ が母数 $\theta$ の推定量として最も尤もらしいという感じはわかる。

　尤度関数 $L(\theta)$ を最大にする $\theta$ は

$$\frac{\partial \log L(\theta)}{\partial \theta} = 0$$

の解になるが，この方程式を**尤度方程式**という。

　上の説明では未知の母数は $\theta$ ただ一つであったが，母数が複数，たとえば $\theta_1, \theta_2$ の場合は，尤度関数は $L(\theta_1, \theta_2)$ であり，尤度方程式は連立方程式

$$\frac{\partial \log L(\theta_1, \theta_2)}{\partial \theta_1} = 0$$

$$\frac{\partial \log L(\theta_1, \theta_2)}{\partial \theta_2} = 0$$

を考える。

### 8. 4. 2 最尤法の応用

最尤推定量について次が成り立つ。

【例1】 正規母集団 $N(\mu, \sigma^2)$ において

母平均 $\mu$ の最尤推定量は

$$\text{標本平均}: \overline{X} = \frac{1}{n} \sum_{i=1}^{n} X_i$$

であり

母分散 $\sigma^2$ の最尤推定量は

$$\text{標本分散}: S^2 = \frac{1}{n} \sum_{i=1}^{n} (X_i - \overline{X})^2 \quad \leftarrow \text{注目！}$$

である。

（**証明**）確率密度関数は

$$f(x, \mu, \sigma^2) = \frac{1}{\sqrt{2\pi}\sigma} \exp\left(-\frac{(x-\mu)^2}{2\sigma^2}\right)$$
$$= \frac{1}{\sqrt{2\pi\sigma^2}} \exp\left(-\frac{(x-\mu)^2}{2\sigma^2}\right)$$

であるから，尤度関数は

$$L(\mu, \sigma^2) = \left(\frac{1}{\sqrt{2\pi\sigma^2}}\right)^n \exp\left(-\frac{1}{2\sigma^2} \sum_{i=1}^{n} (X_i - \mu)^2\right)$$

$$\therefore \quad \log L(\mu, \sigma^2) = -\frac{n}{2} \log(2\pi\sigma^2) - \frac{1}{2\sigma^2} \sum_{i=1}^{n} (X_i - \mu)^2$$

よって

$$\frac{\partial \log L(\mu, \sigma^2)}{\partial \mu} = \frac{1}{2\sigma^2} \sum_{i=1}^{n} (X_i - \mu) = 0$$

より

$$\sum_{i=1}^{n} (X_i - \mu) = 0 \qquad \therefore \quad \sum_{i=1}^{n} X_i - n\mu = 0$$

したがって

$$\mu = \frac{1}{n} \sum_{i=1}^{n} X_i = \overline{X}$$

すなわち，母平均 $\mu$ の最尤推定量は

$$\text{標本平均}: \overline{X} = \frac{1}{n} \sum_{i=1}^{n} X_i$$

である。

次に

$$\frac{\partial \log L(\mu, \sigma^2)}{\partial(\sigma^2)} = -\frac{n}{2} \cdot \frac{2\pi}{2\pi\sigma^2} + \frac{1}{2(\sigma^2)^2} \sum_{i=1}^{n} (X_i - \mu)^2$$

$$= \frac{1}{2(\sigma^2)^2} \left\{ \sum_{i=1}^{n} (X_i - \mu)^2 - n\sigma^2 \right\} = 0$$

より

$$\sum_{i=1}^{n} (X_i - \mu)^2 - n\sigma^2 = 0 \qquad \therefore \quad \sigma^2 = \frac{1}{n} \sum_{i=1}^{n} (X_i - \mu)^2$$

よって，母分散 $\sigma^2$ の最尤推定量は

標本分散：$S^2 = \dfrac{1}{n} \displaystyle\sum_{i=1}^{n} (X_i - \overline{X})^2$

である。　　　　　　　　　　　　　　　　　　　　　　　　　　□

　この定理で注目すべき点は，母平均 $\mu$ の最尤推定量は不偏推定量でもある標本平均 $\overline{X} = \dfrac{1}{n} \displaystyle\sum_{i=1}^{n} X_i$ であるが，それに対して，母分散 $\sigma^2$ の最尤推定量は不偏分散 $U^2 = \dfrac{1}{n-1} \displaystyle\sum_{i=1}^{n} (X_i - \overline{X})^2$ ではなく，標本分散 $S^2 = \dfrac{1}{n} \displaystyle\sum_{i=1}^{n} (X_i - \overline{X})^2$ であるという点である。すなわち，最尤法によって得られた母分散 $\sigma^2$ の最尤推定量は不偏推定量にはならない。

【例 2】 二項母集団（母集団分布は $B(1, p)$）において

母比率 $p$ の最尤推定量は

標本比率：$\widehat{p} = \dfrac{1}{n} \displaystyle\sum_{i=1}^{n} X_i$

（証明）確率関数は

$$f(k, p) = p^k (1-p)^{1-k} \quad \text{すなわち，} \quad f(1, p) = p, \quad f(0, p) = 1 - p$$

であるから，尤度関数は

$$L(p) = f(X_1, p) f(X_2, p) \cdots f(X_n, p) = \prod_{i=1}^{n} f(X_i, p)$$

よって

$$\log L(p) = \log \prod_{i=1}^{n} f(X_i, p)$$

$$= \sum_{i=1}^{n} \log f(X_i, p)$$

$$= \sum_{i=1}^{n} \log \{p^{X_i}(1-p)^{1-X_i}\}$$

$$= \sum_{i=1}^{n} \{X_i \log p + (1-X_i)\log(1-p)\}$$

よって

$$\frac{\partial \log L(p)}{\partial p} = \sum_{i=1}^{n} \left( \frac{X_i}{p} - \frac{1-X_i}{1-p} \right) = 0$$

より

$$\frac{1}{p}\sum_{i=1}^{n} X_i - \frac{n}{1-p} + \frac{1}{1-p}\sum_{i=1}^{n} X_i = 0$$

$$\therefore \quad (1-p)\sum_{i=1}^{n} X_i - np + p\sum_{i=1}^{n} X_i = 0$$

$$\therefore \quad \sum_{i=1}^{n} X_i - np = 0 \qquad \therefore \quad p = \frac{1}{n}\sum_{i=1}^{n} X_i$$

よって，母比率 $p$ の最尤推定量は

$$標本比率：\hat{p} = \frac{1}{n}\sum_{i=1}^{n} X_i$$ □

### 8.4.3 最尤推定量の不変性
最尤推定量は次に示す不変性という注目すべき特徴をもつ。

**[定理]（最尤推定量の不変性）**

母数 $\theta$ の最尤推定量を $\hat{\theta}$ とするとき，$g(\hat{\theta})$ は母数 $g(\theta)$ の最尤推定量である。ただし，$g$ は定符号で逆関数をもつ微分可能な関数とする。

**（証明）**一般に，微分可能な関数 $f(\theta)$ が $\theta = \hat{\theta}$ においてのみ最大値をとるとする。このとき，$\varphi = g(\theta)$ とおくと，$\theta = g^{-1}(\varphi)$ であり

$$\frac{df}{d\varphi}(g(\hat{\theta})) = \frac{df}{d\theta}(g^{-1}(g(\hat{\theta}))) \cdot \frac{dg^{-1}}{d\varphi}(g(\hat{\theta}))$$

$$= \frac{df}{d\theta}(\hat{\theta}) \cdot \frac{dg^{-1}}{d\varphi}(g(\hat{\theta}))$$

$$= 0 \cdot \frac{dg^{-1}}{d\varphi}(g(\hat{\theta})) = 0$$

よって

$$f(\theta) = f(g^{-1}(\varphi)) \ \text{は} \ \varphi = g(\hat{\theta}) \ \text{において最大となる。} \qquad \square$$

　次に示す結果は定理から当然であるが直接確認してみよう。

**【例】** 正規母集団 $N(\mu, \sigma^2)$ において，母標準偏差 $\sigma$ の最尤推定量は

標本標準偏差：$S = \sqrt{\dfrac{1}{n}\sum_{i=1}^{n}(X_i - \overline{X})^2}$

である。

**（証明）** 確率密度関数は

$$f(x\,;\mu,\sigma^2) = \frac{1}{\sqrt{2\pi}\sigma}\exp\left(-\frac{(x-\mu)^2}{2\sigma^2}\right)$$

であるから，尤度関数は

$$L(\mu,\sigma^2) = \left(\frac{1}{\sqrt{2\pi}\sigma}\right)^n \exp\left(-\frac{1}{2\sigma^2}\sum_{i=1}^{n}(X_i-\mu)^2\right)$$

$$\therefore \quad \log L(\mu,\sigma^2) = -n\log(\sqrt{2\pi}\sigma) - \frac{1}{2\sigma^2}\sum_{i=1}^{n}(X_i-\mu)^2$$

よって

$$\frac{\partial \log L(\mu,\sigma^2)}{\partial \sigma} = -n\cdot\frac{\sqrt{2\pi}}{\sqrt{2\pi}\sigma} + \frac{1}{\sigma^3}\sum_{i=1}^{n}(X_i-\mu)^2$$

$$= \frac{1}{\sigma^3}\left\{\sum_{i=1}^{n}(X_i-\mu)^2 - n\sigma^2\right\} = 0$$

より

$$\sum_{i=1}^{n}(X_i-\mu)^2 - n\sigma^2 = 0$$

$$\therefore \quad \sigma = \sqrt{\frac{1}{n}\sum_{i=1}^{n}(X_i-\mu)^2}$$

よって，母標準偏差 $\sigma$ の最尤推定量は

標本標準偏差：$S = \sqrt{\dfrac{1}{n}\sum_{i=1}^{n}(X_i - \overline{X})^2}$ \qquad $\square$

# 8．5　推定量の一致性

### 8.5.1　確率収束

推定量の一致性を述べる準備として，確率変数列の"確率収束"について説明する。

確率変数列 $X_1, X_2, \cdots$ が次の条件を満たすとき，確率変数 $X$ に**確率収束**するという。

任意の $\varepsilon > 0$ に対して，$\displaystyle\lim_{n\to\infty} P(|X_n - X| > \varepsilon) = 0$

これを

$$X_n \overset{P}{\to} X$$

で表す。もちろん，確率変数 $X$ は定数であってもかまわない。

確率収束について，次の定理に注意する。

[定理]　$X_n \overset{P}{\to} X$ かつ $Y_n \overset{P}{\to} Y$ ならば，$X_n + Y_n \overset{P}{\to} X + Y$

（証明）$|(X_n + Y_n) - (X + Y)| = |(X_n - X) + (Y_n - Y)|$

$$\leq |X_n - X| + |Y_n - Y|$$

よって，任意の $\varepsilon > 0$ に対して

$$|(X_n + Y_n) - (X + Y)| > \varepsilon$$

とすると

$$|(X_n - X) + (Y_n - Y)| > \varepsilon$$

$\therefore\ |X_n - X| + |Y_n - Y| > \varepsilon$

$\therefore\ |X_n - X| > \dfrac{\varepsilon}{2}$ または $|Y_n - Y| > \dfrac{\varepsilon}{2}$

よって

$$P(|(X_n + Y_n) - (X + Y)| > \varepsilon)$$

$$\leq P\left(|X_n - X| > \frac{\varepsilon}{2} \text{ または } |Y_n - Y| > \frac{\varepsilon}{2}\right)$$

$$\leq P\left(|X_n - X| > \frac{\varepsilon}{2}\right) + P\left(|Y_n - Y| > \frac{\varepsilon}{2}\right) \to 0 \ (n \to \infty)$$

であるから

$$\lim_{n\to\infty} P(|(X_n + Y_n) - (X + Y)| > \varepsilon) = 0$$

すなわち，$X_n + Y_n \overset{P}{\to} X + Y$　　　　　□

### 8.5.2　標本平均，標本分散，不偏分散の一致性

　良い推定量の基準としてこれまで普遍性，有効性（最小分散性）などがあった。これらは標本の大きさを固定したもとで，推定量の望ましい条件として考えられた。

　次に，標本の大きさ $n$ が $n \to \infty$ となったときに推定量が満たすべき望ましい条件を考えよう。

　母数 $\theta$ の大きさ $n$ の標本に対応する推定量 $\hat{\theta} = \hat{\theta}_n$ が $\theta$ に **確率収束** する とき，すなわち，任意の $\varepsilon > 0$ に対して

$$\lim_{n \to \infty} P(|\hat{\theta}_n - \theta| \leqq \varepsilon) = 1 \quad （または \quad \lim_{n \to \infty} P(|\hat{\theta}_n - \theta| > \varepsilon) = 0）$$

を満たすとき，推定量 $\hat{\theta} = \hat{\theta}_n$ は $\theta$ の **一致推定量** という。

### ［定理］（標本平均の一致性）

　母平均 $\mu$ と母分散 $\sigma^2$ をもつ母集団に対して，

$$標本平均：\overline{X} = \frac{1}{n} \sum_{i=1}^{n} X_i$$

は母平均 $\mu$ の一致推定量である。

　（証明）標本平均 $\overline{X}$ について

$$E[\overline{X}] = \mu, \quad V[\overline{X}] = \frac{\sigma^2}{n}$$

であるから，任にの $\varepsilon > 0$ に対して，チェビシェフの不等式より

$$P(|\overline{X} - \mu| > \varepsilon) \leqq \frac{\sigma^2 / n}{\varepsilon^2} = \frac{\sigma^2}{n\varepsilon^2}$$

$$\therefore \quad \lim_{n \to \infty} P(|\overline{X} - \mu| > \varepsilon) = 0$$

よって

$$\lim_{n \to \infty} P(|\overline{X} - \mu| \leqq \varepsilon) = 1 \qquad \square$$

　（注）すぐに気が付くように，これは大数の法則に他ならない。

### ［定理］（標本分散の一致性）

　母平均 $\mu$ と母分散 $\sigma^2$ をもつ母集団に対して，$\sigma^2$ の最尤推定量である

$$標本分散：S^2 = \frac{1}{n} \sum_{i=1}^{n} (X_i - \overline{X})^2$$

は母分散 $\sigma^2$ の一致推定量である。

（証明） $S^2 = \dfrac{1}{n}\displaystyle\sum_{i=1}^{n}(X_i - \overline{X})^2$

$$= \frac{1}{n}\sum_{i=1}^{n}\{(X_i - \mu) - (\overline{X} - \mu)\}^2$$

$$= \frac{1}{n}\left\{\sum_{i=1}^{n}(X_i - \mu)^2 - 2(\overline{X} - \mu)\sum_{i=1}^{n}(X_i - \mu) + \sum_{i=1}^{n}(\overline{X} - \mu)^2\right\}$$

$$= \frac{1}{n}\left\{\sum_{i=1}^{n}(X_i - \mu)^2 - 2(\overline{X} - \mu)\cdot n(\overline{X} - \mu) + n(\overline{X} - \mu)^2\right\}$$

$$= \frac{1}{n}\left\{\sum_{i=1}^{n}(X_i - \mu)^2 - n(\overline{X} - \mu)^2\right\}$$

$$= \frac{1}{n}\sum_{i=1}^{n}(X_i - \mu)^2 - (\overline{X} - \mu)^2$$

ここで

$$\lim_{n\to\infty}P((\overline{X} - \mu)^2 > \varepsilon) = \lim_{n\to\infty}P(|\overline{X} - \mu| > \sqrt{\varepsilon}) = 0$$

より，$(\overline{X} - \mu)^2 \xrightarrow{P} 0$

また，$E[(X_i - \mu)^2] = \sigma^2$ $(i = 1, 2, \cdots)$ であり，大数の法則より

$$P\left(\left|\frac{1}{n}\sum_{i=1}^{n}(X_i - \mu)^2 - \sigma^2\right| > \varepsilon\right) = 0$$

すなわち

$$\frac{1}{n}\sum_{i=1}^{n}(X_i - \mu)^2 \xrightarrow{P} \sigma^2$$

以上より

$$S^2 = \frac{1}{n}\sum_{i=1}^{n}(X_i - \mu)^2 - (\overline{X} - \mu)^2 \xrightarrow{P} \sigma^2$$

□

　標本分散の一致性から不偏分散の一致性も示される。

## ［定理］（不偏分散の一致性）

　母平均 $\mu$ と母分散 $\sigma^2$ をもつ母集団に対して，$\sigma^2$ の不偏推定量である

　　不偏分散：$U^2 = \dfrac{1}{n-1}\displaystyle\sum_{i=1}^{n}(X_i - \overline{X})^2$

は母分散 $\sigma^2$ の一致推定量である。

（証明）$\left| U^2 - \sigma^2 \right| = \left| \dfrac{n}{n-1} S^2 - \sigma^2 \right|$

$$\leqq \left| \frac{n}{n-1} S^2 - \frac{n}{n-1} \sigma^2 \right| + \left| \frac{n}{n-1} \sigma^2 - \sigma^2 \right|$$

$$= \frac{n}{n-1} | S^2 - \sigma^2 | + \frac{1}{n-1} \sigma^2 \leqq | S^2 - \sigma^2 | + \frac{1}{n-1} \sigma^2$$

よって，任意の $\varepsilon > 0$ に対して，$n$ を十分大きくとれば

$$| U^2 - \sigma^2 | < | S^2 - \sigma^2 | + \frac{\varepsilon}{2}$$

となるから

$$| U^2 - \sigma^2 | > \varepsilon \ \text{ならば，} \ | S^2 - \sigma^2 | > \varepsilon - \frac{\varepsilon}{2} = \frac{\varepsilon}{2}$$

したがって

$$P(| U^2 - \sigma^2 | > \varepsilon) \leqq P\left( | S^2 - \sigma^2 | > \frac{\varepsilon}{2} \right) \ \to \ 0 \ \ (n \to \infty)$$

すなわち，$U^2 \xrightarrow{P} \sigma^2$ □

### 8.5.3　標本分散，不偏分散の分散

標本分散 $S^2$ や不偏分散 $U^2$ が母分散 $\sigma^2$ の一致推定量であることは

$$\lim_{n \to \infty} V[U^2] = 0$$

を証明してから，チェビシェフの不等式を利用することによって証明することもできる。この方法は面倒ではあるが，$V[U^2]$ や $V[S^2]$ の計算も重要なので確認しておこう。ただし，4 次までの積率の存在を仮定する。

不偏分散 $U^2$ の分散 $V[U^2]$ を計算する。

$$U^2 = \frac{1}{n-1} \sum_{i=1}^{n} (X_i - \overline{X})^2 = \frac{1}{n-1} \sum_{i=1}^{n} (X_i - \mu)^2 - \frac{n}{n-1} (\overline{X} - \mu)^2$$

であり，$Y_i = X_i - \mu \ \ (i = 1, 2, \cdots)$ とおくと

$$U^2 = \frac{1}{n-1} \sum_{i=1}^{n} Y_i^2 - \frac{n}{n-1} (\overline{Y})^2 = \frac{1}{n-1} \sum_{i=1}^{n} Y_i^2 - \frac{1}{(n-1)n} \left( \sum_{i=1}^{n} Y_i \right)^2$$

また，$Y_1, Y_2, \cdots$ は互いに独立で

$$E[Y_i] = E[X_i - \mu] = 0 \ , \ \ V[Y_i] = E[Y_i^2] = E[(X_i - \mu)^2] = V[X_i] = \sigma^2$$

が成り立つことに注意する。

$$V[U^2] = E[(U^2)^2] - E[U^2]^2 = E[(U^2)^2] - \sigma^4$$

であるから，$E[(U^2)^2]$ を計算すればよい。

$$E[(U^2)^2] = E\left[\left\{\frac{1}{n-1}\sum_{i=1}^{n} Y_i^2 - \frac{1}{(n-1)n}\left(\sum_{i=1}^{n} Y_i\right)^2\right\}^2\right]$$

$$= \frac{1}{(n-1)^2 n^2} E\left[\left\{n\sum_{i=1}^{n} Y_i^2 - \left(\sum_{i=1}^{n} Y_i\right)^2\right\}^2\right]$$

$$= \frac{1}{(n-1)^2 n^2} E\left[n^2\left(\sum_i Y_i^2\right)^2 - 2n\sum_i Y_i^2\left(\sum_j Y_j\right)^2 + \left(\sum_i Y_i\right)^4\right]$$

$$= \frac{1}{(n-1)^2 n^2}\left\{n^2 E\left[\left(\sum_i Y_i^2\right)^2\right] - 2nE\left[\sum_i Y_i^2\left(\sum_j Y_j\right)^2\right] + E\left[\left(\sum_i Y_i\right)^4\right]\right\}$$

（Σ記号は誤解の余地がないので簡略化して表しておく。）

ここで，独立性と平均 0 に注意して

$$E\left[\left(\sum_i Y_i^2\right)^2\right] = \sum_i E[Y_i^4] + \sum_{i\neq j} E[Y_i^2]E[Y_j^2]$$

$$= n\mu_4 + (n^2 - n)\sigma^4 \quad (\text{ただし}, \quad \mu_4 = E[Y_i^4])$$

$$E\left[\sum_i Y_i^2\left(\sum_j Y_j\right)^2\right] = \sum_i E[Y_i^4] + \sum_{i\neq j} E[Y_i^2]E[Y_j^2]$$

$$= n\mu_4 + (n^2 - n)\sigma^4$$

$$E\left[\left(\sum_i Y_i\right)^4\right] = \sum_i E[Y_i^4] + 3\sum_{i\neq j} E[Y_i^2]E[Y_j^2]$$

$$= n\mu_4 + 3(n^2 - n)\sigma^4$$

であるから

$$n^2 E\left[\left(\sum_i Y_i^2\right)^2\right] - 2nE\left[\sum_i Y_i^2\left(\sum_j Y_j\right)^2\right] + E\left[\left(\sum_i Y_i\right)^4\right]$$

$$= n^2\{n\mu_4 + (n^2 - n)\sigma^4\} - 2n\{n\mu_4 + (n^2 - n)\sigma^4\} + \{n\mu_4 + 3(n^2 - n)\sigma^4\}$$

$$= n(n^2 - 2n + 1)\mu_4 + (n^2 - n)(n^2 - 2n + 3)\sigma^4$$

$$= n(n-1)^2\mu_4 + n(n-1)(n^2 - 2n + 3)\sigma^4$$

よって

$$E[(U^2)^2] = \frac{1}{(n-1)^2 n^2}\{n(n-1)^2\mu_4 + n(n-1)(n^2 - 2n + 3)\sigma^4\}$$

$$= \frac{1}{(n-1)n}\{(n-1)\mu_4 + (n^2 - 2n + 3)\sigma^4\}$$

したがって

$$V[U^2] = \frac{1}{(n-1)n}\{(n-1)\mu_4 + (n^2-2n+3)\sigma^4\} - \sigma^4$$

$$= \frac{1}{(n-1)n}\{(n-1)\mu_4 + (n^2-2n+3)\sigma^4 - (n-1)n\sigma^4\}$$

$$= \frac{1}{(n-1)n}\{(n-1)\mu_4 + (-n+3)\sigma^4\} = \frac{1}{n}\left(\mu_4 - \frac{n-3}{n-1}\sigma^4\right)$$

これより

$$\lim_{n\to\infty} V[U^2] = \lim_{n\to\infty}\frac{1}{n}\left(\mu_4 - \frac{n-3}{n-1}\sigma^4\right) = 0$$

以上の結果にチェビシェフの不等式を用いれば次が示される。

$$U^2 \xrightarrow{P} \sigma^2$$

上の計算からただちに次のこともわかる。

$$V[S^2] = \frac{(n-1)^2}{n^3}\left(\mu_4 - \frac{n-3}{n-1}\sigma^4\right), \quad \lim_{n\to\infty} V[S^2] = 0, \quad S^2 \xrightarrow{P} \sigma^2$$

　一般に，最尤推定量は一致推定量となるが，その完全な証明は難しい（[竹村]参照）。

（注 1）正規分布の場合は，$V[U^2]$ や $V[S^2]$ は容易に求まる。
　第 4 章で示したように

$$\sum_{i=1}^n \frac{(X_i - \overline{X})^2}{\sigma^2} = \frac{n-1}{\sigma^2}U^2 = \frac{n}{\sigma^2}S^2$$

は自由度 $n-1$ のカイ二乗分布 $\chi^2(n-1)$ に従うから

$$V\left[\frac{n-1}{\sigma^2}U^2\right] = V\left[\frac{n}{\sigma^2}S^2\right] = 2(n-1) \qquad (\because \quad \chi^2(n) \text{ の分散は } 2n)$$

$$\therefore \quad \frac{(n-1)^2}{\sigma^4}V[U^2] = \frac{n^2}{\sigma^4}V[S^2] = 2(n-1)$$

したがって

$$V[U^2] = \frac{2\sigma^4}{n-1}, \quad V[S^2] = \frac{2(n-1)\sigma^4}{n^2}$$

（注 2）一般に，イェンセンの不等式より

$$\mu_4 = E[Y_i^4] = E[(Y_i^2)^2] \geqq \{E[Y_i^2]\}^2 = (\sigma^2)^2 = \sigma^4$$

であるから

$$V[U^2] = \frac{1}{n}\left(\mu_4 - \frac{n-3}{n-1}\sigma^4\right) \geqq \frac{1}{n}\left(\sigma^4 - \frac{n-3}{n-1}\sigma^4\right) = \frac{2}{n(n-1)}\sigma^4 > 0$$

が成り立つ。

# 第9章

# 区 間 推 定

## 9．1　正規母集団の母平均の区間推定

### 9.1.1　区間推定

　前の章で考察した"点推定"は，得られた標本から母数 $\theta$ の値を推定する
ものであり，その推定の妥当性を，**不偏性**，**有効性**（最小分散性），**一致性**な
どの定性的な基準によって評価した。得られた標本から計算した推定値は一般
に母数の値からずれることになるが，どの程度ずれるかについての定量的な評
価基準はなかった。

　そこで，得られた標本からの推定値が母数からどの程度ずれているかを確率
的に定量的な評価を与える方法が次に考察する**区間推定**である。

　まずは，区間推定がだいたいどのような考え方であるかを簡単な例で説明し
よう。

　母数 $\theta$ に関する母集団分布が仮定されているとし，母数 $\theta$ の推定量（確率
変数）を $\hat{\theta}$ とする。母数 $\theta$ と推定量 $\hat{\theta}$ の差を考え

$$P\left(|\hat{\theta}-\theta|\leqq c\right)=p$$

であるとき，確率 $p$ で

$$|\hat{\theta}-\theta|\leqq c \qquad \text{すなわち，} \quad \hat{\theta}-c\leqq\theta\leqq\hat{\theta}+c$$

が成り立つから，母数 $\theta$ は標本から定まる区間"信頼区間"

$$[\hat{\theta}-c,\hat{\theta}+c]$$

に存在する確率は $p$ である。ただし，この $c$ は同じ $p$ であっても母集団分
布によって異なった値をとる。

　確率 $p$ としては1に近い値が望ましいが，$p$ の値を1に近づければ信頼区
間の幅 $2c$ も大きくなってしまう。通常 $p=1-\alpha$ と表して，$\alpha$ の値としては
0.05 や 0.01 を考えることが多い。$p=1-\alpha$ のとき，母数 $\theta$ の存在が期待
される区間 $[\hat{\theta}-c,\hat{\theta}+c]$ を**信頼度** $100(1-\alpha)$ ％の**信頼区間**という。$\alpha=0.05$
の場合は信頼度 95 ％の信頼区間，$\alpha=0.01$ の場合は信頼度 99 ％の信頼区間
といった具合である。

　大雑把なイメージとしては，信頼度 95 ％の信頼区間とは，標本抽出を 100

回行った場合，95 回はこの信頼区間に母数 $\theta$ が入っているということである。

　実際の区間推定は上の例のような単純な形ではなく，確率分布が明確なさまざまな統計量を利用して区間推定を行う。

　このように，母数が存在する一定の範囲をその確率とともに推定するのが区間推定である。まずは，最もわかり易い母平均の区間推定を考えよう。

### 9.1.2　正規母集団の母平均の区間推定（母分散が既知の場合）

　区間推定を行うためには考えている変量の母集団分布を仮定しなければならない。そこで，母集団を正規母集団 $N(\mu, \sigma^2)$ と仮定する。

　大きさ $n$ の標本 $X_1, X_2, \cdots, X_n$ を用いて，母平均 $\mu$ の信頼区間を作ることを考えるが，この場合，母分散 $\sigma^2$ の値が既知の場合と未知の場合とで信頼区間の作り方が異なる。それぞれの場合について順に見ていく。

　まずは，母分散 $\sigma^2$ の値が既知の場合を調べよう。

　母平均の推定量である標本平均：

$$\overline{X} = \frac{X_1 + X_2 + \cdots + X_n}{n} = \frac{1}{n}\sum_{i=1}^{n} X_i$$

は母集団分布が正規分布 $N(\mu, \sigma^2)$ の仮定の下で，正規分布 $N\left(\mu, \dfrac{\sigma^2}{n}\right)$ に従うから

$$Z = \frac{\overline{X} - \mu}{\sqrt{\sigma^2/n}} = \frac{\overline{X} - \mu}{\sigma/\sqrt{n}}$$

は平均 $0$ の対称な分布である標準正規分布 $N(0,1)$ に従う。

　与えられた $\alpha$ （$0 < \alpha < 1$）に対して

$$P(|Z| \leqq c) = 1 - \alpha \qquad \text{すなわち，} \quad P(-c \leqq Z \leqq c) = 1 - \alpha$$

を満たす定数 $c$ を考えよう。

$P(Z > a) = p$ を満たす $a$ を $z^*(p)$ で表すと，標準正規分布 $N(0,1)$ の対称性から

$$c = z^*\left(\frac{\alpha}{2}\right)$$

であり

$$P\left(-z^*\left(\frac{\alpha}{2}\right) \leqq Z \leqq z^*\left(\frac{\alpha}{2}\right)\right) = 1 - \frac{\alpha}{2} - \frac{\alpha}{2} = 1 - \alpha$$

である。

　この $z^*\left(\dfrac{\alpha}{2}\right)$ の値は正規分布表を見ればわかる。たとえば，近似値として

$$z^*\left(\frac{0.05}{2}\right)=1.96, \quad z^*\left(\frac{0.01}{2}\right)=2.58$$

などである。

ここで

$$-z^*\left(\frac{\alpha}{2}\right)\leqq Z \leqq z^*\left(\frac{\alpha}{2}\right) \iff -z^*\left(\frac{\alpha}{2}\right)\frac{\sigma}{\sqrt{n}}\leqq \overline{X}-\mu \leqq z^*\left(\frac{\alpha}{2}\right)\frac{\sigma}{\sqrt{n}}$$

$$\iff \overline{X}-z^*\left(\frac{\alpha}{2}\right)\frac{\sigma}{\sqrt{n}}\leqq \mu \leqq \overline{X}+z^*\left(\frac{\alpha}{2}\right)\frac{\sigma}{\sqrt{n}}$$

であるから，母平均 $\mu$ の信頼度 $100(1-\alpha)$ ％の信頼区間は

$$\left[\overline{X}-z^*\left(\frac{\alpha}{2}\right)\frac{\sigma}{\sqrt{n}}, \ \overline{X}+z^*\left(\frac{\alpha}{2}\right)\frac{\sigma}{\sqrt{n}}\right]$$

ということになる。

たとえば，信頼度 95 ％の信頼区間は

$$\left[\overline{X}-1.96\frac{\sigma}{\sqrt{n}}, \ \overline{X}+1.96\frac{\sigma}{\sqrt{n}}\right]$$

である。

（**注**）母平均 $\mu$，母分散 $\sigma^2$ をもつ母集団分布が正規分布でない場合でも，標本の大きさ $n$ が十分の大きい場合，つまり"大標本"の場合は，中心極限定理により，標本平均 $\overline{X}$ は近似的に正規分布 $N\left(\mu,\frac{\sigma^2}{n}\right)$ に従うと見なせるから，この仮定の下では，母平均 $\mu$ の信頼度 $100(1-\alpha)$ ％の信頼区間は

$$\left[\overline{X}-z^*(\alpha)\frac{\sigma}{\sqrt{n}}, \ \overline{X}+z^*(\alpha)\frac{\sigma}{\sqrt{n}}\right]$$

である。

ただし，この場合，評価基準が不明な近似が用いられていることに注意しなければならない。

### 9.1.3 正規母集団の母平均の区間推定（母分散が未知の場合）

上の議論では母分散 $\sigma^2$ が既知であることを仮定したが，一般には母分散 $\sigma^2$ は未知であるのが普通である。

母集団分布について同じ仮定の下で，母平均 $\mu$ の推定量である標本平均：

$$\overline{X}=\frac{X_1+X_2+\cdots+X_n}{n}=\frac{1}{n}\sum_{i=1}^{n}X_i$$

は正規分布 $N\left(\mu,\frac{\sigma^2}{n}\right)$ に従うが，母分散 $\sigma^2$ が未知なので，区間推定に

$$Z = \frac{\overline{X} - \mu}{\sqrt{\sigma^2 / n}} = \frac{\overline{X} - \mu}{\sigma / \sqrt{n}}$$

を用いることはできない。そこで，母平均の推定量のためにどのような統計量が利用できるかを考える必要がある。

　以下の（ i ）〜（iv）に注意して利用できる統計量を見つけよう。

（ i ）　$Z = \dfrac{\overline{X} - \mu}{\sqrt{\sigma^2 / n}} = \dfrac{\overline{X} - \mu}{\sigma / \sqrt{n}}$ は標準正規分布 $N(0,1)$ に従う。

（ ii ）　$\displaystyle\sum_{i=1}^{n} \dfrac{(X_i - \overline{X})^2}{\sigma^2}$ は自由度 $n-1$ のカイ二乗分布 $\chi^2(n-1)$ に従う。

（iii）　$Z$ が標準正規分布 $N(0,1)$ に従い，$W_m$ が自由度 $m$ のカイ二乗分布に
　　従う，互いに独立な確率変数とするとき

$$X_m = \frac{Z}{\sqrt{W_m / m}}$$

　　は自由度 $m$ の t 分布 $t(m)$ に従う。

（iv）　t 分布の確率密度関数は偶関数

$$f(x) = \frac{1}{\sqrt{n\pi}} \cdot \frac{\Gamma\left(\dfrac{n+1}{2}\right)}{\Gamma\left(\dfrac{n}{2}\right)} \cdot \frac{1}{\left(\dfrac{x^2}{n} + 1\right)^{\frac{n+1}{2}}} = \frac{1}{\sqrt{n}B\left(\dfrac{n}{2}, \dfrac{1}{2}\right)} \cdot \frac{1}{\left(\dfrac{x^2}{n} + 1\right)^{\frac{n+1}{2}}}$$

　　であり，平均が 0 の対称な分布である。

　さて，標本分散を $S^2$，不偏分散を $U^2$ とすると

$$\sum_{i=1}^{n} \frac{(X_i - \overline{X})^2}{\sigma^2} = \frac{nS^2}{\sigma^2} = \frac{(n-1)U^2}{\sigma^2}$$

であるから

$$\frac{\dfrac{\overline{X} - \mu}{\sigma / \sqrt{n}}}{\sqrt{\dfrac{nS^2}{\sigma^2}\Big/(n-1)}} = \frac{\overline{X} - \mu}{\sqrt{\dfrac{S^2}{n-1}}}$$

は自由度 $n-1$ の t 分布 $t(n-1)$ に従う。
全く同様に

$$\frac{\dfrac{\overline{X} - \mu}{\sigma / \sqrt{n}}}{\sqrt{\dfrac{(n-1)U^2}{\sigma^2}\Big/(n-1)}} = \frac{\overline{X} - \mu}{\sqrt{\dfrac{U^2}{n}}}$$

は自由度 $n-1$ の t 分布 $t(n-1)$ に従う。

よって，母平均 $\mu$ の区間推定に

$$\frac{\overline{X}-\mu}{\sqrt{\dfrac{S^2}{n-1}}} \quad \text{または} \quad \frac{\overline{X}-\mu}{\sqrt{\dfrac{U^2}{n}}}$$

を用いることができる。

　ここで，t 分布も標準正規分布 $N(0,1)$ と同様，平均が 0 の対称な分布であることに注意する。

　確率変数 $T$ が自由度 $m$ の t 分布 $t(m)$ に従うとき，与えられた $\alpha$ $(0<\alpha<1)$ に対して，$P(T>a)=p$ を満たす定数 $a$ を $t_m(p)$ で表すと

$$P\left(-t_m\left(\frac{\alpha}{2}\right)\leqq T\leqq t_m\left(\frac{\alpha}{2}\right)\right)=1-\frac{\alpha}{2}-\frac{\alpha}{2}=1-\alpha$$

この $t_m\left(\dfrac{\alpha}{2}\right)$ の値は t 分布表を見ればわかる。

　ここで

$$T=\frac{\overline{X}-\mu}{\sqrt{\dfrac{U^2}{n}}}$$

とするとき

$$-t_{n-1}\left(\frac{\alpha}{2}\right)\leqq T\leqq t_{n-1}\left(\frac{\alpha}{2}\right)$$

$$\Longleftrightarrow \quad -t_{n-1}\left(\frac{\alpha}{2}\right)\sqrt{\frac{U^2}{n}}\leqq \overline{X}-\mu\leqq t_{n-1}\left(\frac{\alpha}{2}\right)\sqrt{\frac{U^2}{n}}$$

$$\Longleftrightarrow \quad \overline{X}-t_{n-1}\left(\frac{\alpha}{2}\right)\sqrt{\frac{U^2}{n}}\leqq \mu\leqq \overline{X}+t_{n-1}\left(\frac{\alpha}{2}\right)\sqrt{\frac{U^2}{n}}$$

であるから，母平均 $\mu$ の信頼度 $100(1-\alpha)$ ％の信頼区間は

$$\left[\ \overline{X}-t_{n-1}\left(\frac{\alpha}{2}\right)\sqrt{\frac{U^2}{n}},\ \overline{X}+t_{n-1}\left(\frac{\alpha}{2}\right)\sqrt{\frac{U^2}{n}}\ \right]$$

　あるいは，不偏分散 $U^2$ の代わりに標本分散 $S^2$ を用いて

$$T=\frac{\overline{X}-\mu}{\sqrt{\dfrac{S^2}{n-1}}}$$

とすれば，母平均 $\mu$ の信頼度 $100(1-\alpha)$ ％の信頼区間は

$$\left[\ \overline{X}-t_{n-1}\left(\frac{\alpha}{2}\right)\sqrt{\frac{S^2}{n-1}},\overline{X}+t_{n-1}\left(\frac{\alpha}{2}\right)\sqrt{\frac{S^2}{n-1}}\ \right]$$

　母分散が未知のもとで，母平均を区間推定するために用いた統計量の確率分布が正規分布ではなく，"t 分布"であることに注意しよう。

# ９．２　正規母集団の母分散の区間推定

### 9.2.1　正規母集団の母分散の区間推定（母平均が既知の場合）

　　今度は母分散 $\sigma^2$ を区間推定することを考える。母集団分布は正規分布 $N(\mu, \sigma^2)$ と仮定する。

　　次の統計量 $W$ を考える。

$$W = \sum_{i=1}^{n} \frac{(X_i - \mu)^2}{\sigma^2}$$

4.3節で示したように，これは自由度 $n$ のカイ二乗分布 $\chi^2(n)$ に従う。

　　$P(W > a) = p$ を満たす $a$ を $\chi_n^2(p)$ で表すとき，$P(W < b) = p$ を満たす $b$ は $\chi_n^2(1-p)$ で表される。すなわち，$P(W < \chi_n^2(1-p)) = 1 - (1-p) = p$

　　$\chi_n^2(p)$ の値はカイ二乗分布表を見ればわかる。

　　したがって，次が成り立つ。

$$P\left(\chi_n^2\left(1-\frac{\alpha}{2}\right) \leqq W \leqq \chi_n^2\left(\frac{\alpha}{2}\right)\right) = 1 - \frac{\alpha}{2} - \frac{\alpha}{2} = 1 - \alpha$$

ここで

$$\chi_n^2\left(1-\frac{\alpha}{2}\right) \leqq W \leqq \chi_n^2\left(\frac{\alpha}{2}\right)$$

$$\Longleftrightarrow \quad \chi_n^2\left(1-\frac{\alpha}{2}\right) \leqq \sum_{i=1}^{n} \frac{(X_i - \mu)^2}{\sigma^2} \leqq \chi_n^2\left(\frac{\alpha}{2}\right)$$

$$\Longleftrightarrow \quad \frac{\sum_{i=1}^{n}(X_i - \mu)^2}{\chi_n^2\left(\frac{\alpha}{2}\right)} \leqq \sigma^2 \leqq \frac{\sum_{i=1}^{n}(X_i - \mu)^2}{\chi_n^2\left(1-\frac{\alpha}{2}\right)}$$

であるから，母分散 $\sigma^2$ の信頼度 $100(1-\alpha)$ ％の信頼区間は

$$\left[ \frac{\sum_{i=1}^{n}(X_i - \mu)^2}{\chi_n^2\left(\frac{\alpha}{2}\right)}, \quad \frac{\sum_{i=1}^{n}(X_i - \mu)^2}{\chi_n^2\left(1-\frac{\alpha}{2}\right)} \right]$$

である。

### 9.2.2　正規母集団の母分散の区間推定（母平均が未知の場合）

　　上の議論では母平均 $\mu$ が既知であることを仮定したが，母平均の区間推定のときと同様，一般には母平均 $\mu$ は未知である場合が普通である。

そこで，今度は次の統計量 $W$ を考える。

$$W = \sum_{i=1}^{n} \frac{(X_i - \overline{X})^2}{\sigma^2}$$

$$= \frac{(n-1)U^2}{\sigma^2} = \frac{nS^2}{\sigma^2}$$

4.3節で示したように，これは自由度 $n-1$ のカイ二乗分布 $\chi^2(n-1)$ に従う。
したがって，次が成り立つ。

$$P\left(\chi_{n-1}^2\left(1-\frac{\alpha}{2}\right) \leqq W \leqq \chi_{n-1}^2\left(\frac{\alpha}{2}\right)\right) = 1-\alpha$$

ここで

$$\chi_{n-1}^2\left(1-\frac{\alpha}{2}\right) \leqq W \leqq \chi_{n-1}^2\left(\frac{\alpha}{2}\right)$$

$$\Longleftrightarrow \quad \chi_{n-1}^2\left(1-\frac{\alpha}{2}\right) \leqq \sum_{i=1}^{n} \frac{(X_i - \overline{X})^2}{\sigma^2} \leqq \chi_{n-1}^2\left(\frac{\alpha}{2}\right)$$

$$\Longleftrightarrow \quad \frac{\sum_{i=1}^{n}(X_i - \overline{X})^2}{\chi_{n-1}^2\left(\frac{\alpha}{2}\right)} \leqq \sigma^2 \leqq \frac{\sum_{i=1}^{n}(X_i - \overline{X})^2}{\chi_{n-1}^2\left(1-\frac{\alpha}{2}\right)}$$

であるから，母分散 $\sigma^2$ の信頼度 $100(1-\alpha)$ ％の信頼区間は

$$\left[ \frac{\sum_{i=1}^{n}(X_i - \overline{X})^2}{\chi_{n-1}^2\left(\frac{\alpha}{2}\right)}, \; \frac{\sum_{i=1}^{n}(X_i - \overline{X})^2}{\chi_{n-1}^2\left(1-\frac{\alpha}{2}\right)} \right]$$

である。

もちろん，不偏分散 $U^2$ を用いて表せば

$$\left[ \frac{(n-1)U^2}{\chi_{n-1}^2\left(\frac{\alpha}{2}\right)}, \; \frac{(n-1)U^2}{\chi_{n-1}^2\left(1-\frac{\alpha}{2}\right)} \right]$$

であり，標本分散 $S^2$ を用いて表せば

$$\left[ \frac{nS^2}{\chi_{n-1}^2\left(\frac{\alpha}{2}\right)}, \; \frac{nS^2}{\chi_{n-1}^2\left(1-\frac{\alpha}{2}\right)} \right]$$

である。

## ９．３　二項母集団の母比率の区間推定

### 9.3.1　二項母集団の母比率の区間推定

　二項母集団の母比率 $p$ の区間推定を考えよう。母集団分布はベルヌーイ分布 $B(1, p)$ である。すなわち

$$P(X = 1) = p, \quad P(X = 0) = 1 - p$$

である。したがって，確率関数は

$$P(X = k) = p^k (1-p)^{1-k} \quad (k = 0, 1)$$

である。

　母比率の推定量である標本比率（標本平均）は

$$\widehat{p} = \frac{1}{n} \sum_{i=1}^{n} X_i$$

であり

$$E[\widehat{p}] = \frac{1}{n} \sum_{i=1}^{n} E[X_i] = \frac{1}{n} \sum_{i=1}^{n} p = \frac{1}{n} \cdot np = p$$

$$V[\widehat{p}] = \frac{1}{n^2} \sum_{i=1}^{n} V[X_i] = \frac{1}{n^2} \sum_{i=1}^{n} p(1-p) = \frac{p(1-p)}{n}$$

である。

　したがって，標本の大きさ $n$ が十分大きいとき，中心極限定理により

$$Z = \frac{\widehat{p} - p}{\sqrt{\dfrac{p(1-p)}{n}}}$$

は標準正規分布 $N(0,1)$ で近似できる。

　よって

$$P\left(-z^*\left(\frac{\alpha}{2}\right) \leqq \frac{\widehat{p} - p}{\sqrt{\dfrac{p(1-p)}{n}}} \leqq z^*\left(\frac{\alpha}{2}\right)\right) = 1 - \alpha$$

であるから，信頼度 $100(1-\alpha)$ ％のもとで

$$-z^*\left(\frac{\alpha}{2}\right) \leqq \frac{\widehat{p} - p}{\sqrt{\dfrac{p(1-p)}{n}}} \leqq z^*\left(\frac{\alpha}{2}\right)$$

$$\therefore \quad (\widehat{p} - p)^2 - z^*\left(\frac{\alpha}{2}\right)^2 \frac{p(1-p)}{n} \leqq 0$$

$$(p - \widehat{p})^2 - z^*\left(\frac{\alpha}{2}\right)^2 \frac{p(1-p)}{n} \leqq 0$$

$$\left\{1+\frac{1}{n}z^*\left(\frac{\alpha}{2}\right)^2\right\}p^2-\left\{2\hat{p}+\frac{1}{n}z^*\left(\frac{\alpha}{2}\right)^2\right\}p+\hat{p}^2\leqq 0$$

よって，$z_0=z^*\left(\dfrac{\alpha}{2}\right)$ とおくと

$$\left(1+\frac{z_0{}^2}{n}\right)p^2-\left(2\hat{p}+\frac{z_0{}^2}{n}\right)p+\hat{p}^2\leqq 0$$

であるから，この解は

$$\frac{\left(2\hat{p}+\dfrac{z_0{}^2}{n}\right)\pm\sqrt{\left(2\hat{p}+\dfrac{z_0{}^2}{n}\right)^2-4\left(1+\dfrac{z_0{}^2}{n}\right)\hat{p}^2}}{2\left(1+\dfrac{z_0{}^2}{n}\right)}$$

$$=\frac{\left(2\hat{p}+\dfrac{z_0{}^2}{n}\right)\pm\sqrt{4\left(\hat{p}-\hat{p}^2\right)\dfrac{z_0{}^2}{n}+\left(\dfrac{z_0{}^2}{n}\right)^2}}{2\left(1+\dfrac{z_0{}^2}{n}\right)}$$

$$=\frac{2\hat{p}+\dfrac{z_0{}^2}{n}\pm 2\dfrac{z_0}{\sqrt{n}}\sqrt{\left(\hat{p}-\hat{p}^2\right)+\dfrac{z_0{}^2}{4n}}}{2\left(1+\dfrac{z_0{}^2}{n}\right)}$$

$$=\frac{\hat{p}+\dfrac{z_0{}^2}{2n}\pm\dfrac{z_0}{\sqrt{n}}\sqrt{\hat{p}\left(1-\hat{p}\right)+\dfrac{z_0{}^2}{4n}}}{1+\dfrac{z_0{}^2}{n}}$$

よって，信頼度 $100(1-\alpha)$％の信頼区間は

$$\left[\frac{\hat{p}+\dfrac{z_0{}^2}{2n}-\dfrac{z_0}{\sqrt{n}}\sqrt{\hat{p}\left(1-\hat{p}\right)+\dfrac{z_0{}^2}{4n}}}{1+\dfrac{z_0{}^2}{n}},\ \frac{\hat{p}+\dfrac{z_0{}^2}{2n}+\dfrac{z_0}{\sqrt{n}}\sqrt{\hat{p}\left(1-\hat{p}\right)+\dfrac{z_0{}^2}{4n}}}{1+\dfrac{z_0{}^2}{n}}\right]$$

である。

さらに，標本の大きさ $n$ が十分大きいということで，$\dfrac{z_0{}^2}{n}=0$ と近似すれば

$$\left[\hat{p}-z_0\sqrt{\frac{\hat{p}(1-\hat{p})}{n}},\ \hat{p}+z_0\sqrt{\frac{\hat{p}(1-\hat{p})}{n}}\right]$$

となるが，この場合は評価基準が理論的には不明な近似を二度用いたことに注意しなければならない。

### 9.3.2　ポアソン母集団の母平均の区間推定

　二項母集団の母比率 $p$ の区間推定を2項分布の正規近似を利用して行ったのと同様に，ポアソン分 $Po(\lambda)$ 布を母集団分布とする母集団（**ポアソン母集団**）の母平均 $\lambda$ の区間推定を考えることができる。

　母平均 $\lambda$ の推定量である標本平均を

$$\hat{\lambda} = \frac{1}{n}\sum_{i=1}^{n} X_i$$

で表すとする。すでに見たように，その標本平均と標本分散は

$$E[\hat{\lambda}] = \lambda, \quad V[\hat{\lambda}] = \lambda$$

である。

　したがって，標本の大きさ $n$ が十分大きいとき，中心極限定理により

$$Z = \frac{\hat{\lambda} - \lambda}{\sqrt{\lambda / n}}$$

は標準正規分布 $N(0,1)$ で近似でき，信頼度 $100(1-\alpha)$ ％のもとで

$$-z^*\left(\frac{\alpha}{2}\right) \leqq \frac{\hat{\lambda} - \lambda}{\sqrt{\lambda / n}} \leqq z^*\left(\frac{\alpha}{2}\right)$$

$$\therefore \quad (\lambda - \hat{\lambda})^2 \leqq z_0{}^2 \frac{\lambda}{n} \qquad \text{ただし，} \quad z_0 = z^*\left(\frac{\alpha}{2}\right)$$

$$\lambda^2 - \left(2\hat{\lambda} + \frac{z_0{}^2}{n}\right)\lambda + \hat{\lambda}^2 \leqq 0$$

左辺の解は

$$\frac{1}{2}\left\{\left(2\hat{\lambda} + \frac{z_0{}^2}{n}\right) \pm \sqrt{\left(2\hat{\lambda} + \frac{z_0{}^2}{n}\right)^2 - 4\hat{\lambda}^2}\right\}$$

$$= \frac{1}{2}\left\{\left(2\hat{\lambda} + \frac{z_0{}^2}{n}\right) \pm \sqrt{4\hat{\lambda}\frac{z_0{}^2}{n} + \left(\frac{z_0{}^2}{n}\right)^2}\right\} = \hat{\lambda} + \frac{z_0{}^2}{2n} \pm \frac{z_0}{\sqrt{n}}\sqrt{\hat{\lambda} + \frac{z_0{}^2}{4n}}$$

よって，信頼度 $100(1-\alpha)$ ％の信頼区間は

$$\left[\hat{\lambda} + \frac{z_0{}^2}{2n} - \frac{z_0}{\sqrt{n}}\sqrt{\hat{\lambda} + \frac{z_0{}^2}{4n}}, \quad \hat{\lambda} + \frac{z_0{}^2}{2n} + \frac{z_0}{\sqrt{n}}\sqrt{\hat{\lambda} + \frac{z_0{}^2}{4n}}\right]$$

である。

　さらに，標本の大きさ $n$ が十分大きいということで，$\dfrac{z_0{}^2}{n} = 0$ と近似すれば

$$\left[\hat{\lambda} - z_0\sqrt{\frac{\hat{\lambda}}{n}}, \quad \hat{\lambda} + z_0\sqrt{\frac{\hat{\lambda}}{n}}\right]$$

となるが，ここでも評価基準が不明な近似を二度用いたことに注意しよう。

# 第１０章

# 仮 説 検 定

## １０．１　正規母集団の母平均の検定

### 10.1.1　仮説検定の考え方

　まずは正規母集団 $N(\mu, \sigma^2)$ の母平均 $\mu$ の検定で，母分散 $\sigma^2$ が既知の場合を考えてみよう。

　この場合の母平均 $\mu$ の区間推定を思い出してみる。
用いる統計量は

$$Z = \frac{\overline{X} - \mu}{\sigma / \sqrt{n}}$$

で，これは標準正規分布 $N(0, 1)$ に従い

$$P\left(Z > z^*\left(\frac{\alpha}{2}\right)\right) = \frac{\alpha}{2}$$

のとき

$$P\left(Z < -z^*\left(\frac{\alpha}{2}\right)\right) = \frac{\alpha}{2}$$

であり（正規分布の対称性）

$$P\left(|Z| \leqq z^*\left(\frac{\alpha}{2}\right)\right) = 1 - \alpha$$

そこで，母平均 $\mu$ の信頼度 $100(1-\alpha)$ ％の信頼区間は

$$\left[ \overline{X} - z^*\left(\frac{\alpha}{2}\right)\frac{\sigma}{\sqrt{n}}, \ \ \overline{X} + z^*\left(\frac{\alpha}{2}\right)\frac{\sigma}{\sqrt{n}} \right]$$

であった。

　さて，この区間推定での考察を念頭において，次の仮説の正当性を検証することを考えてみよう。

　　仮説 $H_0 : \mu = \mu_0$

　ここで，この仮説は正しくないのではないかという疑念，つまり，本当は

　　対立仮説： $H_1 : \mu \neq \mu_0$

ではないかという疑いを調べてみる。

　$\alpha$ の値としては小さな値，たとえば $\alpha = 0.05$ を念頭においておく。

仮説 $H_0 : \mu = \mu_0$ のもとで

$$P\left(\left|\frac{\overline{X} - \mu_0}{\sigma / \sqrt{n}}\right| > z^*\left(\frac{\alpha}{2}\right)\right) = \alpha$$

であるから，標本の実現値にたいして

$$\left|\frac{\overline{X} - \mu_0}{\sigma / \sqrt{n}}\right| > z^*\left(\frac{\alpha}{2}\right)$$

であったとすると，得られた標本はわずかな確率 $\alpha$ でしか起こらないことが起こったことになり，そもそもの仮説 $H_0 : \mu = \mu_0$ は正しくないのではないかという強い疑いが生じる。もちろん，確率 $\alpha$ で起こることではあるのだが，めったに起こらないようなことが起こったのは仮説 $H_0 : \mu = \mu_0$ が正しくないからだと考えることもできる。

　そこで，判断を誤る確率 $\alpha$ を覚悟の上で，仮説 $H_0 : \mu = \mu_0$ を**棄却**して（捨てて），対立仮説 $H_1 : \mu \neq \mu_0$ を採択するという判断をすることができる。これが仮説検定の基本的な考え方である。
　一方，標本の実現値にたいして

$$\left|\frac{\overline{X} - \mu_0}{\sigma / \sqrt{n}}\right| \leq z^*\left(\frac{\alpha}{2}\right)$$

であったとすると，その確率は $1 - \alpha$ であり，仮説 $H_0 : \mu = \mu_0$ を棄却する根拠はない。

　以上のように，仮説検定の主眼は仮説 $H_0 : \mu = \mu_0$ を棄却して，その代わりに対立仮説 $H_1 : \mu \neq \mu_0$ を採択することにあり，その意味で仮説 $H_0 : \mu = \mu_0$ を**帰無仮説**という。

　上の例を整理すると，母平均の $\mu$ について

　　帰無仮説 $H_0 : \mu = \mu_0$

　　対立仮説 $H_1 : \mu \neq \mu_0$

を考え，標本の実現値にたいして

$$\left|\frac{\overline{X} - \mu_0}{\sigma / \sqrt{n}}\right| > z^*\left(\frac{\alpha}{2}\right)$$

であれば，**危険率**（または**有意水準**）$\alpha$ で帰無仮説 $H_0 : \mu = \mu_0$ を棄却して，対立仮説 $H_1 : \mu \neq \mu_0$ を採択する。この判断は確率 $\alpha$ で誤っている可能性があるが，実は帰無仮説は正しかったにもかかわらず棄却してしまう誤りを**第 1 種の誤り**という。

上の統計量の範囲

$$\left|\frac{\overline{X}-\mu_0}{\sigma/\sqrt{n}}\right| > z^*\left(\frac{\alpha}{2}\right)$$

あるいは

$$\frac{\overline{X}-\mu_0}{\sigma/\sqrt{n}} < -z^*\left(\frac{\alpha}{2}\right),\ z^*\left(\frac{\alpha}{2}\right) < \frac{\overline{X}-\mu_0}{\sigma/\sqrt{n}}$$

を**棄却域**といい，

$$\left(-\infty,\ -z^*\left(\frac{\alpha}{2}\right)\right)\cup\left(z^*\left(\frac{\alpha}{2}\right),\ \infty\right)$$

とも表す。

　一方，標本の実現値にたいして

$$\left|\frac{\overline{X}-\mu_0}{\sigma/\sqrt{n}}\right| < z^*\left(\frac{\alpha}{2}\right)$$

であれば，帰無仮説 $H_0: \mu = \mu_0$ は棄却されない。

　この判断も誤っている可能性がある。このような，帰無仮説は実は正しくないにも関わらず棄却しない誤りを**第2種の誤り**という。

## 10.1.2　対立仮説の設定

　上の例では，帰無仮説 $H_0: \mu = \mu_0$ に対して，対立仮説を $H_1: \mu \neq \mu_0$ としたが，対立仮説は考えている問題によって

（ⅰ）　$H_1: \mu \neq \mu_0$ （両側検定）

（ⅱ）　$H_1: \mu > \mu_0$ （右片側検定）

（ⅲ）　$H_1: \mu < \mu_0$ （左片側検定）

の3通りが考えられる。

　（ⅰ）については上に説明した通りであるが，（ⅱ）と（ⅲ）について説明してみよう。

$$P\left(\frac{\overline{X}-\mu_0}{\sigma/\sqrt{n}} > z^*(\alpha)\right) = \alpha$$

であるから，標本の実現値にたいして

$$Z = \frac{\overline{X}-\mu_0}{\sigma/\sqrt{n}} > z^*(\alpha)$$

であったとすると，統計量 $Z$ が随分と大き過ぎる値が出てきたことになるが，これは帰無仮説 $H_0: \mu = \mu_0$ が正しくなかったためで，本当は $\mu > \mu_0$ であったならば

$$\frac{\overline{X}-\mu}{\sigma/\sqrt{n}} < \frac{\overline{X}-\mu_0}{\sigma/\sqrt{n}}$$

であり，統計量の値はもっと小さかったはずである。

そこで，帰無仮説 $H_0 : \mu = \mu_0$ を棄却して

対立仮説 $H_1 : \mu > \mu_0$

を危険率 $\alpha$ で採択することが考えられる。

このような検定は**右片側検定**と呼ばれる。すなわち，帰無仮説 $H_0 : \mu = \mu_0$ に対して，対立仮説 $H_1 : \mu > \mu_0$ を考えた検定である。上の右片側検定の棄却域は

$$Z = \frac{\overline{X}-\mu_0}{\sigma/\sqrt{n}} > z^*(\alpha)$$

であり，$(z^*(\alpha), \infty)$ とも表す。

**左片側検定**も同様に考えて，帰無仮説 $H_0 : \mu = \mu_0$ に対して，対立仮説 $H_1 : \mu < \mu_0$ を設定して検定を行う。左片側検定の棄却域は

$$Z = \frac{\overline{X}-\mu_0}{\sigma/\sqrt{n}} < -z^*(\alpha)$$

であり，$(-\infty, -z^*(\alpha))$ とも表す。

対立仮説として 3 つのうちどれを用いるかは，考えている問題による。上の例であれば，帰無仮説 $H_0 : \mu = \mu_0$ の下で

$\mu > \mu_0$ でないのかどうかチェックしたければ，

右片側検定 $H_1 : \mu > \mu_0$

$\mu < \mu_0$ でないのかどうかチェックしたければ，

左片側検定 $H_1 : \mu < \mu_0$

ということになる。

### 10.1.3　正規母集団の母平均の検定（母分散が既知の場合）

上で考えた正規母集団の母平均の検定をあらためて整理してみよう。母集団分布は正規分布 $N(\mu, \sigma^2)$ と仮定する。

母分散が既知の場合，用いる統計量は標準正規分布 $N(0, 1)$ に従う確率変数

$$Z = \frac{\overline{X}-\mu}{\sigma/\sqrt{n}} = \frac{\overline{X}-\mu}{\sqrt{\sigma^2/n}}$$

である。

帰無仮説 $H_0 : \mu = \mu_0$ に対して，危険率（有意水準）$\alpha$ での検定を行う。

$$Z = \frac{\overline{X} - \mu_0}{\sigma / \sqrt{n}}$$

として

（ⅰ）$H_1 : \mu \neq \mu_0$ （両側検定）の場合の棄却域：

$$Z < -z^*\left(\frac{\alpha}{2}\right), \ z^*\left(\frac{\alpha}{2}\right) < Z$$

$$\text{すなわち,} \ \left(-\infty, -z^*\left(\frac{\alpha}{2}\right)\right) \cup \left(z^*\left(\frac{\alpha}{2}\right), \infty\right)$$

（ⅱ）$H_1 : \mu > \mu_0$ （右片側検定）の場合の棄却域：

$$Z > z^*(\alpha) \qquad \text{すなわち,} \ (z^*(\alpha), \infty)$$

（ⅲ）$H_1 : \mu < \mu_0$ （左片側検定）の場合の棄却域：

$$Z < -z^*(\alpha) \qquad \text{すなわち,} \ (-\infty, -z^*(\alpha))$$

### 10.1.4　正規母集団の母平均の検定（母分散が未知の場合）

母分散が未知の場合，用いる統計量は自由度 $n-1$ の t 分布 $t(n-1)$ に従う確率変数

$$T = \frac{\overline{X} - \mu}{\sqrt{U^2 / n}} = \frac{\overline{X} - \mu}{\sqrt{S^2 / (n-1)}}$$

である。明らかに，一般にはこの場合が基本となる。

帰無仮説 $H_0 : \mu = \mu_0$ に対して，危険率（有意水準）$\alpha$ での検定を行う。

$$T = \frac{\overline{X} - \mu_0}{\sqrt{U^2 / n}}$$

として，t 分布の対称性に注意すると

（ⅰ）$H_1 : \mu \neq \mu_0$ （両側検定）の場合の棄却域：

$$T < -t_{n-1}\left(\frac{\alpha}{2}\right), \ t_{n-1}\left(\frac{\alpha}{2}\right) < T$$

$$\text{すなわち,} \ \left(-\infty, -t_{n-1}\left(\frac{\alpha}{2}\right)\right) \cup \left(t_{n-1}\left(\frac{\alpha}{2}\right), \infty\right)$$

（ⅱ）$H_1 : \mu > \mu_0$ （右片側検定）の場合の棄却域：

$$T > t_{n-1}(\alpha) \qquad \text{すなわち,} \ (t_{n-1}(\alpha), \infty)$$

（ⅲ）$H_1 : \mu < \mu_0$ （左片側検定）の場合の棄却域：

$$T < -t_{n-1}(\alpha) \qquad \text{すなわち,} \ (-\infty, -t_{n-1}(\alpha))$$

## １０．２　正規母集団の母分散の検定

### 10.2.1　正規母集団の母分散の検定（母平均が既知の場合）

　母平均が既知の場合，用いる統計量は自由度 $n$ のカイ二乗分布 $\chi^2(n)$ に従う確率変数

$$W = \sum_{i=1}^{n} \frac{(X_i - \mu)^2}{\sigma^2}$$

である。

　帰無仮説 $H_0 : \sigma^2 = \sigma_0{}^2$ に対して，危険率（有意水準）$\alpha$ での検定を行う。

$$W = \sum_{i=1}^{n} \frac{(X_i - \mu)^2}{\sigma_0{}^2}$$

として，カイ二乗分布の非対称性に注意すると

（ⅰ）$H_1 : \sigma^2 \neq \sigma_0{}^2$（両側検定）の場合の棄却域：

$$0 \leqq W < \chi_n^2\left(1 - \frac{\alpha}{2}\right), \ \chi_n^2\left(\frac{\alpha}{2}\right) < W$$

$$\text{すなわち,} \ \left[0, \ \chi_n^2\left(1 - \frac{\alpha}{2}\right)\right) \cup \left(\chi_n^2\left(\frac{\alpha}{2}\right), \ \infty\right)$$

（ⅱ）$H_1 : \sigma^2 > \sigma_0{}^2$（右片側検定）の場合の棄却域：

$$W > \chi_n^2(\alpha) \qquad \text{すなわち,} \ (\chi_n^2(\alpha), \infty)$$

（ⅲ）$H_1 : \sigma^2 < \sigma_0{}^2$（左片側検定）の場合の棄却域：

$$0 \leqq W < \chi_n^2(1 - \alpha) \qquad \text{すなわち,} \ [0, \chi_n^2(1 - \alpha))$$

（注１）カイ二乗分布は非対称な分布であるから

$$P\left(W > \chi_n^2\left(\frac{\alpha}{2}\right)\right) = \frac{\alpha}{2}$$

に対して

$$P\left(W < \chi_n^2\left(1 - \frac{\alpha}{2}\right)\right) = 1 - P\left(W > \chi_n^2\left(1 - \frac{\alpha}{2}\right)\right) = 1 - \left(1 - \frac{\alpha}{2}\right) = \frac{\alpha}{2}$$

であった。

（注２）片側検定において，次の関係に注意しよう。

$$\sigma^2 > \sigma_0{}^2 \iff \sum_{i=1}^{n} \frac{(X_i - \mu)^2}{\sigma^2} < \sum_{i=1}^{n} \frac{(X_i - \mu)^2}{\sigma_0{}^2}$$

$$\sigma^2 < \sigma_0{}^2 \iff \sum_{i=1}^{n} \frac{(X_i - \mu)^2}{\sigma^2} > \sum_{i=1}^{n} \frac{(X_i - \mu)^2}{\sigma_0{}^2}$$

## 10.2.2 正規母集団の母分散の検定（母平均が未知の場合）

母平均が未知の場合，用いる統計量は自由度 $n-1$ のカイ二乗分布 $\chi^2(n-1)$ に従う確率変数

$$W = \sum_{i=1}^{n} \frac{(X_i - \overline{X})^2}{\sigma^2} = \frac{(n-1)U^2}{\sigma^2} = \frac{nS^2}{\sigma^2}$$

である。自由度が $n-1$ であることに注意。

帰無仮説 $H_0 : \sigma^2 = \sigma_0^2$ に対して，危険率（有意水準）$\alpha$ での検定を行う。

$$W = \sum_{i=1}^{n} \frac{(X_i - \overline{X})^2}{\sigma_0^2} = \frac{(n-1)U^2}{\sigma_0^2} = \frac{nS^2}{\sigma_0^2}$$

として

（ⅰ）$H_1 : \sigma^2 \neq \sigma_0^2$（両側検定）の場合の棄却域：

$$0 \leqq W < \chi_{n-1}^2\left(1 - \frac{\alpha}{2}\right), \ \chi_{n-1}^2\left(\frac{\alpha}{2}\right) < W$$

$$\text{すなわち，} \ \left[0, \ \chi_{n-1}^2\left(1 - \frac{\alpha}{2}\right)\right) \cup \left(\chi_{n-1}^2\left(\frac{\alpha}{2}\right), \ \infty\right)$$

（ⅱ）$H_1 : \sigma^2 > \sigma_0^2$（右片側検定）の場合の棄却域：

$$W > \chi_{n-1}^2(\alpha) \qquad \text{すなわち，} \ (\chi_{n-1}^2(\alpha), \infty)$$

（ⅲ）$H_1 : \sigma^2 < \sigma_0^2$（左片側検定）の場合の棄却域：

$$0 \leqq W < \chi_{n-1}^2(1 - \alpha) \qquad \text{すなわち，} \ [0, \chi_{n-1}^2(1 - \alpha))$$

以上で見てきたように，正規母集団の母平均および母分散の検定において，用いられる検定統計量とその確率分布をまとめると次のようになる。

・母平均の検定（母分散が既知の場合）：

$$Z = \frac{\overline{X} - \mu}{\sigma / \sqrt{n}} = \frac{\overline{X} - \mu}{\sqrt{\sigma^2 / n}} \ \sim \ \text{標準正規分布} \ N(0, 1)$$

・母平均の検定（母分散が未知の場合）：

$$T = \frac{\overline{X} - \mu}{\sqrt{U^2 / n}} = \frac{\overline{X} - \mu}{\sqrt{S^2 / (n-1)}} \ \sim \ \text{自由度} \ n-1 \ \text{の t 分布} \ t(n-1)$$

・母分散の検定（母平均が既知の場合）：

$$W = \sum_{i=1}^{n} \frac{(X_i - \mu)^2}{\sigma^2} \ \sim \ \text{自由度} \ n \ \text{のカイ二乗分布} \ \chi^2(n)$$

・母分散の検定（母平均が未知の場合）：

$$W = \sum_{i=1}^{n} \frac{(X_i - \overline{X})^2}{\sigma^2} \ \sim \ \text{自由度} \ n-1 \ \text{のカイ二乗分布} \ \chi^2(n-1)$$

# １０．３　二項母集団の母比率の検定

### 10.3.1　二項母集団の母比率の検定

　二項母集団の母比率 $p$ の検定を考えよう。母集団分布はベルヌーイ分布 $B(1, p)$ である。

　母比率の推定量である標本比率（標本平均）は

$$\widehat{p} = \overline{X} = \frac{1}{n} \sum_{i=1}^{n} X_i$$

であり

$$E[\widehat{p}] = p , \quad V[\widehat{p}] = \frac{p(1-p)}{n}$$

であるから，標本の大きさ $n$ が十分大きいとき，中心極限定理により

$$Z = \frac{\widehat{p} - p}{\sqrt{\dfrac{p(1-p)}{n}}}$$

は標準正規分布 $N(0, 1)$ で近似できる。

　二項母集団の母比率の区間推定のときと同様，標本の大きさ $n$ は十分大きいとする。

　帰無仮説 $H_0 : p = p_0$ に対して，危険率（有意水準）$\alpha$ での検定を行う。

$$Z = \frac{\widehat{p} - p_0}{\sqrt{\dfrac{p_0(1-p_0)}{n}}}$$

として

（ⅰ）$H_1 : p \neq p_0$（両側検定）の場合の棄却域：

$$Z < -z^*\left(\frac{\alpha}{2}\right), \ z^*\left(\frac{\alpha}{2}\right) < Z$$

$$\text{すなわち,} \ \left(-\infty, \ -z^*\left(\frac{\alpha}{2}\right)\right) \cup \left(z^*\left(\frac{\alpha}{2}\right), \ \infty\right)$$

（ⅱ）$H_1 : p > p_0$（右片側検定）の場合の棄却域：

$$Z > z^*(\alpha) \qquad \text{すなわち,} \ (z^*(\alpha), \infty)$$

（ⅲ）$H_1 : p < p_0$（左片側検定）の場合の棄却域：

$$Z < -z^*(\alpha) \qquad \text{すなわち,} \ (-\infty, -z^*(\alpha))$$

　ただし，二項母集団に対して，理論的に評価基準が不明な正規近似を用いたことに注意しなければならない。

### 10.3.2　片側検定に関する注意

片側検定の棄却域の判断について，次の関係を

$$p_1 < p_2 \iff \frac{\hat{p} - p_1}{\sqrt{\dfrac{p_1(1-p_1)}{n}}} > \frac{\hat{p} - p_2}{\sqrt{\dfrac{p_2(1-p_2)}{n}}}$$

が成り立つことを確認しておこう。

定数 $a$（$0 < a < 1$）に対して，関数

$$f(x) = \frac{a - x}{\sqrt{x(1-x)}} \qquad (0 < x < 1)$$

を考えると

$$f'(x) = \frac{-\sqrt{x(1-x)} - (a-x)\dfrac{1-2x}{2\sqrt{x(1-x)}}}{x(1-x)}$$

$$= \frac{-2x(1-x) - (a-x)(1-2x)}{2x(1-x)\sqrt{x(1-x)}}$$

$$= \frac{-x - a + 2ax}{2x(1-x)\sqrt{x(1-x)}}$$

$$= -\frac{x + a - 2ax}{2x(1-x)\sqrt{x(1-x)}}$$

$$= -\frac{(1-a)x + a(1-x)}{2x(1-x)\sqrt{x(1-x)}} < 0$$

よって

$$x_1 < x_2 \iff f(x_1) > f(x_2)$$

したがって

$$p_1 < p_2 \iff \frac{\hat{p} - p_1}{\sqrt{\dfrac{p_1(1-p_1)}{n}}} > \frac{\hat{p} - p_2}{\sqrt{\dfrac{p_2(1-p_2)}{n}}}$$

の関係が成り立つ。

### 10.3.3　カイ二乗分布による検定

対立仮説が $H_1 : p \neq p_0$（両側検定）の場合について，カイ二乗分布を用いた検定も調べてみよう。

$$Z = \frac{\hat{p} - p}{\sqrt{\dfrac{p(1-p)}{n}}}$$

より

$$W = Z^2 = \frac{(\hat{p} - p)^2}{\dfrac{p(1-p)}{n}} = \frac{(n\hat{p} - np)^2}{np(1-p)} = \frac{\left( \displaystyle\sum_{i=1}^{n} X_i - np \right)^2}{np(1-p)}$$

は自由度 1 のカイ二乗分布に従う。

そこで，帰無仮説 $H_0 : p = p_0$ に対して，危険率（有意水準）$\alpha$ での検定を行う。

$$W = \frac{(n\hat{p} - np_0)^2}{np_0(1-p_0)} = \frac{\left( \displaystyle\sum_{i=1}^{n} X_i - np \right)^2}{np(1-p)}$$

として，帰無仮説の棄却域は

$$W > \chi_1^2(\alpha) \qquad \text{すなわち，} \ (\chi_1^2(\alpha), \infty)$$

ここで

$$Y_1 = \sum_{i=1}^{n} X_i , \quad Y_2 = n - Y_1 \quad \text{および} \quad p_1 = p , \quad p_2 = 1 - p$$

とおくとき

$$\frac{(Y_1 - np_1)^2}{np_1} + \frac{(Y_2 - np_2)^2}{np_2}$$

$$= \frac{p_2(Y_1 - np_1)^2 + p_1(Y_2 - np_2)^2}{np_1 p_2}$$

$$= \frac{(1 - p_1)(Y_1 - np_1)^2 + p_1(n - Y_1 - n(1 - p_1))^2}{np_1(1 - p_1)}$$

$$= \frac{(1 - p_1)(Y_1 - np_1)^2 + p_1(-Y_1 + np_1)^2}{np_1(1 - p_1)}$$

$$= \frac{(Y_1 - np_1)^2}{np_1(1 - p_1)}$$

$$= \frac{\left( \displaystyle\sum_{i=1}^{n} X_i - np \right)^2}{np(1-p)} = W$$

すなわち

$$W = \frac{(Y_1 - np_1)^2}{np_1} + \frac{(Y_2 - np_2)^2}{np_2} = \sum_{i=1}^{2} \frac{(Y_1 - np_i)^2}{np_i}$$

この形の統計量は後のカイ二乗検定で再び現れる。

# 第11章

# 2つの母集団の比較検定

## 11.1 2つの母平均の相違の検定

### 11.1.1 母分散が既知の場合

2つの正規母集団 $N(\mu_1, \sigma_1{}^2)$, $N(\mu_2, \sigma_2{}^2)$ からの標本平均をそれぞれ $\overline{X}, \overline{Y}$ とし，標本の大きさはそれぞれ $m, n$ とする。

まず，母分散 $\sigma_1{}^2, \sigma_2{}^2$ が既知の場合に

帰無仮説 $H_0 : \mu_1 = \mu_2$

を検定することを考える。

そこで，検定に用いることのできる統計量を見つけよう。

$\overline{X}, \overline{Y}$ はそれぞれ正規分布 $N\left(\mu_1, \dfrac{\sigma_1{}^2}{m}\right)$, $N\left(\mu_2, \dfrac{\sigma_2{}^2}{n}\right)$ に従うから，正規分布の再生性より

$\overline{X} - \overline{Y}$ は正規分布 $N\left(\mu_1 - \mu_2, \dfrac{\sigma_1{}^2}{m} + \dfrac{\sigma_2{}^2}{n}\right)$ に従う。

よって

$$Z = \frac{(\overline{X} - \overline{Y}) - (\mu_1 - \mu_2)}{\sqrt{\dfrac{\sigma_1{}^2}{m} + \dfrac{\sigma_2{}^2}{n}}}$$

は標準正規分布 $N(0,1)$ に従う。

帰無仮説 $H_0 : \mu_1 = \mu_2$ のもとで，$Z$ は

$$Z = \frac{\overline{X} - \overline{Y}}{\sqrt{\dfrac{\sigma_1{}^2}{m} + \dfrac{\sigma_2{}^2}{n}}}$$

となるが，片側検定の理解のためにはもとの形は大切である。

さて，標本の実現値に対して，母平均 $\mu_1, \mu_2$ の相違の検定は以下のようになる。

（i） $H_1 : \mu_1 \neq \mu_2$ （両側検定）の場合の棄却域：

$$Z < -z^*\left(\frac{\alpha}{2}\right), \; z^*\left(\frac{\alpha}{2}\right) < Z \qquad \text{すなわち，} \; \left(-\infty, -z^*\left(\frac{\alpha}{2}\right)\right) \cup \left(z^*\left(\frac{\alpha}{2}\right), \infty\right)$$

（ⅱ）$H_1 : \mu_1 > \mu_2$ （右片側検定）の場合の棄却域：

$Z > z^*(\alpha)$ すなわち，$(z^*(\alpha), \infty)$

（ⅲ）$H_1 : \mu_1 < \mu_2$ （左片側検定）の場合の棄却域：

$Z < -z^*(\alpha)$ すなわち，$(-\infty, -z^*(\alpha))$

**（注）**片側検定において次のことに注意する。

$$\mu_1 > \mu_2 \iff \frac{(\overline{X}-\overline{Y})-(\mu_1-\mu_2)}{\sqrt{\dfrac{\sigma_1^2}{m}+\dfrac{\sigma_2^2}{n}}} < \frac{\overline{X}-\overline{Y}}{\sqrt{\dfrac{\sigma_1^2}{m}+\dfrac{\sigma_2^2}{n}}}$$

$$\mu_1 < \mu_2 \iff \frac{(\overline{X}-\overline{Y})-(\mu_1-\mu_2)}{\sqrt{\dfrac{\sigma_1^2}{m}+\dfrac{\sigma_2^2}{n}}} > \frac{\overline{X}-\overline{Y}}{\sqrt{\dfrac{\sigma_1^2}{m}+\dfrac{\sigma_2^2}{n}}}$$

### 11.1.2 母分散が未知であるが等しい場合

母分散 $\sigma_1^2, \sigma_2^2$ が等しいので，$\sigma_1^2 = \sigma_2^2 = \sigma^2$ とおく。

2 つの正規母集団 $N(\mu_1, \sigma^2)$，$N(\mu_2, \sigma^2)$ からの標本平均をそれぞれ $\overline{X}, \overline{Y}$ とし，標本の大きさはそれぞれ $m, n$ とする。

そこで，検定に用いることのできる統計量を見つけよう。

標本平均 $\overline{X}, \overline{Y}$ はそれぞれ正規分布 $N\left(\mu_1, \dfrac{\sigma^2}{m}\right)$，$N\left(\mu_2, \dfrac{\sigma^2}{n}\right)$ に従うから，正規分布の再生性より

$\overline{X}-\overline{Y}$ は正規分布 $N\left(\mu_1-\mu_2, \dfrac{\sigma^2}{m}+\dfrac{\sigma^2}{n}\right)$ に従う。

よって

$$Z = \frac{(\overline{X}-\overline{Y})-(\mu_1-\mu_2)}{\sqrt{\left(\dfrac{1}{m}+\dfrac{1}{n}\right)\sigma^2}} = \frac{(\overline{X}-\overline{Y})-(\mu_1-\mu_2)}{\sigma\sqrt{\dfrac{1}{m}+\dfrac{1}{n}}}$$

は標準正規分布 $N(0,1)$ に従う。

しかし，今度は $\sigma_1^2 = \sigma_2^2 = \sigma^2$ が未知なので，この $Z$ をそのまま検定に用いることはできない。

そこで，それぞれの不偏分散 $U_1^2, U_2^2$ を利用することを考える。

$\dfrac{(m-1)U_1^2}{\sigma^2}$ は自由度 $m-1$ のカイ二乗分布 $\chi^2(m-1)$ に従う。

$\dfrac{(n-1)U_2^2}{\sigma^2}$ は自由度 $n-1$ のカイ二乗分布 $\chi^2(n-1)$ に従う。

よって，カイ二乗分布の再生性より

$$W = \frac{(m-1)U_1^2 + (n-1)U_2^2}{\sigma^2}$$

は自由度 $m+n-2$ のカイ二乗分布 $\chi^2(m+n-2)$ に従う。

したがって

$$T = \frac{Z}{\sqrt{\dfrac{W}{m+n-2}}}$$

$$= \frac{\dfrac{\overline{X}-\overline{Y}-(\mu_1-\mu_2)}{\sqrt{\left(\dfrac{1}{m}+\dfrac{1}{n}\right)\sigma^2}}}{\sqrt{\dfrac{(m-1)U_1^2+(n-1)U_2^2}{(m+n-2)\sigma^2}}} = \frac{\dfrac{\overline{X}-\overline{Y}-(\mu_1-\mu_2)}{\sqrt{\dfrac{1}{m}+\dfrac{1}{n}}}}{\sqrt{\dfrac{(m-1)U_1^2+(n-1)U_2^2}{m+n-2}}}$$

は自由度 $m+n-2$ のt分布に従う。

帰無仮説 $H_0 : \mu_1 = \mu_2$ に対して，危険率（有意水準）$\alpha$ での検定を行う。

$$T = \frac{\dfrac{\overline{X}-\overline{Y}}{\sqrt{\dfrac{1}{m}+\dfrac{1}{n}}}}{\sqrt{\dfrac{(m-1)U_1^2+(n-1)U_2^2}{m+n-2}}}$$

さて，標本の実現値に対して（ここでも，片側検定の理解のためにはもとの形は大切である）

（ⅰ）$H_1 : \mu_1 \neq \mu_2$（両側検定）の場合の棄却域：

$$T < -t_{m+n-2}\left(\frac{\alpha}{2}\right), \ t_{m+n-2}\left(\frac{\alpha}{2}\right) < T$$

$$\text{すなわち，} \ \left(-\infty, \ -t_{m+n-2}\left(\frac{\alpha}{2}\right)\right) \cup \left(t_{m+n-2}\left(\frac{\alpha}{2}\right), \ \infty\right)$$

（ⅱ）$H_1 : \mu_1 > \mu_2$（右片側検定）の場合の棄却域：

$$T > t_{m+n-2}(\alpha) \qquad \text{すなわち，} \ (t_{m+n-2}(\alpha), \infty)$$

（ⅲ）$H_1 : \mu_1 < \mu_2$（左片側検定）の場合の棄却域：

$$T < -t_{m+n-2}(\alpha) \qquad \text{すなわち，} \ (-\infty, -t_{m+n-2}(\alpha))$$

### 11.1.3 母分散が未知であり，等しいかどうか不明の場合

母分散 $\sigma_1^2, \sigma_2^2$ が未知でしかも等しいかどうかも不明である場合（これが最も普通と考えられるが），上のような統計量を作ることができない。近似的な方法として**ウェルチの方法**と呼ばれるものがあるが本書では扱わない。

## １１．２　２つの母分散の相違の検定

### 11.2.1　Ｆ分布の補足

ここで後の議論のため，Ｆ分布の性質について若干の補足をしておく。

**［定理］** 確率変数 $X$ がＦ分布 $F(m, n)$ に従うとき，$\dfrac{1}{X}$ はＦ分布 $F(n, m)$ に従う。

**（証明）** $P(a \leqq X \leqq b) = \displaystyle\int_a^b \dfrac{m^{\frac{m}{2}} n^{\frac{n}{2}}}{B\left(\frac{m}{2}, \frac{n}{2}\right)} \cdot \dfrac{x^{\frac{m}{2}-1}}{(mx+n)^{\frac{m+n}{2}}} dx$ より

$$P\left(a \leqq \frac{1}{X} \leqq b\right) = P\left(\frac{1}{b} \leqq X \leqq \frac{1}{a}\right) = \int_{\frac{1}{b}}^{\frac{1}{a}} \frac{m^{\frac{m}{2}} n^{\frac{n}{2}}}{B\left(\frac{m}{2}, \frac{n}{2}\right)} \cdot \frac{x^{\frac{m}{2}-1}}{(mx+n)^{\frac{m+n}{2}}} dx$$

$$= \int_b^a \frac{m^{\frac{m}{2}} n^{\frac{n}{2}}}{B\left(\frac{m}{2}, \frac{n}{2}\right)} \cdot \frac{\left(\frac{1}{y}\right)^{\frac{m}{2}-1}}{\left(m\frac{1}{y}+n\right)^{\frac{m+n}{2}}} \left(-\frac{1}{y^2}\right) dy \qquad \left(x = \frac{1}{y} \text{ と置換}\right)$$

$$= \int_a^b \frac{m^{\frac{m}{2}} n^{\frac{n}{2}}}{B\left(\frac{m}{2}, \frac{n}{2}\right)} \cdot \frac{\left(\frac{1}{y}\right)^{\frac{m}{2}+1}}{\left(m\frac{1}{y}+n\right)^{\frac{m+n}{2}}} dy$$

$$= \int_a^b \frac{m^{\frac{m}{2}} n^{\frac{n}{2}}}{B\left(\frac{m}{2}, \frac{n}{2}\right)} \cdot \frac{\left(\frac{1}{y}\right)^{\frac{m}{2}+1} \cdot y^{\frac{m+n}{2}}}{(m+ny)^{\frac{m+n}{2}}} dy$$

$$= \int_a^b \frac{m^{\frac{m}{2}} n^{\frac{n}{2}}}{B\left(\frac{m}{2}, \frac{n}{2}\right)} \cdot \frac{y^{\frac{n}{2}-1}}{(m+ny)^{\frac{m+n}{2}}} dy \qquad\qquad \square$$

**［定理］** $\quad F_{m, n}(1-\alpha) = \dfrac{1}{F_{n, m}(\alpha)}$

**（証明）** 確率変数 $X$ がＦ分布 $F(m, n)$ に従うとする。

$$1 - \alpha = P(X > F_{m, n}(1-\alpha)) = P\left(\frac{1}{X} < \frac{1}{F_{m, n}(1-\alpha)}\right)$$

より

$$P\left(\frac{1}{X} > \frac{1}{F_{m,n}(1-\alpha)}\right) = \alpha$$

ところで，$\dfrac{1}{X}$ はF分布 $F(n, m)$ に従うから

$$\frac{1}{F_{m,n}(1-\alpha)} = F_{n,m}(\alpha) \qquad \therefore \quad F_{m,n}(1-\alpha) = \frac{1}{F_{n,m}(\alpha)} \qquad\qquad \square$$

### 11.2.2 母分散の相違の検定

2 つの正規母集団 $N(\mu_1, \sigma_1{}^2)$，$N(\mu_2, \sigma_2{}^2)$ からの標本平均をそれぞれ $\overline{X}, \overline{Y}$ とし，標本の大きさはそれぞれ $m, n$ とする。

　　帰無仮説 $H_0 : \sigma_1{}^2 = \sigma_2{}^2$

を検定することを考える。

　そこで，検定に用いることのできる統計量を見つけよう。

　それぞれの不偏分散 $U_1{}^2, U_2{}^2$ について

$\dfrac{(m-1)U_1{}^2}{\sigma_1{}^2}$ は自由度 $m-1$ のカイ二乗分布 $\chi^2(m-1)$ に従う。

$\dfrac{(n-1)U_2{}^2}{\sigma_2{}^2}$ は自由度 $n-1$ のカイ二乗分布 $\chi^2(n-1)$ に従う。

したがって

$$F = \frac{\dfrac{(m-1)U_1{}^2}{\sigma_1{}^2}\Big/(m-1)}{\dfrac{(n-1)U_2{}^2}{\sigma_2{}^2}\Big/(n-1)} = \frac{U_1{}^2}{U_2{}^2}\cdot\frac{\sigma_2{}^2}{\sigma_1{}^2}$$

は自由度 $(m-1, n-1)$ のF分布 $F(m-1, n-1)$ に従う。

そこで

$$P(F > F_{m-1,n-1}(\alpha)) = \alpha,$$

$$P\left(F < F_{m-1,n-1}(1-\alpha) = \frac{1}{F_{n-1,m-1}(\alpha)}\right) = \alpha$$

とおくと

　帰無仮説 $H_0 : \sigma_1{}^2 = \sigma_2{}^2$ のもとで，$F$ は

$$F = \frac{U_1{}^2}{U_2{}^2}$$

となるが，片側検定の理解のためにはもとの形は大切である。

さて，標本の実現値にたいして

（ⅰ）$H_1 : \sigma_1{}^2 \neq \sigma_2{}^2$（両側検定）の場合の棄却域：

$$0 \leqq F < \frac{1}{F_{n-1,\,m-1}\left(\dfrac{\alpha}{2}\right)},\ \ F_{m-1,\,n-1}\left(\frac{\alpha}{2}\right) < F$$

$$\text{すなわち，}\ \left[0,\ \frac{1}{F_{n-1,\,m-1}\left(\dfrac{\alpha}{2}\right)}\right) \cup \left(F_{m-1,\,n-1}\left(\frac{\alpha}{2}\right),\ \infty\right)$$

（ⅱ）$H_1 : \sigma_1{}^2 > \sigma_2{}^2$（右片側検定）の場合の棄却域：

$$F > F_{m-1,\,n-1}(\alpha) \qquad \text{すなわち，}\ \ (F_{m-1,\,n-1}(\alpha), \infty)$$

（ⅲ）$H_1 : \sigma_1{}^2 < \sigma_2{}^2$（左片側検定）の場合の棄却域：

$$0 \leqq F < \frac{1}{F_{n-1,\,m-1}(\alpha)} \qquad \text{すなわち，}\ \left[0, \frac{1}{F_{n-1,\,m-1}(\alpha)}\right)$$

**（注）** 片側検定を考える際は

$$\sigma_1{}^2 > \sigma_2{}^2 \iff \frac{U_1{}^2}{U_2{}^2} \cdot \frac{\sigma_2{}^2}{\sigma_1{}^2} < \frac{U_1{}^2}{U_2{}^2}$$

$$\sigma_1{}^2 < \sigma_2{}^2 \iff \frac{U_1{}^2}{U_2{}^2} \cdot \frac{\sigma_2{}^2}{\sigma_1{}^2} > \frac{U_1{}^2}{U_2{}^2}$$

であることに注意しよう。

2 つの正規母集団における母平均の相違および母分散の相違の検定に用いられる検定統計量とその確率分布をまとめると次のようになる。

・母平均の相違の検定（2 つの母分散が既知の場合）：

$$Z = \frac{\overline{X} - \overline{Y}}{\sqrt{\sigma_1{}^2/m + \sigma_2{}^2/n}}\ \sim\ \text{標準正規分布}\ N(0,1)$$

・母平均の相違の検定（2 つの母分散が未知であるが等しい場合）：

$$T = \frac{\dfrac{\overline{X} - \overline{Y}}{\sqrt{1/m + 1/n}}}{\sqrt{\dfrac{(m-1)U_1{}^2 + (n-1)U_2{}^2}{m+n-2}}}\ \sim\ \text{自由度}\ m+n-2\ \text{のt分布}$$

・母平均の相違の検定（2 つの母分散が未知で等しいかどうかも不明の場合）：
この場合は近似的な方法（ウェルチの方法）があるが，本書では扱わない。

・母分散の検定：

$$F = \frac{U_1{}^2}{U_2{}^2}\ \sim\ \text{自由度}\ (m-1, n-1)\ \text{のF分布}\ F(m-1, n-1)$$

# 第１２章

# 分　散　分　析

## １２．１　カイ二乗分布の諸性質

### 12.1.1　カイ二乗分布の独立性

カイ二乗分布は推定や検定において極めて重要な確率分布であるが，この後の考察のためにカイ二乗分布の性質についてさらに調べておこう。

[定理]　$n$ 個の独立な確率変数 $X_1, X_2, \cdots, X_n$ がいずれも標準正規分布 $N(0,1)$ に従い，これらの変数についての 2 次形式 $Q = Q(X_1, X_2, \cdots, X_n)$ がカイ二乗分布に従うとき，$Q$ を 2 つの非負 2 次形式 $Q_1, Q_2$ によって

$$Q = Q_1 + Q_2$$

と分解し，$Q_1$ がカイ二乗分布に従うならば，次の(ⅰ)，(ⅱ)が成り立つ。

（ⅰ）$Q_2$ はカイ二乗分布に従う。

（ⅱ）$Q_1$ と $Q_2$ は独立である。

（証明）$Q$ がカイ二乗分布に従うことから，適当な直交行列 $U$ で標準形に直すことにより

$$Q = \sum_{i=1}^{r} Y_i^2 = Y_1^2 + Y_2^2 + \cdots + Y_r^2$$

と表すことができる。ここで，$Y_1, Y_2, \cdots, Y_r$ は互いに独立で，標準正規分布 $N(0,1)$ に従う。

この確率変数 $Y_1, Y_2, \cdots, Y_r$ で $Q_1, Q_2$ を表したとき，$Y_{r+1}, Y_{r+2}, \cdots, Y_n$ を含まない。なぜならば，たとえば $Y_{r+1}^2$ を含んでいるとする。

$$Q_1 = \cdots + a_1 Y_{r+1}^2 + \cdots,$$
$$Q_2 = \cdots + a_2 Y_{r+1}^2 + \cdots$$

とすると

$$Q = Q_1 + Q_2 = \sum_{i=1}^{r} Y_i^2 = Y_1^2 + Y_2^2 + \cdots + Y_r^2$$

より，$a_1 + a_2 = 0$ となる。

$(a_1, a_2) \neq (0, 0)$ であるから，$a_1 < 0$ または $a_2 < 0$ となるが，これは $Q_1, Q_2$ が非負であることに反する。また，同様にして，$Y_{r+1}Y_j$ の項も含まない。

次に，$Q_1$ がカイ二乗分布に従うから，適当な直交行列で標準化して

$$Q_1 = \sum_{i=1}^{s} Z_i^2 = Z_1^2 + Z_2^2 + \cdots + Z_s^2 \quad (s \leqq r)$$

と表すと，$Z_1, Z_2, \cdots, Z_s$ は互いに独立で，標準正規分布 $N(0,1)$ に従う。よって

$$\begin{aligned}
Q &= Q_1 + Q_2 = Y_1^2 + Y_2^2 + \cdots + Y_r^2 \\
&= Z_1^2 + Z_2^2 + \cdots + Z_r^2 \\
Q_1 &= Z_1^2 + Z_2^2 + \cdots + Z_s^2
\end{aligned}$$

であるから，$Q = Q_1 + Q_2$ より

$$Q_2 = Q - Q_1 = \sum_{i=s+1}^{r} Z_i^2 = Z_{s+1}^2 + Z_2^2 + \cdots + Z_r^2$$

以上より，題意は示された。　　　　　　　　　　　　　　　　□

### 12.1.2　標本平均と不偏分散または標本分散の独立性

[定理]　$X_1, X_2, \cdots, X_n$ を互いに独立で，各々正規分布 $N(\mu, \sigma^2)$ に従うとする。このとき

標本平均：$\displaystyle \overline{X} = \frac{1}{n} \sum_{i=1}^{n} X_i$

不偏分散：$\displaystyle U^2 = \frac{1}{n-1} \sum_{i=1}^{n} (X_i - \overline{X})^2$

について，次が成り立つ。

（ i ）$\overline{X}$ と $U^2$ は互いに独立である。

（ ii ）$\displaystyle \frac{(n-1)U^2}{\sigma^2} = \sum_{i=1}^{n} \left( \frac{X_i - \overline{X}}{\sigma} \right)^2$ は自由度 $n-1$ のカイ二乗分布 $\chi^2(n-1)$ に従う。

**（証明）** 定理の（ i ）と（ ii ）は密接に関連しており，同時に証明される。

$Z_i = \dfrac{X_i - \mu}{\sigma}$ と標準化すると，$Z_1, Z_2, \cdots, Z_n$ は互いに独立で，いずれも標準正規分布 $N(0,1)$ に従う。

次に，直交行列 $G = (g_{ij})$ で，1 行目が

$$\left(\frac{1}{\sqrt{n}},\ \frac{1}{\sqrt{n}},\ \cdots,\ \frac{1}{\sqrt{n}}\right)$$

であるものをとり

$$\begin{pmatrix} W_1 \\ W_2 \\ \vdots \\ W_n \end{pmatrix} = G \begin{pmatrix} Z_1 \\ Z_2 \\ \vdots \\ Z_n \end{pmatrix}$$

と変換する。

このとき，$W_1, W_2, \cdots, W_n$ は互いに独立で，いずれも標準正規分布 $N(0,1)$ に従う。

$G$ は直交行列であるから

$$Z_1{}^2 + Z_2{}^2 + \cdots + Z_n{}^2 = W_1{}^2 + W_2{}^2 + \cdots + W_n{}^2$$

が成り立つ。

また，$G$ の1行目の選び方から

$$W_1 = \frac{1}{\sqrt{n}}(Z_1 + Z_2 + \cdots + Z_n) = \sqrt{n}\,\overline{Z} \qquad \therefore \quad W_1{}^2 = n\overline{Z}^2$$

よって

$$\sum_{i=1}^{n}(Z_i - \overline{Z})^2 = \sum_{i=1}^{n}Z_i{}^2 - 2\overline{Z}\sum_{i=1}^{n}Z_i + \sum_{i=1}^{n}\overline{Z}^2$$

$$= \sum_{i=1}^{n}Z_i{}^2 - 2\overline{Z}\cdot n\overline{Z} + n\overline{Z}^2$$

$$= \sum_{i=1}^{n}Z_i{}^2 - n\overline{Z}^2$$

$$= \sum_{i=1}^{n}W_i{}^2 - W_1{}^2 = \sum_{i=2}^{n}W_i{}^2$$

以上より

$$\overline{Z} = \frac{1}{\sqrt{n}}W_1 \quad \text{と} \quad \sum_{i=1}^{n}(Z_i - \overline{Z})^2 = \sum_{i=2}^{n}W_i{}^2 \text{ は互いに独立で，}$$

$\displaystyle\sum_{i=1}^{n}(Z_i - \overline{Z})^2$ は自由度 $n-1$ のカイ二乗分布 $\chi^2(n-1)$ に従う。

ここで

$$\overline{Z} = \frac{1}{n}\sum_{i=1}^{n}Z_i = \frac{1}{n}\sum_{i=1}^{n}\frac{X_i - \mu}{\sigma} = \frac{1}{\sigma}\left(\frac{1}{n}\sum_{i=1}^{n}X_i - \mu\right) = \frac{\overline{X} - \mu}{\sigma}$$

より

$$\overline{X} = \mu + \sigma \overline{Z}$$

また

$$\sum_{i=1}^{n}(Z_i - \overline{Z})^2 = \sum_{i=1}^{n}\left(\frac{X_i - \mu}{\sigma} - \frac{\overline{X} - \mu}{\sigma}\right)^2$$

$$= \sum_{i=1}^{n}\left(\frac{X_i - \mu}{\sigma} - \frac{\overline{X} - \mu}{\sigma}\right)^2$$

$$= \sum_{i=1}^{n}\left(\frac{X_i - \overline{X}}{\sigma}\right)^2 = \frac{(n-1)U^2}{\sigma^2}$$

であるから，（ i ）および（ ii ）が証明された。　　　　　　　□

### ━・━・━・━　線形代数からの復習（2次形式の標準化）　━・━・━・━

2 次形式

$$f(\mathbf{x}) = \mathbf{x}^T A \mathbf{x} \qquad \text{ここで，} A \text{ は実対称行列，} \mathbf{x} = (x_1, x_2, \cdots, x_n)^T$$

が与えられたとき，$A$ は適当な直交行列 $P$ によって

$$P^T A P = \begin{pmatrix} \lambda_1 & & & O \\ & \lambda_2 & & \\ & & \ddots & \\ O & & & \lambda_n \end{pmatrix}$$

と対角化される。

そこで

$$\mathbf{x} = P\mathbf{y} \qquad \text{すなわち，} \begin{pmatrix} x_1 \\ x_2 \\ \vdots \\ x_n \end{pmatrix} = P \begin{pmatrix} y_1 \\ y_2 \\ \vdots \\ y_n \end{pmatrix}$$

と直交変換すると

$$f(\mathbf{x}) = \mathbf{x}^T A \mathbf{x}$$

$$= (P\mathbf{y})^T A (P\mathbf{y})$$

$$= \mathbf{y}^T P^T A P \mathbf{y}$$

$$= (y_1 \ \ y_2 \ \cdots \ y_n) \begin{pmatrix} \lambda_1 & & & O \\ & \lambda_2 & & \\ & & \ddots & \\ O & & & \lambda_n \end{pmatrix} \begin{pmatrix} y_1 \\ y_2 \\ \vdots \\ y_n \end{pmatrix}$$

$$= \lambda_1 y_1{}^2 + \lambda_2 y_2{}^2 + \cdots + \lambda_n y_n{}^2$$

と標準化される。

## １２．２ 分散分析

### 12.2.1 分散分析の目標

前の章で，2 つの正規母集団について，その母平均が等しいかどうかの検定を行った。ここでは，3 つ以上の母集団の場合を含む検定を考察する。

等しい分散 $\sigma^2$ をもつ $k$ 個の正規母集団 $1, 2, \cdots, k$ :

$$N(\mu_1, \sigma^2), \quad N(\mu_2, \sigma^2), \quad \cdots, \quad N(\mu_k, \sigma^2)$$

の各々から，標本

母集団 1 から　$X_{1,1}, X_{1,2}, \cdots, X_{1,n_1}$

母集団 2 から　$X_{2,1}, X_{2,2}, \cdots, X_{2,n_2}$

　　……

母集団 $k$ から　$X_{k,1}, X_{k,2}, \cdots, X_{k,n_k}$

をとる。ただし，$n_1 + n_2 + \cdots + n_k = n$ とする。

目標は

帰無仮説 $H_0 : \mu_1 = \mu_2 = \cdots = \mu_k$

対立仮説 $H_1 : \mu_1 = \mu_2 = \cdots = \mu_k$ ではない。

を検定することである。

### 12.2.2 検定統計量の構成

上の目的を実行するために用いる統計量を構成しよう。

母集団 $i$（$i = 1, 2, \cdots, k$）からの標本の平均を $\overline{X_i}$，標本全体の平均を $\overline{X}$ とすると

$$\overline{X_i} = \frac{1}{n_i} \sum_{j=1}^{n_i} X_{i,j} \text{ は正規分布 } N\left(\mu_i, \frac{\sigma^2}{n_i}\right) \text{ に従う。}$$

また

$$\overline{X} = \frac{1}{n} \sum_{i=1}^{k} \sum_{j=1}^{n_i} X_{i,j} = \frac{1}{n} \sum_{i=1}^{k} n_i \overline{X_i}$$

である。

母集団 $i$（$i = 1, 2, \cdots, k$）からの標本の不偏分散を $U_i^2$，標本全体の不偏分散を $U^2$ とする。**全平方和** $S_T$ および母集団 $i$ における平方和 $T_i$ を

$$S_T = \sum_{i=1}^{k} \sum_{j=1}^{n_i} (X_{i,j} - \overline{X})^2 = (n-1)U^2, \quad T_i = \sum_{j=1}^{n_i} (X_{i,j} - \overline{X_i})^2 = (n_i - 1)U_i^2$$

と定めると

$$S_T = \sum_{i=1}^{k} \sum_{j=1}^{n_i} (X_{i,j} - \overline{X})^2$$

$$= \sum_{i=1}^{k} \sum_{j=1}^{n_i} \{(X_{i,j} - \overline{X_i}) + (\overline{X_i} - \overline{X})\}^2$$

$$= \sum_{i=1}^{k} \sum_{j=1}^{n_i} (X_{i,j} - \overline{X_i})^2 + 2\sum_{i=1}^{k} \sum_{j=1}^{n_i} (X_{i,j} - \overline{X_i})(\overline{X_i} - \overline{X}) + \sum_{i=1}^{k} \sum_{j=1}^{n_i} (\overline{X_i} - \overline{X})^2$$

$$= \sum_{i=1}^{k} T_i + 2\sum_{i=1}^{k} \left\{ (\overline{X_i} - \overline{X})\sum_{j=1}^{n_i} (X_{i,j} - \overline{X_i}) \right\} + \sum_{i=1}^{k} n_i(\overline{X_i} - \overline{X})^2$$

ここで

$$\overline{X_i} = \frac{1}{n_i} \sum_{j=1}^{n_i} X_{i,j}$$

より

$$\frac{1}{n_i} \sum_{j=1}^{n_i} (X_{i,j} - \overline{X_i}) = 0 \qquad \therefore \quad \sum_{j=1}^{n_i} (X_{i,j} - \overline{X_i}) = 0$$

であるから

$$S_T = \sum_{i=1}^{k} T_i + \sum_{i=1}^{k} n_i(\overline{X_i} - \overline{X})^2$$

また

$$\frac{S_T}{\sigma^2} = \sum_{i=1}^{k} \sum_{j=1}^{n_i} \frac{(X_{i,j} - \overline{X})^2}{\sigma^2}$$

は自由度 $n-1$ のカイ二乗分布 $\chi^2(n-1)$ に従い,

$$\frac{T_i}{\sigma^2} = \sum_{j=1}^{n_i} \frac{(X_{i,j} - \overline{X_i})^2}{\sigma^2} = \frac{(n_i-1)U_i^2}{\sigma^2}$$

は自由度 $n_i-1$ のカイ二乗分布 $\chi^2(n_i-1)$ に従う。

　明らかに

$$\frac{T_1}{\sigma^2}, \frac{T_2}{\sigma^2}, \cdots, \frac{T_k}{\sigma^2}$$

は互いに独立であるから, **グループ内平方和（群内平方和）** $S_E$ を

$$S_E = \sum_{i=1}^{k} T_i = \sum_{i=1}^{k} \sum_{j=1}^{n_i} (X_{i,j} - \overline{X_i})^2$$

と定めると

$$\frac{S_E}{\sigma^2} = \sum_{i=1}^{k} \frac{T_i}{\sigma^2}$$

は自由度 $\sum_{i=1}^{k}(n_i - 1) = n - k$ のカイ二乗分布 $\chi^2(n-k)$ に従う。

さらに，**グループ間平方和（群間平方和）** $S_A$ を

$$S_A = \sum_{i=1}^{k} n_i (\overline{X_i} - \overline{X})^2$$

と定めると

$$S_T = \sum_{i=1}^{k} T_i + \sum_{i=1}^{k} n_i (\overline{X_i} - \overline{X})^2$$

より，**全平方和** $S_T$ は

$$S_T = S_A + S_E$$

と分解される。
よって

$$\frac{S_T}{\sigma^2} = \frac{S_A}{\sigma^2} + \frac{S_E}{\sigma^2}$$

となり

$\dfrac{S_T}{\sigma^2}$ はカイ二乗分布 $\chi^2(n-1)$ に従い，

$\dfrac{S_E}{\sigma^2}$ はカイ二乗分布 $\chi^2(n-k)$ に従う

ので，**12.1節**で証明した定理より

$\dfrac{S_A}{\sigma^2}$ と $\dfrac{S_E}{\sigma^2}$ は独立で，かつ，

$\dfrac{S_A}{\sigma^2}$ は自由度 $(n-1)-(n-k) = k-1$ のカイ二乗分布 $\chi^2(k-1)$ に従う。

これより，検定統計量

$$F = \frac{\dfrac{S_A}{\sigma^2}\Big/(k-1)}{\dfrac{S_E}{\sigma^2}\Big/(n-k)}$$

$$= \frac{S_A/(k-1)}{S_E/(n-k)} = \frac{n-k}{k-1} \cdot \frac{S_A}{S_E}$$

は自由度 $(k-1, n-k)$ のF分布 $F(k-1, n-k)$ に従う。

### 12.2.3　検定統計量の棄却域

　最後に，帰無仮説の棄却域を考えよう．すなわち，検定統計量の値がどのような範囲に入れば帰無仮説を棄却するという判断が下されるかを調べる．
　まず

$$E[S_E] = \sum_{i=1}^{k} E[T_i] = \sum_{i=1}^{k}(n_i-1)\sigma^2 = (n-k)\sigma^2$$

である．
　次に，$E[S_A]$ を求めるために

$$E[S_T] = E\left[\sum_{i=1}^{k}\sum_{j=1}^{n_i}(X_{i,j}-\overline{X})^2\right]$$

を計算しよう．
　標本全体の平均を $\mu$ とすると

$$\mu = \frac{n_1\mu_1+n_2\mu_2+\cdots+n_k\mu_k}{n} = \frac{1}{n}\sum_{i=1}^{k}n_i\mu_i$$

であり，帰無仮説の下では

$$H_0 : \mu_1 = \mu_2 = \cdots = \mu_k = \mu$$

である．

$$(X_{i,j}-\overline{X})^2 = \{(X_{i,j}-\mu_i)+(\mu_i-\mu)-(\overline{X}-\mu)\}^2$$

$$= (X_{i,j}-\mu_i)^2+(\mu_i-\mu)^2+(\overline{X}-\mu)^2$$

$$+2(X_{i,j}-\mu_i)(\mu_i-\mu)-2(\mu_i-\mu)(\overline{X}-\mu)-2(\overline{X}-\mu)(X_{i,j}-\mu_i)$$

において

$$E\left[\sum_{i=1}^{k}\sum_{j=1}^{n_i}(X_{i,j}-\mu_i)^2\right] = \sum_{i=1}^{k}\sum_{j=1}^{n_i}E\left[(X_{i,j}-\mu_i)^2\right] = n\sigma^2$$

$$E\left[\sum_{i=1}^{k}\sum_{j=1}^{n_i}(\mu_i-\mu)^2\right] = \sum_{i=1}^{k}n_i(\mu_i-\mu)^2$$

$$E\left[\sum_{i=1}^{k}\sum_{j=1}^{n_i}(\overline{X}-\mu)^2\right] = \sum_{i=1}^{k}\sum_{j=1}^{n_i}E[(\overline{X}-\mu)^2] = n\cdot\frac{\sigma^2}{n} = \sigma^2$$

$$E\left[\sum_{i=1}^{k}\sum_{j=1}^{n_i}(X_{i,j}-\mu_i)(\mu_i-\mu)\right] = \sum_{i=1}^{k}\sum_{j=1}^{n_i}(\mu_i-\mu)E[X_{i,j}-\mu_i] = 0$$

$$E\left[\sum_{i=1}^{k}\sum_{j=1}^{n_i}(\mu_i-\mu)(\overline{X}-\mu)\right] = \sum_{i=1}^{k}\sum_{j=1}^{n_i}(\mu_i-\mu)E[\overline{X}-\mu] = 0$$

$$E\left[\sum_{i=1}^{k}\sum_{j=1}^{n_i}(\overline{X}-\mu)(X_{i,j}-\mu_i)\right] = E[(\overline{X}-\mu)\cdot n(\overline{X}-\mu)] = n\cdot\frac{\sigma^2}{n} = \sigma^2$$

であるから

$$E[S_T] = E\left[\sum_{i=1}^{k}\sum_{j=1}^{n_i}(X_{i,j} - \overline{X})^2\right]$$

$$= n\sigma^2 + \sum_{i=1}^{k} n_i(\mu_i - \mu)^2 + \sigma^2 + 0 - 0 - 2\sigma^2$$

$$= (n-1)\sigma^2 + \sum_{i=1}^{k} n_i(\mu_i - \mu)^2$$

よって

$$E[S_A] = E[S_T] - E[S_E]$$

$$= (n-1)\sigma^2 + \sum_{i=1}^{k} n_i(\mu_i - \mu)^2 - (n-k)\sigma^2$$

$$= (k-1)\sigma^2 + \sum_{i=1}^{k} n_i(\mu_i - \mu)^2$$

以上より

$$F = \frac{\dfrac{S_A}{\sigma^2}\Big/(k-1)}{\dfrac{S_E}{\sigma^2}\Big/(n-k)} = \frac{S_A/(k-1)}{S_E/(n-k)} \quad \left(= \frac{U_A}{U_E}\ とおく。\right)$$

において

$$E[U_A] = E\left[\frac{S_A}{k-1}\right] = \sigma^2 + \frac{1}{k-1}\sum_{i=1}^{k} n_i(\mu_i - \mu)^2 \ ,$$

$$E[U_E] = E\left[\frac{S_E}{n-k}\right] = \sigma^2$$

であるから

$$\frac{E[U_A]}{E[U_E]} = 1 + \frac{1}{(k-1)\sigma^2}\sum_{i=1}^{k} n_i(\mu_i - \mu)^2$$

よって，各母集団の平均の $\mu$ からの散らばりが大きくなるほど，検定統計量

$$F = \frac{U_A}{U_E}$$

の値が大きくなる傾向があることがわかる。

　したがって，検定は右片側検定が行われ

$$P(F > F_{k-1,n-k}(\alpha)) = \alpha$$

とすると，危険率 $\alpha$ での帰無仮説の棄却域は

$$F > F_{k-1,n-k}(\alpha) \qquad すなわち，\ (F_{k-1,n-k}(\alpha), \infty)$$

である。

　以上のように，分散分析とは，標本のばらつき方を考察することにより，複数の母集団分布の同一性などの検定を行うものである。そして，この目的のために用いられる検定統計量

$$F = \frac{\dfrac{S_A}{k-1}}{\dfrac{S_E}{n-k}} = \frac{U_A}{U_E}$$

は標本のばらつき方を反映したもので

　　　自由度 $(k-1, n-k)$ の F 分布 $F(k-1, n-k)$ に従う

確率変数である。

　なお，上の平方和の分解はしばしば次の**分散分析表**として整理される。実際の運用においては，分散分析表の中の必要項目を計算して，帰無仮説の棄却域を求めればよい。

|  | 平方和 | 自由度 | 平均平方和 | 検定統計量 |
|---|---|---|---|---|
| グループ間 | $S_A$ | $k-1$ | $U_A = \dfrac{S_A}{k-1}$ | $F = \dfrac{U_A}{U_E}$ |
| グループ内 | $S_E$ | $n-k$ | $U_E = \dfrac{S_E}{n-k}$ | |
| 全　体 | $S_T$ | $n-1$ | | |

　最後に，検定統計量 $F$ の計算に用いる平方和 $S_A, S_E$ を思い出しておこう。

　　　母集団 1 からの標本：$X_{1,1}, X_{1,2}, \cdots, X_{1,n_1}$ （$n_1$ 個）

　　　母集団 2 からの標本：$X_{2,1}, X_{2,2}, \cdots, X_{2,n_2}$ （$n_2$ 個）

　　　　　……

　　　母集団 $k$ からの標本：$X_{k,1}, X_{k,2}, \cdots, X_{k,n_k}$ （$n_k$ 個）

をとる。ただし，$n_1 + n_2 + \cdots + n_k = n$ とする。つまり，合計 $n$ 個とする。

　このとき，母集団 $i$ の標本平均を $\overline{X_i}$，標本全体の平均 $\overline{X}$ として

$$S_A = \sum_{i=1}^{k} n_i (\overline{X_i} - \overline{X})^2, \quad S_E = \sum_{i=1}^{k} \sum_{j=1}^{n_i} (X_{i,j} - \overline{X_i})^2, \quad S_T = \sum_{i=1}^{k} \sum_{j=1}^{n_i} (X_{i,j} - \overline{X})^2$$

であり，この 3 つの量は次の関係を満たす。

　　　$S_A + S_E = S_T$

# 第１３章
# カイ二乗検定

　ここでは，**カイ二乗検定**（カイ二乗分布を近似的に用いた検定）のうち，特に重要な"適合度の検定"と"独立性の検定"を取り上げる。カイ二乗検定では"近似"が用いられていることに注意しなければならない。

## １３．１　適合度の検定

### 13.1.1　多項分布の適合度の検定
　推定や検定を行う場合，母集団が特定の分布に従っていることを仮定している。すなわち，特定の母集団分布を仮定している。**適合度の検定**は母集団分布についての仮定そのものを検定する。ここでは**多項分布**を扱う。

　ある試行によって標本値は $k$ 個の事象 $A_1, A_2, \cdots, A_k$ のいずれかに属し，その確率を $p_1, p_2, \cdots, p_k$ とする（$p_1 + p_2 + \cdots + p_k = 1$）。いま，$n$ 回の試行で事象 $A_i$ に属する個数を $X_i$ とすると，確率ベクトル $\mathbf{X} = (X_1, X_2, \cdots, X_k)^T$ は次の確率分布をもつ多項分布に従う。

$$P(X_1 = n_1, \ X_2 = n_2, \ \cdots, \ X_k = n_k) = \frac{n!}{n_1! \, n_2! \cdots n_k!} p^{n_1} p^{n_2} \cdots p^{n_k}$$

　これから考えたい検定は

　　帰無仮説 $H_0 : p_1 = p_1^0, \ p_2 = p_2^0, \cdots, \ p_k = p_k^0$

　　対立仮説 $H_1 : H_0$ の否定

に対する検定である。

　"試行回数 $n$ が十分大きいという仮定"の下で，検定統計量

$$W = \sum_{i=1}^{k} \frac{(X_i - np_i)^2}{np_i}$$

を用いる。この検定統計量 $W$ について，次の定理が成り立つ。

**[定理]**　$n$ が十分大きいとき

$$W = \sum_{i=1}^{k} \frac{(X_i - np_i)^2}{np_i}$$

は，近似的に，自由度 $k-1$ のカイ二乗分布 $\chi^2(k-1)$ に従う。

### 13.1.2　定理の証明
いくつか補題を準備する。

[補題 1 ]　$Y_i = \dfrac{X_i - np_i}{\sqrt{np_i}}$ とおくとき，次が成り立つ。

$$\sum_{i=1}^{k} \sqrt{p_i} Y_i = 0$$

（証明）$\displaystyle\sum_{i=1}^{k} \sqrt{p_i} Y_i = \sum_{i=1}^{k} \frac{X_i - np_i}{\sqrt{n}}$

$$= \frac{1}{\sqrt{n}} \left( \sum_{i=1}^{k} X_i - n\sum_{i=1}^{k} p_i \right) = \frac{1}{\sqrt{n}} (n - n \times 1) = 0 \qquad //$$

[補題 2 ]　次が成り立つ。
$$E[Y_i] = 0 , \quad V[Y_i] = 1 - p_i , \quad \mathrm{Cov}(Y_i, Y_j) = -\sqrt{p_i p_j} \quad (i \neq j)$$

（証明）$E[Y_i] = E\left[ \dfrac{X_i - np_i}{\sqrt{np_i}} \right] = \dfrac{E[X_i] - np_i}{\sqrt{np_i}} = \dfrac{np_i - np_i}{\sqrt{np_i}} = 0$

$$V[Y_i] = \frac{V[X_i]}{np_i} = \frac{np_i(1 - p_i)}{np_i} = 1 - p_i$$

また

$$\mathrm{Cov}(Y_i, Y_j) = \mathrm{Cov}\left( \frac{X_i - np_i}{\sqrt{np_i}}, \frac{X_j - np_j}{\sqrt{np_j}} \right)$$

$$= E\left[ \frac{X_i - np_i}{\sqrt{np_i}} \cdot \frac{X_j - np_j}{\sqrt{np_j}} \right]$$

$$= \frac{1}{\sqrt{np_i}\sqrt{np_j}} E\left[ (X_i - np_i)(X_j - np_j) \right]$$

$$= \frac{1}{\sqrt{np_i}\sqrt{np_j}} \mathrm{Cov}(X_i, X_j) = \frac{-np_i p_j}{\sqrt{np_i}\sqrt{np_j}} = -\sqrt{p_i p_j} \qquad //$$

そこで，$n$ が十分大きいとし，確率ベクトル $\mathbf{Y} = (Y_1, Y_2, \cdots, Y_k)^T$ は，近似的に，上の平均，分散，共分散をもつ多次元正規分布に従うと仮定する。

[補題 3 ]　このとき，$Y_1, Y_2, \cdots, Y_k$ と独立な標準正規分布に従う確率変数 $Y_0$ をとり
$$Z_i = Y_i + \sqrt{p_i} Y_0$$

と定めるとき

$Z_1, Z_2, \cdots, Z_k$ は互いに独立で,

いずれも標準正規分布 $N(0,1)$に従う。

（証明） $E[Z_i] = E[Y_i + \sqrt{p_i}Y_0] = 0 + 0 = 0$

$V[Z_i] = V[Y_i] + p_i V[Y_0] = 1 - p_i + p_i = 1$

$\text{Cov}[Z_i, Z_j] = \text{Cov}[Y_i + \sqrt{p_i}Y_0, Y_j + \sqrt{p_j}Y_0]$

$\qquad = E\left[(Y_i + \sqrt{p_i}Y_0)(Y_j + \sqrt{p_j}Y_0)\right]$

$\qquad = E[Y_i Y_j] + \sqrt{p_i p_j}E[Y_0^2]$

$\qquad = \text{Cov}[Y_i, Y_j] + \sqrt{p_i p_j}V[Y_0]$

$\qquad = -\sqrt{p_i p_j} + \sqrt{p_i p_j} = 0 \qquad //$

以上の補題を準備した下で，定理の証明を完成しよう。

$k$ 次の直交行列 $U = (u_{ij})$ で

$$(u_{11}, u_{12}, \cdots, u_{1k}) = (\sqrt{p_1}, \sqrt{p_2}, \cdots, \sqrt{p_k})$$

を満たすものをとり

$$\begin{pmatrix} W_1 \\ W_2 \\ \vdots \\ W_k \end{pmatrix} = \begin{pmatrix} u_{11} & u_{12} & \cdots & u_{1k} \\ u_{21} & u_{22} & \cdots & u_{2k} \\ \vdots & \vdots & \ddots & \vdots \\ u_{k1} & u_{k2} & \cdots & u_{kk} \end{pmatrix} \begin{pmatrix} Z_1 \\ Z_2 \\ \vdots \\ Z_k \end{pmatrix}$$

により，確率変数 $W_1, W_2, \cdots, W_k$ を定める。

このとき

$W_1, W_2, \cdots, W_k$ は互いに独立で，いずれも標準正規分布 $N(0,1)$に従う。

また

$$W_1 = \sum_{j=1}^{k} u_{1i}Z_j = \sum_{j=1}^{k} \sqrt{p_j}Z_j , \quad \sum_{i=1}^{k} W_i^2 = \sum_{i=1}^{k} Z_i^2$$

が成り立つ。

よって

$$W = \sum_{i=1}^{k} \frac{(X_i - np_i)^2}{np_i} = \sum_{i=1}^{k} Y_i^2$$

$$= \sum_{i=1}^{k} \{(Y_i + \sqrt{p_i}Y_0) - \sqrt{p_i}Y_0\}^2$$

$$= \sum_{i=1}^{k}(Y_i + \sqrt{p_i}Y_0)^2 - 2\sum_{i=1}^{k}(Y_i + \sqrt{p_i}Y_0)\sqrt{p_i}Y_0 + \sum_{i=1}^{k}p_iY_0^2$$

$$= \sum_{i=1}^{k}(Y_i + \sqrt{p_i}Y_0)^2 - 2Y_0\sum_{i=1}^{k}\sqrt{p_i}Y_i - 2\sum_{i=1}^{k}p_iY_0^2 + \sum_{i=1}^{k}p_iY_0^2$$

$$= \sum_{i=1}^{k}(Y_i + \sqrt{p_i}Y_0)^2 - 2Y_0 \times 0 - \sum_{i=1}^{k}p_iY_0^2$$

$$= \sum_{i=1}^{k}(Y_i + \sqrt{p_i}Y_0)^2 - Y_0^2 = \sum_{i=1}^{k}Z_i^2 - Y_0^2 = \sum_{i=1}^{k}W_i^2 - Y_0^2$$

ここで，$\displaystyle\sum_{i=1}^{k}\sqrt{p_i}Y_i = 0$ より

$$\sum_{i=1}^{k}\sqrt{p_i}(Y_i + \sqrt{p_i}Y_0) = \sum_{i=1}^{k}p_iY_0 = Y_0 \qquad \therefore \quad Y_0 = \sum_{i=1}^{k}\sqrt{p_i}Z_i = W_1$$

であるから

$$W = \sum_{i=1}^{k}W_i^2 - Y_0^2 = \sum_{i=1}^{k}W_i^2 - W_1^2 = \sum_{i=2}^{k}W_i^2$$

となる。

以上より，$n$ が十分大きいとき

$$W = \sum_{i=1}^{k}\frac{(X_i - np_i)^2}{np_i}$$

は，近似的に，自由度 $k-1$ のカイ二乗分布 $\chi^2(k-1)$ に従う。　　　　□

### 13.1.3　帰無仮説の棄却域

帰無仮説 $H_0 : p_1 = p_1^0, p_2 = p_2^0, \cdots, p_k = p_k^0$

の棄却域を考えよう。

検定統計量

$$W = \sum_{i=1}^{k}\frac{(X_i - np_i)^2}{np_i}$$

は，母比率の検定の際に考察したように，帰無仮説からずれると検定統計量の値は大きい方にずれる。したがって，右片側検定を行う。

そこで

$$P(W > \chi_{k-1}^2(\alpha)) = \alpha$$

と定めると，帰無仮説の棄却域は

$$W > \chi_{k-1}^2(\alpha) \qquad \text{すなわち，} (\chi_{k-1}^2(\alpha), \infty)$$

# 13．2　独立性の検定

### 13.2.1　独立性の検定

2つの属性 $A, B$ があり，

　属性 $A$ ： $A_1, A_2, \cdots, A_k$

　属性 $B$ ： $B_1, B_2, \cdots, B_h$

に分かれているとし，確率が

$$P(A_i \cap B_j) = p_{i,j} \quad (i = 1, 2, \cdots, k \; ; \; j = 1, 2, \cdots, h)$$

のように与えられているとする。

さらに

$$P(A_i) = q_i \quad (i = 1, 2, \cdots, k), \quad P(B_j) = r_j \quad (j = 1, 2, \cdots, h)$$

とする。

ここで考えたい検定は，2つの属性 $A, B$ の独立性である。すなわち

　帰無仮説 $H_0 : p_{i,j} = q_i r_j \quad (i = 1, 2, \cdots, k \; ; \; j = 1, 2, \cdots, h)$

　対立仮説 $H_1 : H_0$ の否定

の検定である。

なお，上の問題において次のような表を**分割表**という。

| $A \backslash B$ | $B_1$ | $B_2$ | $\cdots$ | $B_h$ | |
|---|---|---|---|---|---|
| $A_1$ | $X_{1,1}$ | $X_{1,2}$ | $\cdots$ | $X_{1,h}$ | |
| $A_2$ | $X_{2,1}$ | $X_{2,2}$ | $\cdots$ | $X_{2,h}$ | |
| $\vdots$ | $\vdots$ | $\vdots$ | $\ddots$ | $\vdots$ | |
| $A_k$ | $X_{k,1}$ | $X_{k,2}$ | $\cdots$ | $X_{k,h}$ | |
| | | | | | $n$ |

### 13.2.2　検定統計量の構成と棄却域

大きさ $n$ の標本を抽出し，$A_i \cap B_j$ に属する個数を $X_{i,j}$ とする。よって

$$\sum_{i=1}^{k} \sum_{j=1}^{h} X_{i,j} = n$$

である。

検定のために，確率 $p_{i,j}$ ，$q_i$ ，$r_j$ をそれらの推定量

$$\widehat{p}_{i,j} = \frac{1}{n} X_{i,j}, \quad \widehat{q}_i = \frac{1}{n} \sum_{j=1}^{h} X_{i,j}, \quad \widehat{r}_j = \frac{1}{n} \sum_{i=1}^{k} X_{i,j}$$

で近似する。

　このとき，独立性の検定のための検定統計量として

$$W = \sum_{i=1}^{k} \sum_{j=1}^{h} \frac{(X_{i,j} - n\hat{p}_{i,j})^2}{n\hat{p}_{i,j}}$$

を用いる。この統計量の確率分布について，次が成り立つ。

**[定理]**　$n$ が十分大きいとき

$$W = \sum_{i=1}^{k} \sum_{j=1}^{h} \frac{(X_{i,j} - n\hat{p}_{i,j})^2}{n\hat{p}_{i,j}}$$

は，近似的に，自由度 $(k-1)(h-1)$ のカイ二乗分布 $\chi^2((k-1)(h-1))$ に従う。

　**（証明）**適合度の検定と同様に，統計量 $W$ は近似的にカイ二乗分布に従うが，この自由度は $kh-1$ ではない。以下で，自由度を調べる。

$$a_{i,j} = X_{i,j} - n\hat{p}_{i,j} \quad (i = 1, 2, \cdots, k \ ; \ j = 1, 2, \cdots, h)$$

とおくと

$$\sum_{j=1}^{h} a_{i,j} = \sum_{j=1}^{h} (X_{i,j} - n\hat{p}_{i,j})$$

$$= \sum_{j=1}^{h} X_{i,j} - n\sum_{j=1}^{h} \frac{X_{i,j}}{n} = 0 \quad (i = 1, 2, \cdots, k)$$

$$\sum_{i=1}^{k} a_{i,j} = \sum_{i=1}^{k} (X_{i,j} - n\hat{p}_{i,j})$$

$$= \sum_{i=1}^{k} X_{i,j} - n\sum_{i=1}^{k} \frac{X_{i,j}}{n} = 0 \quad (j = 1, 2, \cdots, h)$$

が成り立つから，全体の自由度は

$$kh - k - h + 1 = (k-1)(h-1)$$

となる。　　　　　　　　　　　　　　　　　　　　　　　　　　　□

　適合度の検定と同様に，帰無仮説の検定は右片側検定で，その棄却域は

$$W > \chi^2_{(k-1)(h-1)}(\alpha) \qquad \text{すなわち，} \ (\chi^2_{(k-1)(h-1)}(\alpha), \infty)$$

**（注）**以上，適合度の検定および独立性の検定を考察してきたが，いずれの場合も大標本，すなわち標本の大きさ $n$ が十分大きいことを仮定していたことに注意しなければならない。また，理論的には評価基準が不明な"近似"が用いられていることに注意しなければならない。

# 第14章

# 回 帰 分 析

## 14．1　回帰直線の再考

### 14.1.1　回帰直線の再考

　1.3節の記述統計において，2 つの変量の関係に着目し，ある変数 $y$ を他の変数 $x$ で説明する回帰直線を考察した。このとき，変数 $y$ を**目的変数**，変数 $x$ を**説明変数**と呼ぶことがある。本章では確率分布の考えを用いてさらにこの問題を考察していく。

　2 変量 $(x, y)$ に関する $n$ 組の標本

$$(X_1, Y_1), (X_2, Y_2), \cdots, (X_n, Y_n)$$

を考える。

　ここで，一般に $Y_i$（$i = 1, 2, \cdots, n$）は確率変数であるが，通常 $X_i$ は定数と考えて考察する。そこで，上の $n$ 組の標本を

$$(x_1, Y_1), (x_2, Y_2), \cdots, (x_n, Y_n)$$

と表し，$Y_i$ のみを確率変数と考えることにする。

　以下では，確率変数 $Y_i$ の平均 $E[Y_i]$ が

$$E[Y_i] = \beta_0 + \beta_1 x_i \quad (i = 1, 2, \cdots, n)$$

を満たしている場合を考察する。

　$Y_i$ は確率変数であるから

$$\varepsilon_i = Y_i - (\beta_0 + \beta_1 x_i) \qquad \text{すなわち，} \quad Y_i = \beta_0 + \beta_1 x_i + \varepsilon_i$$

によって $\varepsilon_i$ を定義すると，$\varepsilon_i$ も確率変数である。

　このとき，$E[\varepsilon_i] = 0$ であるが，さらに，次の条件：

　　$\varepsilon_1, \varepsilon_2, \cdots, \varepsilon_n$ は互いに独立で，同じ正規分布 $N(0, \sigma^2)$ に従う。

を満たすことを仮定する。

　このとき，$Y_1, Y_2, \cdots, Y_n$ も互いに独立で，

$$Y_i = \beta_0 + \beta_1 x_i + \varepsilon_i$$

は正規分布 $N(\beta_0 + \beta_1 x_i, \sigma^2)$ に従う。

したがって，確率変数 $Y_1, Y_2, \cdots, Y_n$ はそれぞれ $n$ 個の正規母集団

$$N(\beta_0 + \beta_1 x_1, \sigma^2),\, N(\beta_0 + \beta_1 x_2, \sigma^2),\, \cdots,\, N(\beta_0 + \beta_1 x_n, \sigma^2)$$

から得られた一つの標本である。

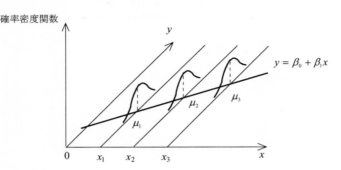

さて，$n$ 組の標本を

$$(x_1, Y_1), (x_2, Y_2), \cdots, (x_n, Y_n)$$

から，最小二乗法によって，すなわち

$$L(\beta_0, \beta_1) = \sum_{i=1}^{n} \varepsilon_i^{\,2} = \sum_{i=1}^{n} \{Y_i - (\beta_0 + \beta_1 x_i)\}^2$$

を最小にする係数 $\beta_0, \beta_1$ として次を得た。

$$\widehat{\beta}_0 = \frac{\displaystyle\sum_{i=1}^{n} x_i^{\,2} \sum_{i=1}^{n} Y_i - \sum_{i=1}^{n} x_i \sum_{i=1}^{n} x_i Y_i}{\displaystyle n \sum_{i=1}^{n} x_i^{\,2} - \left(\sum_{i=1}^{n} x_i\right)^2}, \quad \widehat{\beta}_1 = \frac{\displaystyle n \sum_{i=1}^{n} x_i Y_i - \sum_{i=1}^{n} x_i \sum_{i=1}^{n} Y_i}{\displaystyle n \sum_{i=1}^{n} x_i^{\,2} - \left(\sum_{i=1}^{n} x_i\right)^2}$$

$\widehat{\beta}_0, \widehat{\beta}_1$ を求めるために最小二乗法によって得られた連立 1 次方程式

$$\begin{cases} n\widehat{\beta}_0 + \left(\displaystyle\sum_{i=1}^{n} x_i\right)\widehat{\beta}_1 = \displaystyle\sum_{i=1}^{n} Y_i \\[2mm] \left(\displaystyle\sum_{i=1}^{n} x_i\right)\widehat{\beta}_0 + \left(\displaystyle\sum_{i=1}^{n} x_i^{\,2}\right)\widehat{\beta}_1 = \displaystyle\sum_{i=1}^{n} x_i Y_i \end{cases}$$

は**正規方程式**と呼ばれ，行列を用いて表すと次のようになった。

$$\begin{pmatrix} n & \displaystyle\sum_{i=1}^{n} x_i \\[2mm] \displaystyle\sum_{i=1}^{n} x_i & \displaystyle\sum_{i=1}^{n} x_i^{\,2} \end{pmatrix} \begin{pmatrix} \widehat{\beta}_0 \\[2mm] \widehat{\beta}_1 \end{pmatrix} = \begin{pmatrix} \displaystyle\sum_{i=1}^{n} Y_i \\[2mm] \displaystyle\sum_{i=1}^{n} x_i Y_i \end{pmatrix}$$

### 14. 1. 2 回帰係数の行列表示

$$\mathbf{x} = \begin{pmatrix} x_1 \\ x_2 \\ \vdots \\ x_n \end{pmatrix}, \quad \mathbf{Y} = \begin{pmatrix} Y_1 \\ Y_2 \\ \vdots \\ Y_n \end{pmatrix}, \quad \boldsymbol{\varepsilon} = \begin{pmatrix} \varepsilon_1 \\ \varepsilon_2 \\ \vdots \\ \varepsilon_n \end{pmatrix},$$

および

$$X = (\mathbf{1}, \mathbf{x}) = \begin{pmatrix} 1 & x_1 \\ 1 & x_2 \\ \vdots & \vdots \\ 1 & x_n \end{pmatrix}, \quad \hat{\boldsymbol{\beta}} = \begin{pmatrix} \hat{\beta}_0 \\ \hat{\beta}_1 \end{pmatrix}$$

とおくと

$$Y_i = \hat{\beta}_0 + \hat{\beta}_1 x_i + \varepsilon_i \quad (i = 1, 2, \cdots, n)$$

は次のように表される。

$$\begin{pmatrix} Y_1 \\ Y_2 \\ \vdots \\ Y_n \end{pmatrix} = \begin{pmatrix} 1 & x_1 \\ 1 & x_2 \\ \vdots & \vdots \\ 1 & x_n \end{pmatrix} \begin{pmatrix} \hat{\beta}_0 \\ \hat{\beta}_1 \end{pmatrix} + \begin{pmatrix} \varepsilon_1 \\ \varepsilon_2 \\ \vdots \\ \varepsilon_n \end{pmatrix}$$

すなわち

$$\mathbf{Y} = X\hat{\boldsymbol{\beta}} + \boldsymbol{\varepsilon}$$

このとき正規方程式は

$$X^T X \hat{\boldsymbol{\beta}} = X^T \mathbf{Y}$$

と表され, 回帰係数は

$$\hat{\boldsymbol{\beta}} = (X^T X)^{-1} X^T \mathbf{Y}$$

と表された。
これを成分ごとに表せば

$$\hat{\beta}_0 = \frac{\sum_{i=1}^n x_i^2 \sum_{i=1}^n Y_i - \sum_{i=1}^n x_i \sum_{i=1}^n x_i Y_i}{n \sum_{i=1}^n x_i^2 - \left( \sum_{i=1}^n x_i \right)^2}, \quad \hat{\beta}_1 = \frac{n \sum_{i=1}^n x_i Y_i - \sum_{i=1}^n x_i \sum_{i=1}^n Y_i}{n \sum_{i=1}^n x_i^2 - \left( \sum_{i=1}^n x_i \right)^2}$$

に他ならない。

## １４．２　回帰係数の検定

### 14.2.1　回帰係数の検定の準備

さて，ここでの目標は，回帰係数の検定を行うことである。

まず，回帰係数の推定量の平均を計算してみよう。

$$E[\mathbf{Y}] = E[X\boldsymbol{\beta} + \boldsymbol{\varepsilon}] = X\boldsymbol{\beta} + E[\boldsymbol{\varepsilon}] = X\boldsymbol{\beta}$$

であるから

$$\begin{aligned} E[\hat{\boldsymbol{\beta}}] &= E[(X^T X)^{-1} X^T \mathbf{Y}] \\ &= (X^T X)^{-1} X^T E[\mathbf{Y}] \\ &= (X^T X)^{-1} X^T X\boldsymbol{\beta} = \boldsymbol{\beta} \end{aligned}$$

である。すなわち

$$E[\hat{\beta}_0] = \beta_0, \quad E[\hat{\beta}_1] = \beta_1$$

が成り立ち，推定量 $\hat{\beta}_0, \hat{\beta}_1$ はそれぞれ $\beta_0, \beta_1$ の不偏推定量である。

分散も計算しておこう。

$$\begin{aligned} \mathrm{Var}[\hat{\boldsymbol{\beta}}] &= \mathrm{Var}[(X^T X)^{-1} X^T \mathbf{Y}] \\ &= (X^T X)^{-1} X^T \mathrm{Var}[\mathbf{Y}]\{(X^T X)^{-1} X^T\}^T \\ &= (X^T X)^{-1} X^T \mathrm{Var}[\mathbf{Y}] X (X^T X)^{-1} \\ &= (X^T X)^{-1} X^T \sigma^2 I_n X (X^T X)^{-1} \quad (I_n \text{ は } n \text{ 次の単位行列}) \\ &= \sigma^2 (X^T X)^{-1} X^T X (X^T X)^{-1} \\ &= \sigma^2 (X^T X)^{-1} \end{aligned}$$

ここで

$$X^T X = \begin{pmatrix} 1 & 1 & \cdots & 1 \\ x_1 & x_2 & \cdots & x_n \end{pmatrix} \begin{pmatrix} 1 & x_1 \\ 1 & x_2 \\ \vdots & \vdots \\ 1 & x_n \end{pmatrix} = \begin{pmatrix} n & \sum_{i=1}^{n} x_i \\ \sum_{i=1}^{n} x_i & \sum_{i=1}^{n} x_i{}^2 \end{pmatrix}$$

であるから

$$(X^T X)^{-1} = \frac{1}{n \sum_{i=1}^{n} x_i{}^2 - \left( \sum_{i=1}^{n} x_i \right)} \begin{pmatrix} \sum_{i=1}^{n} x_i{}^2 & -\sum_{i=1}^{n} x_i \\ -\sum_{i=1}^{n} x_i & n \end{pmatrix}$$

よって

$$V[\widehat{\beta}_0] = \frac{\sigma^2 \sum_{i=1}^{n} x_i^2}{n\sum_{i=1}^{n} x_i^2 - \left(\sum_{i=1}^{n} x_i\right)}, \quad V[\widehat{\beta}_1] = \frac{n\sigma^2}{n\sum_{i=1}^{n} x_i^2 - \left(\sum_{i=1}^{n} x_i\right)}$$

$$\mathrm{Cov}[\widehat{\beta}_0, \widehat{\beta}_1] = -\frac{\sum_{i=1}^{n} x_i}{n\sum_{i=1}^{n} x_i^2 - \left(\sum_{i=1}^{n} x_i\right)}$$

が成り立つ。

さて，回帰分析においてわかり易くかつ重要な検定は，

帰無仮説 $H_0 : \beta_1 = 0$ 　　対立仮説 $H_1 : \beta_1 \neq 0$

の検定である。

$\beta_1 = 0$ ということは，$x$ が $y$ に影響を及ぼさないということであり，この帰無仮説が棄却されれば，$x$ が $y$ に影響を及ぼすことが確かめられたことになる。$\beta_1 = 0$ を検定することによって，2 つの変量の間に因果関係があるかどうかを判定するということでしばしば**有意性検定**と呼ばれ，重要性の高い検定である。

### 14.2.2 検定統計量の構成

まず

$$\widehat{Y}_i = \widehat{\beta}_0 + \widehat{\beta}_1 x_i \ (i = 1, 2, \cdots, n) \qquad 行列表示では，\ \widehat{\mathbf{Y}} = X\widehat{\boldsymbol{\beta}}$$

とし

$$e_i = Y_i - \widehat{Y}_i = Y_i - (\widehat{\beta}_0 + \widehat{\beta}_1 x_i) \ (i = 1, 2, \cdots, n)$$

$$行列表示では，\ \mathbf{e} = \mathbf{Y} - X\widehat{\boldsymbol{\beta}}$$

とおく。

$$\widehat{\mathbf{Y}} = X\widehat{\boldsymbol{\beta}}$$
$$= X(X^T X)^{-1} X^T \mathbf{Y} = P_X \mathbf{Y} \qquad (ただし，\ P_X = X(X^T X)^{-1} X^T)$$

であり

$$P_X X = X(X^T X)^{-1} X^T X = X$$
$$P_X{}^T = \{X(X^T X)^{-1} X^T\}^T = X(X^T X)^{-1} X^T = P_X$$
$$P_X{}^2 = X(X^T X)^{-1} X^T \cdot X(X^T X)^{-1} X^T = X(X^T X)^{-1} X^T = P_X$$

に注意すると

$$\mathbf{e} = \mathbf{Y} - \widehat{\mathbf{Y}} = \mathbf{Y} - X\widehat{\boldsymbol{\beta}}$$

$$= (I_n - P_X)\mathbf{Y}$$
$$= (I_n - P_X)(X\boldsymbol{\beta} + \boldsymbol{\varepsilon})$$
$$= X\boldsymbol{\beta} - P_X X\boldsymbol{\beta} + \boldsymbol{\varepsilon} - P_X\boldsymbol{\varepsilon}$$
$$= X\boldsymbol{\beta} - X\boldsymbol{\beta} + \boldsymbol{\varepsilon} - P_X\boldsymbol{\varepsilon}$$
$$= (I_n - P_X)\boldsymbol{\varepsilon}$$

よって

$$\mathbf{e}^T\mathbf{e} = \{(I_n - P_X)\boldsymbol{\varepsilon}\}^T (I_n - P_X)\boldsymbol{\varepsilon}$$
$$= \boldsymbol{\varepsilon}^T (I_n - P_X)(I_n - P_X)\boldsymbol{\varepsilon}$$
$$= \boldsymbol{\varepsilon}^T (I_n - 2P_X + P_X{}^2)\boldsymbol{\varepsilon}$$
$$= \boldsymbol{\varepsilon}^T (I_n - P_X)\boldsymbol{\varepsilon}$$

であり

$$E[\mathbf{e}^T\mathbf{e}] = E[\boldsymbol{\varepsilon}^T (I_n - P_X)\boldsymbol{\varepsilon}] = E[\boldsymbol{\varepsilon}^T\boldsymbol{\varepsilon}] - E[\boldsymbol{\varepsilon}^T P_X\boldsymbol{\varepsilon}]$$

ここで

$$E[\boldsymbol{\varepsilon}^T\boldsymbol{\varepsilon}] = \sum_{i=1}^{n} V[\varepsilon_i] = \sum_{i=1}^{n} \sigma^2 = n\sigma^2$$

また，2次形式を直交行列を用いて

$$\boldsymbol{\varepsilon}^T P_X\boldsymbol{\varepsilon} = \sum_{i=1}^{n} \lambda_i (\varepsilon_i')^2$$

と標準化しておくと

$$E[\boldsymbol{\varepsilon}^T P_X\boldsymbol{\varepsilon}] = \sum_{i=1}^{n} \lambda_i (\varepsilon_i')^2 = \sigma^2 \sum_{i=1}^{n} \lambda_i = \sigma^2 \mathrm{tr}(P_X)$$

であり

$$E[\mathbf{e}^T\mathbf{e}] = n\sigma^2 - \sigma^2 \mathrm{tr}(P_X)$$
$$= n\sigma^2 - \sigma^2 \mathrm{tr}(X(X^T X)^{-1} X^T)$$
$$= n\sigma^2 - \sigma^2 \mathrm{tr}((X^T X)^{-1} X^T X)$$
$$= n\sigma^2 - \sigma^2 \mathrm{tr}(I_2)$$
$$= n\sigma^2 - 2\sigma^2$$
$$= (n-2)\sigma^2$$

よって

$$\widehat{\sigma}^2 = \frac{\mathbf{e}^T\mathbf{e}}{n-2} \qquad (E[\widehat{\sigma}^2] = \frac{1}{n-2} E[\mathbf{e}^T\mathbf{e}] = \sigma^2)$$

は $\sigma^2$ の不偏推定量である。

このとき，次が成り立つ。

**［定理］** $\hat{\boldsymbol{\beta}} = (X^T X)^{-1} X^T \mathbf{Y}$，$\widehat{\sigma^2} = \dfrac{\mathbf{e}^T \mathbf{e}}{n-2}$ について，次が成り立つ。

（ⅰ） $\hat{\boldsymbol{\beta}}$ は 2 次元正規分布 $N_2(\boldsymbol{\beta}, \sigma^2(X^T X)^{-1})$ に従う。

（ⅱ） $\hat{\boldsymbol{\beta}}$ と $\widehat{\sigma^2}$ は互いに独立である。

（ⅲ） $\dfrac{(n-2)\widehat{\sigma^2}}{\sigma^2}$ は自由度 $n-2$ のカイ二乗分布 $\chi^2(n-2)$ に従う。

**（証明）**（ⅰ）はすでに証明済みである。
（ⅱ）と（ⅲ）を証明するが，この 2 つは密接に関係しており，ほぼ同時に証明される。
まず

$$G_1 = (\mathbf{g}_1, \mathbf{g}_2) = \begin{pmatrix} 1/\sqrt{n} & (x_1 - \bar{x})/\sqrt{n}s_x \\ 1/\sqrt{n} & (x_2 - \bar{x})/\sqrt{n}s_x \\ \vdots & \vdots \\ 1/\sqrt{n} & (x_n - \bar{x})/\sqrt{n}s_x \end{pmatrix} \qquad \bar{x} = \frac{1}{n}\sum_{i=1}^n x_i ,$$

$$s_x{}^2 = \frac{1}{n}\sum_{i=1}^n (x_i - \bar{x})^2$$

とおく。実はこの $\mathbf{g}_1, \mathbf{g}_2$ は $\mathbf{1}, \mathbf{x}$ をグラム・シュミットの方法により正規直交化したものである。
すなわち

$$\mathbf{g}_1 = \frac{\mathbf{1}}{\|\mathbf{1}\|}, \quad \mathbf{g}_2 = \frac{\mathbf{x} - (\mathbf{x}^T \mathbf{g}_1)\mathbf{g}_1}{\|\mathbf{x} - (\mathbf{x}^T \mathbf{g}_1)\mathbf{g}_1\|}$$

そこで，$G = (G_1, G_2)$ が直交行列になるように $G_2 = (\mathbf{g}_3, \cdots, \mathbf{g}_n)$ を定める。

$$\mu_i = \beta_0 + \beta_1 x_i \quad (i = 1, 2, \cdots, n)$$

$$\boldsymbol{\mu} = \begin{pmatrix} \mu_1 \\ \mu_2 \\ \vdots \\ \mu_n \end{pmatrix} = \begin{pmatrix} \beta_0 + \beta_1 x_1 \\ \beta_0 + \beta_1 x_2 \\ \vdots \\ \beta_0 + \beta_1 x_n \end{pmatrix} = \beta_0 \mathbf{1} + \beta_1 \mathbf{x}$$

とおくと，$\boldsymbol{\mu}$ は $\mathbf{g}_1, \mathbf{g}_2$ の 1 次結合で表されるから

$$\mathbf{g}_i^T \boldsymbol{\mu} = 0 \quad (i = 3, \cdots, n)$$

が成り立つ。

さて，$Y_i = \beta_0 + \beta_1 x_i + \varepsilon_i = \mu_i + \varepsilon_i \quad (i = 1, 2, \cdots, n)$ （$\mathbf{Y} = \boldsymbol{\mu} + \boldsymbol{\varepsilon}$）に対して

$$\mathbf{Z} = G^T \mathbf{Y}$$

とおくと，$\mathbf{Y}$ は $n$ 次元正規分布 $N_n(\boldsymbol{\mu}, \sigma^2 I_n)$ に従うから，$\mathbf{Z}$ は $n$ 次元標準正規分布 $N_n(\boldsymbol{\eta}, \sigma^2 I_n)$ に従う（ただし，$\boldsymbol{\eta} = G^T\boldsymbol{\mu}$）。

ところで，$\boldsymbol{\beta}$ の推定量である $\hat{\boldsymbol{\beta}}$ は

$$Q(\boldsymbol{\beta}) = \| \mathbf{Y} - X\boldsymbol{\beta} \|^2 = \| \mathbf{Y} - \boldsymbol{\mu} \|^2$$

を最小にする $\boldsymbol{\beta}$ であった。

$$\begin{aligned}
\| \mathbf{Y} - \boldsymbol{\mu} \|^2 &= (\mathbf{Y} - \boldsymbol{\mu})^T (\mathbf{Y} - \boldsymbol{\mu}) \\
&= (\mathbf{Y} - \boldsymbol{\mu})^T GG^T (\mathbf{Y} - \boldsymbol{\mu}) \\
&= \{G^T (\mathbf{Y} - \boldsymbol{\mu})\}^T G^T (\mathbf{Y} - \boldsymbol{\mu}) \\
&= (\mathbf{Z} - \boldsymbol{\eta})^T (\mathbf{Z} - \boldsymbol{\eta}) \\
&= \| \mathbf{Z} - \boldsymbol{\eta} \|^2 \\
&= (Z_1 - \eta_1)^2 + (Z_2 - \eta_2)^2 + \sum_{i=3}^{n} (Z_i - \eta_i)^2 \\
&= (Z_1 - \eta_1)^2 + (Z_2 - \eta_2)^2 + \sum_{i=3}^{n} Z_i^2
\end{aligned}$$

これが最小になるときであるから

$$\eta_1 = \mathbf{g}_1^T\boldsymbol{\mu} = Z_1, \quad \eta_2 = \mathbf{g}_2^T\boldsymbol{\mu} = Z_2$$

このとき

$$\boldsymbol{\mu} = X\hat{\boldsymbol{\beta}} = \widehat{\mathbf{Y}}, \quad \mathbf{Y} - \boldsymbol{\mu} = \mathbf{Y} - \widehat{\mathbf{Y}} = \mathbf{e}$$

であるから

$$\mathbf{e}^T\mathbf{e} = \| \mathbf{e} \|^2 = \| \mathbf{Y} - \boldsymbol{\mu} \|^2 = \sum_{i=3}^{n} Z_i^2$$

また

$$\begin{pmatrix} 1/\sqrt{n} & (x_1 - \bar{x})/\sqrt{n}s_x \\ 1/\sqrt{n} & (x_2 - \bar{x})/\sqrt{n}s_x \\ \vdots & \vdots \\ 1/\sqrt{n} & (x_n - \bar{x})/\sqrt{n}s_x \end{pmatrix} = \begin{pmatrix} 1 & x_1 \\ 1 & x_2 \\ \vdots & \vdots \\ 1 & x_n \end{pmatrix} \begin{pmatrix} 1/\sqrt{n} & -\bar{x})/\sqrt{n}s_x \\ 0 & 1/\sqrt{n}s_x \end{pmatrix}$$

より

$$\begin{pmatrix} 1 & x_1 \\ 1 & x_2 \\ \vdots & \vdots \\ 1 & x_n \end{pmatrix} = \begin{pmatrix} 1/\sqrt{n} & (x_1 - \bar{x})/\sqrt{n}s_x \\ 1/\sqrt{n} & (x_2 - \bar{x})/\sqrt{n}s_x \\ \vdots & \vdots \\ 1/\sqrt{n} & (x_n - \bar{x})/\sqrt{n}s_x \end{pmatrix} \begin{pmatrix} 1/\sqrt{n} & -\bar{x})/\sqrt{n}s_x \\ 0 & 1/\sqrt{n}s_x \end{pmatrix}^{-1}$$

$$\therefore \quad X = G_1 \frac{1}{ns_x}\begin{pmatrix} 1/\sqrt{n}s_x & \overline{x}/\sqrt{n}s_x \\ 0 & 1/\sqrt{n} \end{pmatrix}$$

よって

$$A = \frac{1}{ns_x}\begin{pmatrix} 1/\sqrt{n}s_x & \overline{x}/\sqrt{n}s_x \\ 0 & 1/\sqrt{n} \end{pmatrix} = \frac{1}{n\sqrt{n}s_x{}^2}\begin{pmatrix} 1 & \overline{x} \\ 0 & s_x \end{pmatrix}$$

とおくと

$$X = G_1 A$$

よって

$$\boldsymbol{\mu} = X\hat{\boldsymbol{\beta}} = G_1 A\hat{\boldsymbol{\beta}}$$

一方

$$\boldsymbol{\eta} = G^T\boldsymbol{\mu} = \begin{pmatrix} \mathbf{g}_1{}^T \\ \mathbf{g}_2{}^T \\ \vdots \\ \mathbf{g}_n{}^T \end{pmatrix}\boldsymbol{\mu} = \begin{pmatrix} \mathbf{g}_1{}^T\boldsymbol{\mu} \\ \mathbf{g}_2{}^T\boldsymbol{\mu} \\ \vdots \\ \mathbf{g}_n{}^T\boldsymbol{\mu} \end{pmatrix}$$

より

$$\begin{pmatrix} \eta_1 \\ \eta_2 \end{pmatrix} = \begin{pmatrix} \mathbf{g}_1{}^T\boldsymbol{\mu} \\ \mathbf{g}_2{}^T\boldsymbol{\mu} \end{pmatrix} = \begin{pmatrix} \mathbf{g}_1{}^T \\ \mathbf{g}_2{}^T \end{pmatrix}\boldsymbol{\mu} = G_1{}^T\boldsymbol{\mu} = A\hat{\boldsymbol{\beta}}$$

$$\therefore \quad \hat{\boldsymbol{\beta}} = A^{-1}\begin{pmatrix} \eta_1 \\ \eta_2 \end{pmatrix} = A^{-1}\begin{pmatrix} Z_1 \\ Z_2 \end{pmatrix}$$

よって

$\hat{\boldsymbol{\beta}}$ と $\hat{\sigma}^2$ は互いに独立である。

次に

$$\frac{(n-2)\hat{\sigma}^2}{\sigma^2} = \frac{\mathbf{e}^T\mathbf{e}}{\sigma^2} = \sum_{i=3}^{n}\left(\frac{Z_i}{\sigma}\right)^2$$

より

$\dfrac{(n-2)\hat{\sigma}^2}{\sigma^2}$ は自由度 $n-2$ のカイ二乗分布 $\chi^2(n-2)$ に従う。 □

## 14.2.3 回帰係数の検定

$$E[\hat{\beta}_1] = \beta_1$$

$$V[\hat{\beta}_1] = \frac{n\sigma^2}{n\sum_{i=1}^{n}x_i{}^2 - \left(\sum_{i=1}^{n}x_i\right)^2} = \frac{\sigma^2}{\sum_{i=1}^{n}x_i{}^2 - \frac{1}{n}\left(\sum_{i=1}^{n}x_i\right)^2} = \frac{\sigma^2}{ns_x{}^2}$$

であるから，前の節で証明した定理より

$\widehat{\beta}_1$ は正規分布 $N\left(\beta_1, \dfrac{\sigma^2}{ns_x{}^2}\right)$ に従う。

一方

$\dfrac{(n-2)\widehat{\sigma}^2}{\sigma^2}$ は自由度 $n-2$ のカイ二乗分布 $\chi^2(n-2)$ に従う。

したがって

$$T = \frac{\dfrac{\widehat{\beta}_1 - \beta_1}{\sqrt{\sigma^2/(ns_x{}^2)}}}{\sqrt{\dfrac{(n-2)\widehat{\sigma}^2}{\sigma^2}\bigg/(n-2)}} = \frac{\widehat{\beta}_1 - \beta_1}{\sqrt{\dfrac{\widehat{\sigma}^2}{ns_x{}^2}}} \qquad (\widehat{\sigma}^2 = \frac{\mathbf{e}^T\mathbf{e}}{n-2})$$

は自由度 $n-2$ の t 分布 $t(n-2)$ に従う。

　以上の準備の下で，目的の有意性検定の方法を確認する。

　有意性検定とは

　　帰無仮説 $H_0 : \beta_1 = 0$　　　対立仮説 $H_1 : \beta_1 \neq 0$

の検定であったが，$\beta_1 = 0$ を検定することによって，2 つの変数の間に因果関係があるかどうかを判定する。

　　帰無仮説 $H_0 : \beta_1 = 0$　　　対立仮説 $H_1 : \beta_1 \neq 0$

の下では

$$T = \frac{\widehat{\beta}_1}{\sqrt{\dfrac{\widehat{\sigma}^2}{ns_x{}^2}}}$$

となり，危険率 $\alpha$ での棄却域は

$$T < -t_{n-2}\left(\frac{\alpha}{2}\right),\ t_{n-2}\left(\frac{\alpha}{2}\right) < T$$

$$\text{すなわち,}\ \left(-\infty,\ -t_{n-2}\left(\frac{\alpha}{2}\right)\right) \cup \left(t_{n-2}\left(\frac{\alpha}{2}\right),\ \infty\right)$$

である。

## 第15章

# いろいろな統計量

## 15．1　順序統計量

　最後の2つの章で，基本的な統計学の書籍ではあまり取り上げられていない統計量について検討する。まずは，順序統計量について調べる。

### 15.1.1　順序統計量の確率密度関数
　標本 $X_1, X_2, \cdots, X_n$ を値を小さい順に並べたものを

$$X_{(1)} \leqq X_{(2)} \leqq \cdots \leqq X_{(n)}$$

と表し，**順序統計量**という。

　ここでは連続型確率変数 $X$ を考え，分布関数を

$$F(x) = P(X \leqq x) = \int_{-\infty}^{x} f(x)dx$$

とする。もちろん次が成り立つ。

$$f(x) = \frac{d}{dx}F(x) = \frac{d}{dx}P(X \leqq x) = \frac{d}{dx}\int_{-\infty}^{x} f(x)dx$$

　さて，順序統計量 $X_{(i)}$（$i = 1, 2, \cdots, n$）の確率密度関数を求めよう。

　$X_{(i)}$ の確率密度関数を $f_{(i)}(x)$ とし，分布関数を $F_{(i)}(x)$ とする。

　まずは最も簡単な場合として次が成り立つ。

**［公式］（簡単な場合）**
　（ⅰ）　$F_{(n)}(x) = F(x)^n$，　$f_{(n)}(x) = nF(x)^{n-1}f(x)$
　（ⅱ）　$F_{(1)}(x) = 1 - \{1 - F(x)\}^n$，　$f_{(1)}(x) = n\{1 - F(x)\}^{n-1}f(x)$

　（**証明**）（ⅰ）　$F_{(n)}(x) = P\left(X_{(n)} = \max_i X_i \leqq x\right)$

$$= P(X_1 \leqq x,\ X_2 \leqq x,\ \cdots,\ X_n \leqq x)$$

$$= P(X_1 \leqq x)P(X_2 \leqq x)\cdots P(X_n \leqq x)\ \ (\because\ \ 独立性)$$

$$= P(X_1 \leqq x)^n = F(x)^n$$

よって

$$f_{(n)}(x) = \frac{d}{dx} F(x)^n = nF(x)^{n-1} \frac{d}{dx} F(x) = nF(x)^{n-1} f(x)$$

（ⅱ）　$F_{(1)}(x) = P\left(X_{(1)} = \min_i X_i \leqq x\right)$

$$= 1 - P(X_1 > x, \ X_2 > x, \ \cdots, \ X_n > x)$$

$$= 1 - P(X_1 > x)P(X_2 > x)\cdots P(X_n > x)$$

$$= 1 - P(X_1 > x)^n = 1 - \{1 - F(x)\}^n$$

よって

$$f_{(n)}(x) = \frac{d}{dx}\left(1 - \{1 - F(x)\}^n\right) = n\{1 - F(x)\}^{n-1} f(x) \qquad \Box$$

　一般の場合の公式は次のようになる。

**［公式］（一般の場合場合）**

$$F_{(i)}(x) = \sum_{k=i}^{n} {}_nC_k F(x)^k \{1 - F(x)\}^{n-k} \ ,$$

$$f_{(i)}(x) = n \, {}_{n-1}C_{i-1} F(x)^{i-1} \{1 - F(x)\}^{n-i} f(x)$$

**（証明）** $X_{(i)} \leqq x \iff X_1, X_2, \cdots, X_n$ のうち $i$ 個以上が $x$ 以下の値であること，および $X_1, X_2, \cdots, X_n$ が同分布であることに注意すると

$$F_{(i)}(x) = \sum_{k=i}^{n} {}_nC_k P(X \leqq x)^k P(X > x)^{n-k}$$

$$= \sum_{k=i}^{n} {}_nC_k F(x)^k \{1 - F(x)\}^{n-k}$$

よって

$$f_{(i)}(x) = \frac{d}{dx} F_{(i)}(x)$$

$$= \sum_{k=i}^{n} \frac{d}{dx} {}_nC_k F(x)^k \{1 - F(x)\}^{n-k}$$

ここで

$$\frac{d}{dx} {}_nC_k F(x)^k \{1 - F(x)\}^{n-k}$$

$$= {}_nC_k k F(x)^{k-1} f(x) \cdot \{1 - F(x)\}^{n-k}$$
$$\qquad + {}_nC_k F(x)^k \cdot (n-k)\{1 - F(x)\}^{n-k-1}(-f(x)) \qquad (k = i, i+1, \cdots, n-1)$$

$$= \frac{n!}{(k-1)!\,(n-k)!} F(x)^{k-1} f(x) \{1-F(x)\}^{n-k}$$

$$- \frac{n!}{k!\,(n-k-1)!} F(x)^{k} \{1-F(x)\}^{n-k-1} f(x)$$

$$= n\left\{ \frac{(n-1)!}{(k-1)!\,(n-k)!} F(x)^{k-1} \{1-F(x)\}^{n-k} \right.$$

$$\left. - \frac{(n-1)!}{k!\,(n-k-1)!} F(x)^{k} \{1-F(x)\}^{n-k-1} \right\} f(x)$$

$$= nf(x)\{ {}_{n-1}C_{k-1}F(x)^{k-1}\{1-F(x)\}^{n-k} - {}_{n-1}C_{k}F(x)^{k}\{1-F(x)\}^{n-k-1}\}$$

よって

$$f_{(i)}(x) = \sum_{k=i}^{n} \frac{d}{dx}\, {}_{n}C_{k}F(x)^{k}\{1-F(x)\}^{n-k}$$

$$= \sum_{k=i}^{n-1} \frac{d}{dx}\, {}_{n}C_{k}F(x)^{k}\{1-F(x)\}^{n-k} + \frac{d}{dx}F(x)^{n}$$

$$= nf(x)\sum_{k=i}^{n-1}\{ {}_{n-1}C_{k-1}F(x)^{k-1}\{1-F(x)\}^{n-k} - {}_{n-1}C_{k}F(x)^{k}\{1-F(x)\}^{n-k-1}\}$$

$$+ nf(x)F(x)^{n-1}$$

$$= nf(x)\{ {}_{n-1}C_{i-1}F(x)^{i-1}\{1-F(x)\}^{n-i} - {}_{n-1}C_{i}F(x)^{i}\{1-F(x)\}^{n-i-1}$$

$$+ {}_{n-1}C_{i}F(x)\{1-F(x)\}^{n-i-1} - {}_{n-1}C_{i+1}F(x)^{i+1}\{1-F(x)\}^{n-i-2}$$

$$+ \cdots$$

$$+ {}_{n-1}C_{n-2}F(x)^{n-2}\{1-F(x)\} - {}_{n-1}C_{n-1}F(x)^{n-1}\}$$

$$+ nf(x)F(x)^{n-1}$$

$$= nf(x)\{ {}_{n-1}C_{i-1}F(x)^{i-1}\{1-F(x)\}^{n-i} - {}_{n-1}C_{n-1}F(x)^{n-1}\} + nf(x)F(x)^{n-1}$$

$$= nf(x)\, {}_{n-1}C_{i-1}F(x)^{i-1}\{1-F(x)\}^{n-i}$$

$$= n\, {}_{n-1}C_{i-1}F(x)^{i-1}\{1-F(x)\}^{n-i} f(x) \qquad \square$$

### 15.1.2　例

**【例1】一様分布**

次の確率密度関数をもつ一様分布を考える。

$$f(x) = \begin{cases} \dfrac{1}{\theta} & (0 \leq x \leq \theta) \\ 0 & (x < 0,\ \theta < x) \end{cases}$$

よって，分布関数は

$$F(x) = \begin{cases} 0 & (x < 0) \\ \dfrac{1}{\theta}x & (0 \le x \le \theta) \\ 1 & (\theta < x) \end{cases}$$

であり，$0 \le x \le \theta$ のとき

$$f_{(i)}(x) = n_{n-1}C_{i-1}F(x)^{i-1}\{1-F(x)\}^{n-i}f(x)$$

$$= n_{n-1}C_{i-1}\left(\frac{1}{\theta}x\right)^{i-1}\left(1-\frac{1}{\theta}x\right)^{n-i}\frac{1}{\theta}$$

特に

$$f_{(n)}(x) = \frac{d}{dx}P\left(\max_i X_i \le x\right) = n\left(\frac{1}{\theta}x\right)^{n-1}\frac{1}{\theta} = \frac{nx^{n-1}}{\theta^n}$$

$$f_{(1)}(x) = \frac{d}{dx}P\left(\min_i X_i \le x\right) = n\left(1-\frac{1}{\theta}x\right)^{n-1}\frac{1}{\theta} = \frac{n(\theta-x)^{n-1}}{\theta^n}$$

である。

### 【例 2】 指数分布

次の確率密度関数をもつ一様分布を考える。

$$f(x) = \begin{cases} ae^{-ax} & (x \ge 0) \\ 0 & (x < 0) \end{cases}$$

よって，分布関数は

$$F(x) = \begin{cases} \dfrac{1-e^{-ax}}{a} & (x \ge 0) \\ 0 & (x < 0) \end{cases}$$

であり，$x \ge 0$ のとき

$$f_{(i)}(x) = n_{n-1}C_{i-1}F(x)^{i-1}\{1-F(x)\}^{n-i}f(x)$$

$$= n_{n-1}C_{i-1}\left(\frac{1-e^{-ax}}{a}\right)^{i-1}\left\{1-\frac{1-e^{-ax}}{a}\right\}^{n-i}ae^{-ax}$$

特に

$$f_{(n)}(x) = \frac{d}{dx}P\left(\max_i X_i \le x\right) = n\left(\frac{1-e^{-ax}}{a}\right)^{n-1}ae^{-ax}$$

$$f_{(1)}(x) = \frac{d}{dx}P\left(\min_i X_i \le x\right) = n\left\{1-\frac{1-e^{-ax}}{a}\right\}^{n-1}ae^{-ax}$$

である。

### 15.1.3 順序統計量の応用

**例**1 で見た一様分布の順序統計量の確率分布のうち，$f_{(n)}(x)$ についてもう少し調べてみよう。

$$f_{(n)}(x) = \frac{d}{dx} P\left(\max_i X_i \leqq x\right) = n\left(\frac{1}{\theta}x\right)^{n-1}\frac{1}{\theta} = \frac{nx^{n-1}}{\theta^n}$$

より

$$E\left[\max_i X_i\right] = \int_{-\infty}^{\infty} x \cdot f_{(n)}(x)dx$$

$$= \int_0^\theta x \cdot \frac{nx^{n-1}}{\theta^n}dx = \int_0^\theta \frac{nx^n}{\theta^n}dx$$

$$= \left[\frac{n}{(n+1)\theta^n}x^{n+1}\right]_0^\theta = \frac{n}{(n+1)}\theta$$

であるから

$$E\left[\frac{n+1}{n}\max_i X_i\right] = \theta$$

すなわち，標本 $X_1, X_2, \cdots, X_n$ から得られる統計量

$$\hat{\theta} = \frac{n+1}{n}\max_i X_i = \frac{n+1}{n}X_{(n)}$$

は母数 $\theta$ の不偏推定量である。

ここで，クラーメル・ラオの不等式：

$$V[\hat{\theta}] \geqq \frac{1}{nE\left[\left(\frac{\partial \log f(X_1, \theta)}{\partial \theta}\right)^2\right]}$$

を思い出そう。

まず，左辺の分散 $V[\hat{\theta}]$ を計算してみる。

$$E[\hat{\theta}^2] = E\left[\left(\frac{n+1}{n}X_{(n)}\right)^2\right] = \frac{(n+1)^2}{n^2}E[X_{(n)}^2]$$

$$= \frac{(n+1)^2}{n^2}\int_{-\infty}^{\infty} x^2 f_{(n)}(x)dx$$

$$= \frac{(n+1)^2}{n^2}\int_0^\theta x^2 \cdot \frac{nx^{n-1}}{\theta^n}dx$$

$$= \frac{(n+1)^2}{n^2}\int_0^\theta \frac{nx^{n+1}}{\theta^n}dx$$

$$= \frac{(n+1)^2}{n^2}\left[\frac{nx^{n+2}}{(n+2)\theta^n}\right]_0^\theta = \frac{(n+1)^2}{n(n+2)}\theta^2$$

よって

$$V[\hat{\theta}] = E[\hat{\theta}^2] - E[\hat{\theta}]^2$$

$$= \frac{(n+1)^2}{n(n+2)}\theta^2 - \theta^2 = \frac{(n+1)^2 - n(n+2)}{n(n+2)}\theta^2$$

$$= \frac{1}{n(n+2)}\theta^2 \quad \cdots\cdots\text{①}$$

次に，クラーメル・ラオの不等式の右辺にある

$$E\left[\left(\frac{\partial \log f(X_1, \theta)}{\partial \theta}\right)^2\right]$$

を計算する。一様分布の確率密度関数は

$$f(x) = \begin{cases} \dfrac{1}{\theta} & (0 \leqq x \leqq \theta) \\ 0 & (x < 0,\ \theta < x) \end{cases}$$

であったから

$$E\left[\left(\frac{\partial \log f(X_1, \theta)}{\partial \theta}\right)^2\right] = \int_0^\theta \left(\frac{\partial}{\partial \theta}\log\frac{1}{\theta}\right)^2 \frac{1}{\theta}\,dx$$

$$= \int_0^\theta \left(-\frac{1}{\theta}\right)^2 \frac{1}{\theta}\,dx = \frac{1}{\theta^2}$$

よって，クラーメル・ラオの不等式の右辺は

$$\frac{1}{nE\left[\left(\dfrac{\partial \log f(X_1, \theta)}{\partial \theta}\right)^2\right]} = \frac{1}{n}\theta^2 \quad \cdots\cdots\text{②}$$

①，②より

$$V[\hat{\theta}] < \frac{1}{nE\left[\left(\dfrac{\partial \log f(X_1, \theta)}{\partial \theta}\right)^2\right]}$$

であるから，クラーメルの不等式が成り立っていない。

　これは，**8.3節**で見たように，一様分布がクラーメル・ラオの不等式が成り立つための条件である「正則条件」を満たしていないことによるものであり，何らクラーメル・ラオの不等式に矛盾するものではない。

　なお，上の例は，統計量

$$\hat{\theta} = \frac{n+1}{n}\max_i X_i$$

を用いているだけであるから，必ずしも順序統計量の知識を要するものではないが，順序統計量を紹介した関連で述べておいた。

## 15．2 十分統計量

### 15.2.1 十分統計量

母集団の未知の母数 $\theta$ を得られた標本 $X_1, X_2, \cdots, X_n$ から推定するためにさまざまな統計量，すなわち $X_1, X_2, \cdots, X_n$ の関数

$$T = T(X_1, X_2, \cdots, X_n)$$

を考える。これらのデータ $X_1, X_2, \cdots, X_n$ は独立で同じ確率分布（母集団分布）に従う確率変数たちである。母集団分布は離散型確率変数か連続型確率変数かに応じて確率関数あるいは確率密度関数によって表される。未知母数 $\theta$ に対応する母集団分布を $f(x\,;\theta)$ で表すことにする。

統計量 $T = T(X_1, X_2, \cdots, X_n)$ から未知母数 $\theta$ についての情報を引き出すのが推測統計学の目的である。そこで，標本 $X_1, X_2, \cdots, X_n$ の同時確率分布

$$f(\mathbf{x}\,;\theta) = f(x_1, x_2, \cdots, x_n\,;\theta) = \prod_{i=1}^{n} f(x_i\,;\theta)$$

を考える。

統計量 $T = T(X_1, X_2, \cdots, X_n)$ が次の関係を満たすとき，**十分統計量**という。

同時確率分布 $f(\mathbf{x}\,;\theta)$ が，母数 $\theta$ をパラメータとして含む関数 $g(t\,;\theta)$ と $\theta$ を含まない関数 $h(\mathbf{x})$ を用いて

$$f(\mathbf{x}\,;\theta) = g(T(\mathbf{x})\,;\theta) \cdot h(\mathbf{x}) \qquad \text{ただし，} \quad \mathbf{x} = (x_1, x_2, \cdots, x_n)$$

と表すことができる。

十分統計量の定義がどういうことを主張しているのか，少し解説する。簡単のため，離散型確率分布で説明する。確率 $P(\mathbf{X} = \mathbf{x})$ はパラメータは $\theta$ を含むので $P_\theta(\mathbf{X} = \mathbf{x})$ と表す。条件付確率 $P_\theta(\mathbf{X} = \mathbf{x}\,|\,T = t)$ を考察しよう。

乗法定理により

$$P_\theta(\mathbf{X} = \mathbf{x}, T = t) = P_\theta(T = t) \cdot P_\theta(\mathbf{X} = \mathbf{x}\,|\,T = t)$$

であるから

$$P_\theta(\mathbf{X} = \mathbf{x}\,|\,T = t) = \frac{P_\theta(\mathbf{X} = \mathbf{x}, T = t)}{P_\theta(T = t)}$$

（注 ; $P_\theta(T = t) = 0$ のときも $P_\theta(\mathbf{X} = \mathbf{x}\,|\,T = t)$ を考えることがある。）

ここで

$$P_\theta(\mathbf{X} = \mathbf{x}, T = t) = g(t\,;\theta)h(\mathbf{x})$$

$$P_\theta(T=t) = \sum_\mathbf{y} g(t\,;\theta)h(\mathbf{y}) = g(t\,;\theta)\sum_\mathbf{y} h(\mathbf{y})$$

より

$$P_\theta(\mathbf{X}=\mathbf{x}\,|\,T=t) = \frac{g(t\,;\theta)h(\mathbf{x})}{g(t\,;\theta)\sum_\mathbf{y} h(\mathbf{y})} = \frac{h(\mathbf{x})}{\sum_\mathbf{y} h(\mathbf{y})}$$

したがって，$T=t$ の下で確率はパラメータ $\theta$ によらないことがわかる。

　なお，統計量 $T=T(X_1, X_2, \cdots, X_n)$ はベクトル値でもかまわない。それを明示したい場合は $\mathbf{T}=\mathbf{T}(X_1, X_2, \cdots, X_n)$ と書いた方が誤解がないが，特に混乱がなければそのまま $T=T(X_1, X_2, \cdots, X_n)$ で表すことも多い。

### 15. 2. 2　十分統計量の例
　それでは十分統計量の具体例をいくつか見てみよう。

#### 【例 1 】二項母集団
　母集団分布はベルヌーイ分布 $B(1, p)$ であり，その確率分布は

$$P(X=k) = p^k(1-p)^{1-k} \quad (k=0,1)$$

であるから

$$f(x\,;p) = p^x(1-p)^{1-x} \quad (x=0,1) \qquad p \text{ が未知母数}$$

であり，標本 $X_1, X_2, \cdots, X_n$ の同時確率分布は

$$f(\mathbf{x}\,;p) = \prod_{i=1}^n f(x_i\,;p) = \prod_{i=1}^n p^{x_i}(1-p)^{1-x_i}$$
$$= p^{x_1+x_2+\cdots+x_n}(1-p)^{n-(x_1+x_2+\cdots+x_n)}$$

よって

$$g(t\,;p) = p^t(1-p)^{n-t}, \quad h(\mathbf{x})=1$$

および

$$T(\mathbf{x}) = T(x_1, x_2, \cdots, x_n) = x_1 + x_2 + \cdots + x_n = \sum_{i=1}^n x_i$$

とおくと

$$f(\mathbf{x}\,;p) = g(T(\mathbf{x})\,;p)\cdot h(\mathbf{x})$$

が成り立つから

$$T(X_1, X_2, \cdots, X_n) = \sum_{i=1}^n X_i$$

は十分統計量（1 次元）である。

## 【例２】ポアソン母集団

母集団分布はポアソン分布 $Po(\lambda)$ であり，その確率分布は

$$P(X = k) = \frac{\lambda^k}{k!} e^{-\lambda} \quad (k = 0, 1, \cdots)$$

であるから

$$f(x\,;\lambda) = \frac{\lambda^x}{x!} e^{-\lambda} \quad (x = 0, 1, \cdots) \qquad \lambda \text{ が未知母数}$$

であり，標本 $X_1, X_2, \cdots, X_n$ の同時確率分布は

$$\begin{aligned} f(\mathbf{x}\,;\lambda) &= \prod_{i=1}^{n} f(x_i\,;\lambda) = \prod_{i=1}^{n} \frac{\lambda^{x_i}}{x_i!} e^{-\lambda} \\ &= \frac{\lambda^{x_1+x_2+\cdots+x_n}}{(x_1!)(x_2!)\cdots(x_n!)} (e^{-\lambda})^n \\ &= e^{-n\lambda} \lambda^{x_1+x_2+\cdots+x_n} \cdot \frac{1}{(x_1!)(x_2!)\cdots(x_n!)} \end{aligned}$$

よって

$$g(t\,;\lambda) = e^{-n\lambda} \lambda^t, \quad h(\mathbf{x}) = h(x_1, x_2, \cdots, x_n) = \frac{1}{(x_1!)(x_2!)\cdots(x_n!)}$$

および

$$T(\mathbf{x}) = T(x_1, x_2, \cdots, x_n) = x_1 + x_2 + \cdots + x_n = \sum_{i=1}^{n} x_i$$

とおくと

$$f(\mathbf{x}\,;\lambda) = g(T(\mathbf{x})\,;\lambda) \cdot h(\mathbf{x})$$

が成り立つから

$$T(X_1, X_2, \cdots, X_n) = \sum_{i=1}^{n} X_i$$

は十分統計量（1 次元）である。

## 【例３】正規母集団（分散は既知の場合）

確率分布は，確率密度関数

$$f(x\,;\mu) = \frac{1}{\sqrt{2\pi\sigma^2}} \exp\left(-\frac{(x-\mu)^2}{2\sigma^2}\right)$$

であるから，標本 $X_1, X_2, \cdots, X_n$ の同時確率分布は

$$f(\mathbf{x}\,;\mu) = \prod_{i=1}^{n} f(x_i\,;\mu)$$

$$= \prod_{i=1}^{n} \frac{1}{\sqrt{2\pi\sigma^2}} \exp\left(-\frac{(x_i - \mu)^2}{2\sigma^2}\right)$$

$$= \left(\frac{1}{2\pi\sigma^2}\right)^{\frac{n}{2}} \exp\left(-\frac{1}{2\sigma^2}\sum_{i=1}^{n}(x_i - \mu)^2\right)$$

$$= \left(\frac{1}{2\pi\sigma^2}\right)^{\frac{n}{2}} \exp\left(-\frac{1}{2\sigma^2}\sum_{i=1}^{n}(x_i^2 - 2x_i\mu + \mu^2)\right)$$

$$= \left(\frac{1}{2\pi\sigma^2}\right)^{\frac{n}{2}} \exp\left(-\frac{1}{2\sigma^2}\sum_{i=1}^{n}x_i^2\right) \exp\left(\frac{1}{2\sigma^2}\left\{2\mu\sum_{i=1}^{n}x_i - n\mu^2\right\}\right)$$

$$= \exp\left(\frac{1}{2\sigma^2}\left\{2\mu\sum_{i=1}^{n}x_i - n\mu^2\right\}\right) \cdot \left(\frac{1}{2\pi\sigma^2}\right)^{\frac{n}{2}} \exp\left(-\frac{1}{2\sigma^2}\sum_{i=1}^{n}x_i^2\right)$$

よって

$$g(t\,;\mu) = \exp(2\mu t - \mu^2), \quad h(\mathbf{x}) = \left(\frac{1}{2\pi\sigma^2}\right)^{\frac{n}{2}} \exp\left(-\frac{1}{2\sigma^2}\sum_{i=1}^{n}x_i^2\right)$$

および

$$T(\mathbf{x}) = \sum_{i=1}^{n} x_i$$

とおくと

$$f(\mathbf{x}\,;\mu) = g(T(\mathbf{x})\,;\mu) \cdot h(\mathbf{x})$$

が成り立つから

$$T(X_1, X_2, \cdots, X_n) = \sum_{i=1}^{n} X_i$$

は十分統計量（1次元）である。

（注）　$g(t\,;\mu) = \exp(2\mu n t - \mu^2), \quad h(\mathbf{x}) = \left(\frac{1}{2\pi\sigma^2}\right)^{\frac{n}{2}} \exp\left(-\frac{1}{2\sigma^2}\sum_{i=1}^{n}x_i^2\right)$

$$T(\mathbf{x}) = \frac{1}{n}\sum_{i=1}^{n} x_i$$

とおくと

$$f(\mathbf{x}\,;\mu) = g(T(\mathbf{x})\,;\mu) \cdot h(\mathbf{x})$$

が成り立つから，標本平均

$$\overline{X} = \frac{1}{n}\sum_{i=1}^{n} X_i$$

も十分統計量（1次元）である。

**【例4】正規母集団（平均，分散ともに未知の場合）**

確率分布は，確率密度関数

$$f(x\,;(\mu,\sigma^2)) = \frac{1}{\sqrt{2\pi\sigma^2}}\exp\left(-\frac{(x-\mu)^2}{2\sigma^2}\right)$$

であるが，$\mu,\sigma^2$ ともに未知母数の場合を考える。

例2の計算から

$$f(\mathbf{x}\,;(\mu,\sigma^2)) = \left(\frac{1}{2\pi\sigma^2}\right)^{\frac{n}{2}}\exp\left(-\frac{1}{2\sigma^2}\sum_{i=1}^{n}(x_i-\mu)^2\right)$$

ここで

$$\overline{x} = \frac{1}{n}\sum_{i=1}^{n}x_i\,,\quad u^2 = \frac{1}{n-1}\sum_{i=1}^{n}(x_i-\overline{x})^2$$

とおくと

$$\begin{aligned}
\sum_{i=1}^{n}(x_i-\mu)^2 &= \sum_{i=1}^{n}\{(x_i-\overline{x})-(\overline{x}-\mu)\}^2 \\
&= \sum_{i=1}^{n}(x_i-\overline{x})^2 - 2(\overline{x}-\mu)\sum_{i=1}^{n}(x_i-\overline{x}) + n(\overline{x}-\mu)^2 \\
&= \sum_{i=1}^{n}(x_i-\overline{x})^2 + n(\overline{x}-\mu)^2 \\
&= (n-1)\cdot\frac{1}{n-1}\sum_{i=1}^{n}(x_i-\overline{x})^2 + n(\overline{x}-\mu)^2 \\
&= (n-1)u^2 + n(\overline{x}-\mu)^2
\end{aligned}$$

であるから

$$f(\mathbf{x}\,;(\mu,\sigma^2)) = \left(\frac{1}{2\pi\sigma^2}\right)^{\frac{n}{2}}\exp\left(-\frac{n-1}{2\sigma^2}u^2 - \frac{1}{2\sigma^2}n(\overline{x}-\mu)^2\right)$$

よって

$$g(\mathbf{t}\,;(\mu,\sigma^2)) = g((\overline{x},u^2)\,;(\mu,\sigma^2)) = \exp\left(-\frac{n-1}{2\sigma^2}u^2 - \frac{1}{2\sigma^2}n(\overline{x}-\mu)^2\right),$$

$$h(\mathbf{x}) = \left(\frac{1}{2\pi\sigma^2}\right)^{\frac{n}{2}}$$

および

$$T(\mathbf{x}) = (\overline{x},\,u^2) = \left(\frac{1}{n}\sum_{i=1}^{n}x_i,\;\frac{1}{n-1}\sum_{i=1}^{n}(x_i-\overline{x})^2\right),$$

とおくと

$$f(\mathbf{x}\,;(\mu,\sigma^2))=g(T(\mathbf{x})\,;(\mu,\sigma^2))\cdot h(\mathbf{x})$$

が成り立つから

$$T(\mathbf{X})=(\overline{X},\,U^2)=\left(\frac{1}{n}\sum_{i=1}^{n}X_i,\,\frac{1}{n-1}\sum_{i=1}^{n}(X_i-\overline{X})^2\right)$$

は十分統計量（2 次元）である。

### 【例5】 一様分布を母集団分布とする母集団

確率密度関数

$$f(x\,;\theta)=\begin{cases}\dfrac{1}{\theta} & (0\leqq x\leqq\theta)\\[2mm] 0 & (x<0,\ \theta<x)\end{cases}$$

をもつ一様分布 $U[0,\theta]$ を考える。

標本 $X_1, X_2, \cdots, X_n$ の同時確率分布は

$$f(\mathbf{x}\,;\theta)=\prod_{i=1}^{n}f(x_i\,;\theta)$$

$$=\begin{cases}\dfrac{1}{\theta^n} & (0\leqq x_i\leqq\theta,\ i=1,2,\cdots,n)\\[2mm] 0 & (\text{その他})\end{cases}$$

よって，定義関数 $1_A(\mathbf{x})$ を

$$1_A(\mathbf{x})=\begin{cases}1 & (\mathbf{x}\in A)\\ 0 & (\mathbf{x}\notin A)\end{cases}$$

で定義するとき

$$g(t\,;\theta)=1_{\{t\leqq\theta\}}(t),\quad h(\mathbf{x})=h(x_1,x_2,\cdots,x_n)=1_{\{x_1\geqq 0,\,x_2\geqq 0,\cdots,x_n\geqq 0\}}(\mathbf{x})$$

とおくと

$$f(\mathbf{x}\,;\theta)=1_{\{t\leqq\theta\}}(\max_{1\leqq i\leqq n}x_i)\cdot 1_{\{x_1\geqq 0,\,x_2\geqq 0,\cdots,x_n\geqq 0\}}(\mathbf{x})$$

$$=g(\max_{1\leqq i\leqq n}x_i\,;\theta)\cdot h(\mathbf{x})$$

であるから

$$T(\mathbf{x})=\max_{1\leqq i\leqq n}x_i$$

とおけば

$$f(\mathbf{x}\,;\theta)=g(T(\mathbf{x})\,;\theta)\cdot h(\mathbf{x})$$

したがって

$$T(X_1,X_2,\cdots,X_n)=\max_{1\leqq i\leqq n}X_i$$

は十分統計量（1 次元）である。

### 15.2.3　十分統計量と1対1変換

　得られた十分統計量を 1 対 1 変換することによって新たに十分統計量が得られることに注意しよう。次が成り立つ。

**[定理]**　$T$ を十分統計量とするとき，1 対 1 変換 $\varphi$ による統計量 $\widetilde{T} = \varphi(T)$ もまた十分統計量である。

**（証明）**確率分布 $f(\mathbf{x}\,;\theta)$ が $\theta$ をパラメータとして含む関数 $g(t\,;\theta)$ と $\theta$ を含まない関数 $h(\mathbf{x})$ を用いて

$$f(\mathbf{x}\,;\theta) = g(T(\mathbf{x})\,;\theta)\cdot h(\mathbf{x})$$

と表されているとする。

　$\widetilde{T}(\mathbf{x}) = \varphi(T(\mathbf{x}))$ より，$T(\mathbf{x}) = \varphi^{-1}(\widetilde{T}(\mathbf{x}))$ であるから

$$f(\mathbf{x}\,;\theta) = g(T(\mathbf{x})\,;\theta)\cdot h(\mathbf{x}) = g(\varphi^{-1}(\widetilde{T}(\mathbf{x}))\,;\theta)\cdot h(\mathbf{x})$$

したがって

$$\widetilde{g}(u\,;\theta) = g(\varphi^{-1}(u)\,;\theta)$$

とおくと

$$f(\mathbf{x}\,;\theta) = \widetilde{g}(\widetilde{T}(\mathbf{x})\,;\theta)\cdot h(\mathbf{x})$$

よって，$\widetilde{T} = \varphi(T)$ も十分統計量である。　　　　　　　　　　□

### 【例】正規母集団（平均，分散ともに未知の場合）

　標本の同時確率分布 $f(\mathbf{x}\,;(\mu,\sigma^2))$ は

$$f(\mathbf{x}\,;(\mu,\sigma^2)) = \left(\frac{1}{2\pi\sigma^2}\right)^{\frac{n}{2}} \exp\left(-\frac{n-1}{2\sigma^2}u^2 - \frac{1}{2\sigma^2}n(\bar{x}-\mu)^2\right)$$

と表され

$$T(X) = (\overline{X},\,U^2) = \left(\frac{1}{n}\sum_{i=1}^{n}X_i,\,\frac{1}{n-1}\sum_{i=1}^{n}(X_i-\overline{X})^2\right)$$

は十分統計量（2 次元）であった。
　ここで

$$\sum_{i=1}^{n}(x_i-\bar{x})^2 = \sum_{i=1}^{n}x_i^2 - 2\bar{x}\sum_{i=1}^{n}x_i + n(\bar{x})^2$$

$$= \sum_{i=1}^{n}x_i^2 - 2\bar{x}\cdot n\bar{x} + n(\bar{x})^2 = \sum_{i=1}^{n}x_i^2 - n(\bar{x})^2$$

より

$$\sum_{i=1}^{n}x_i^2 = n(\bar{x})^2 + \sum_{i=1}^{n}(x_i-\bar{x})^2$$

が成り立つ。

そこで，十分統計量

$$T(X) = (T_1, T_2) = (\overline{X}, \ U^2) = \left( \frac{1}{n}\sum_{i=1}^{n} X_i, \ \frac{1}{n-1}\sum_{i=1}^{n}(X_i - \overline{X})^2 \right)$$

に対して

$$\widetilde{T}(X) = (\widetilde{T}_1, \widetilde{T}_2) = \left( \overline{X}, \ \sum_{i=1}^{n} X_i^2 \right) = \left( \frac{1}{n}\sum_{i=1}^{n} X_i, \ \sum_{i=1}^{n} X_i^2 \right)$$

とすると

$$\widetilde{T}_1 = T_1, \quad \widetilde{T}_2 \doteq \sum_{i=1}^{n} X_i^2 = n(\overline{X})^2 + \sum_{i=1}^{n}(X_i - \overline{X})^2 = nT_1^2 + (n-1)T_2$$

であり，逆に

$$T_1 = \widetilde{T}_1, \quad T_2 = \frac{1}{n-1}(\widetilde{T}_2 - n\widetilde{T}_1^2)$$

であるから，1 対 1 変換 $\varphi$ を

$$\varphi(t_1, t_2) = (t_1, nt_1^2 + (n-1)t_2)$$

で定めると

$$(\widetilde{T}_1, \widetilde{T}_2) = \varphi(T_1, T_2)$$

となるから

$$\widetilde{T}(X) = (\widetilde{T}_1, \widetilde{T}_2) = \left( \overline{X}, \ \sum_{i=1}^{n} X_i^2 \right)$$

もまた，十分統計量である。

上のことから明らかに

$$(\overline{X}, \ S^2) = \left( \frac{1}{n}\sum_{i=1}^{n} X_i, \ \frac{1}{n}\sum_{i=1}^{n}(X_i - \overline{X})^2 \right)$$

も十分統計量である。

また，1 次元のときは注意するまでもなく，得られた十分統計量から類似の十分統計量が容易にわかる。

# 第16章

# 完備十分統計量

　前の章で十分統計量について簡単に説明したが，ここで，やや高度な内容ではあるが，"完備十分統計量"について説明する。そのための準備として，まず"条件付期待値"について述べる。

## 16．1　条件付期待値

### 16.1.1　離散型確率変数の場合

　2つの離散型確率変数 $X, Y$ の同時確率分布を $f(x, y)$，周辺分布をそれぞれ $f_X(x), f_Y(y)$ とするとき，$X = x$ という条件の下で $Y = y$ となる**条件付確率** $f_{Y|X}(y|x) = P(Y = y \mid X = x)$ は次で与えられる。

$$f_{Y|X}(y|x) = \frac{f(x, y)}{f_X(x)} = \frac{P(X = x, Y = y)}{P(X = x)}$$

（注）$P(X = x) = 0$ のとき $P(X = x, Y = y) = 0$ であるから，次は成り立つ。

$$P(X = x, Y = y) = P(X = x) \cdot P(Y = y \mid X = x)$$

$P(X = x) = 0$ のときも $P(Y = y \mid X = x)$ を考えることがある。　　　　□

[公式]　$\displaystyle\sum_y f_{Y|X}(y|x) = 1$

（証明）$\displaystyle\sum_y f_{Y|X}(y|x) = \sum_y \frac{f(x, y)}{f_X(x)}$

$$= \frac{1}{f_X(x)} \sum_y f(x, y) = \frac{1}{f_X(x)} \cdot f_X(x) = 1 \qquad □$$

　次に，条件付期待値 $E[Y \mid X]$ を以下のように定義する。

　まず，$E[Y \mid X = x]$ を

$$E[Y \mid X = x] = \sum_y y \cdot f_{Y|X}(y|x) = \sum_y y \cdot P(Y = y \mid X = x)$$

$$= \sum_y y \cdot \frac{f(x, y)}{f_X(x)} = \sum_y y \cdot \frac{P(X = x, Y = y)}{P(X = x)}$$

で定めると，$E[Y|X=x]$ は $x$ の関数 $\varphi(x)$ である。すなわち

$\quad\varphi(x) = E[Y|X=x]$

であるが，ここで $x$ に確率変数 $X$ を代入してできる確率変数 $\varphi(X)$ を

$\quad E[Y|X]$

で表し，条件 $X$ の下での $Y$ の**条件付期待値**という。

条件付期待値 $E[Y|X]$ は確率変数であることに注意することが重要である。すなわち，確率変数 $X$ の関数 $\varphi(X)$ であるような確率変数である。

条件付期待値について，次の公式が成り立つ。

**[公式]**　確率変数 $E[Y|X]$ の期待値について

$\quad E[E[Y|X]] = E[Y]$

**（証明）** $\displaystyle E[E[Y|X]] = \sum_x E[Y|X=x] \cdot f_X(x)$

$$= \sum_x \left( \sum_y y \cdot \frac{f(x,y)}{f_X(x)} \right) f_X(x)$$

$$= \sum_x \left( \sum_y y \cdot f(x,y) \right)$$

$$= \sum_y y \left( \sum_x f(x,y) \right)$$

$$= \sum_y y \cdot f_Y(y) = E[Y] \qquad\qquad \square$$

**（注）** 通常の期待値である $E[E[Y|X]]$ において，期待値を考えている確率変数 $E[Y|X]$ が $X$ の関数であることを強調して $E^X[E[Y|X]]$ と書くこともある。　　　　　　　　　　　　　　　　　　　　　　　　　　　　　　　　$\square$

より一般に，$g(X,Y)$ に対して

$$E[g(X,Y)|X=x] = \sum_y g(x,y) f_{Y|X}(y|x)$$

と定義すれば，確率変数 $E[g(X,Y)|X]$ が定義できて，次の公式が成り立つ。

**[公式]**　確率変数 $E[g(X,Y)|X]$ の期待値について

$\quad E[E[g(X,Y)|X]] = E[g(X,Y)]$

（証明）$E\big[E[g(X,Y)\,|\,X]\big]=E^{X}\big[E[g(X,Y)\,|\,X]\big]$

$$=\sum_{x}E[g(X,Y)\,|\,X=x]\cdot f_{X}(x)$$

$$=\sum_{x}\left(\sum_{y}g(x,y)\cdot\frac{f(x,y)}{f_{X}(x)}\right)f_{X}(x)$$

$$=\sum_{x,y}g(x,y)f(x,y)$$

$$=E[g(X,Y)]\qquad\qquad\square$$

その他，あとで用いる基本的な公式を確認しておく。

[公式]　$E[g(X)h(Y)\,|\,X]=g(X)E[h(Y)\,|\,X]$

（証明）$E[g(X)h(Y)\,|\,X=x]=\sum_{y}g(x)h(y)f_{Y|X}(y\,|\,x)$

$$=g(x)\sum_{y}h(y)f_{Y|X}(y\,|\,x)$$

$$=g(x)E[h(Y)\,|\,X=x]$$

よって，$E[g(X)h(Y)\,|\,X]=g(X)E[h(Y)\,|\,X]$ $\qquad\square$

[公式]　$E[g(X)\,|\,X]=g(X)$

（証明）$E[g(X)\,|\,X=x]=\sum_{y}g(x)f_{Y|X}(y\,|\,x)$

$$=g(x)\sum_{y}f_{Y|X}(y\,|\,x)$$

$$=g(x)$$

よって，$E[g(X)\,|\,X]=g(X)$ $\qquad\qquad\square$

### 16.1.2　連続型確率変数の場合

2 つの連続型確率変数 $X,Y$ の同時確率密度関数を $f(x,y)$，周辺分布をそれぞれ $f_{X}(x),f_{Y}(y)$ とするとき，$X=x$ という条件の下で $Y=y$ となる**条件付確率密度関数** $f_{Y|X}(y\,|\,x)$ は次で与えられる。

$$f_{Y|X}(y\,|\,x)=\frac{f(x,y)}{f_{X}(x)}$$

（**注**）確率論の論理的に厳密な展開には測度論（ルベーグ積分）を必要とするが本書では扱わない。 $\qquad\square$

[公式]　$\displaystyle\int_{-\infty}^{\infty} f_{Y|X}(y\,|\,x)dy = 1$

（証明）　$\displaystyle\int_{-\infty}^{\infty} f_{Y|X}(y\,|\,x)dy = \int_{-\infty}^{\infty} \frac{f(x,y)}{f_X(x)}dy$

$$= \frac{1}{f_X(x)}\int_{-\infty}^{\infty} f(x,y)dy = \frac{1}{f_X(x)}\cdot f_X(x) = 1 \qquad \square$$

　　条件付期待値 $E[Y\,|\,X]$ を離散型の場合と同様，次のように定義する。
　　まず，$E[Y\,|\,X=x]$ を

$$E[Y\,|\,X=x] = \int_{-\infty}^{\infty} y\cdot f_{Y|X}(y\,|\,x)dy$$

で定めると，$E[Y\,|\,X=x]$ は $x$ の関数 $\varphi(x)$ であり，ここで $x$ に確率変数 $X$ を代入してできる確率変数 $\varphi(X)$ を $E[Y\,|\,X]$ で表し，条件 $X$ の下での $Y$ の **条件付期待値**という。$E[g(X,Y)\,|\,X]$ についても同様。

[公式]　確率変数 $E[Y\,|\,X]$ の期待値について
　　$E\big[E[Y\,|\,X]\big] = E[Y]$

（証明）　$\displaystyle E\big[E[Y\,|\,X]\big] = \int_{-\infty}^{\infty} E[Y\,|\,X=x]\cdot f_X(x)dx$

$$= \int_{-\infty}^{\infty}\left(\int_{-\infty}^{\infty} y\cdot f_{Y|X}(y\,|\,x)dy\right)\cdot f_X(x)dx$$

$$= \int_{-\infty}^{\infty}\left(\int_{-\infty}^{\infty} y\cdot \frac{f(x,y)}{f_X(x)}dy\right)f_X(x)dx$$

$$= \int_{-\infty}^{\infty}\left(\int_{-\infty}^{\infty} y\cdot f(x,y)dy\right)dx$$

$$= \int_{-\infty}^{\infty} y\left(\int_{-\infty}^{\infty} f(x,y)dx\right)dy$$

$$= \int_{-\infty}^{\infty} y\cdot f_Y(y)dy = E[Y] \qquad \square$$

[公式]　確率変数 $E[g(X,Y)\,|\,X]$ の期待値について
　　$E\big[E[g(X,Y)\,|\,X]\big] = E[g(X,Y)]$

[公式]　$E[g(X)h(Y)\,|\,X] = g(X)E[h(Y)\,|\,X]$

[公式]　$E[g(X)\,|\,X] = g(X)$

## １６．２ ラオ・ブラックウェルの定理

### 16.2.1 ラオ・ブラックウェルの定理

　未知母数 $\theta$ に関する十分統計量 $T = T(\mathbf{X}) = T(X_1, X_2, \cdots, X_n)$ が与えられたとき，条件付確率分布は $\theta$ によらないから，$\theta$ の推定量 $\delta(\mathbf{X})$ に対して，その条件付期待値

$$\delta^*(T) = E[\delta(\mathbf{X})|T]$$

も $\theta$ によらず，$\theta$ の推定量となる。

　以下では，未知母数 $\theta$ への依存を明確にして，確率分布や期待値を

$$f_\theta(y|x), \quad E_\theta[X|T]$$

と書くことにする。
　したがって

$$E_\theta[\delta(\mathbf{X})|T] = E[\delta(\mathbf{X})|T] \quad (\theta \text{ によらない})$$

　次に示す**ラオ・ブラックウェルの定理**は，十分統計量 $T = T(\mathbf{X})$ に基づいて，与えられた推定量 $\delta(\mathbf{X})$ から

$$\delta^*(T) = E[\delta(\mathbf{X})|T]$$

によって作られる推定量は $\delta(\mathbf{X})$ より良い推定量であることを主張する。

### ［定理］（ラオ・ブラックウェルの定理）

　$\theta$ を任意の未知母数とし，$T = T(\mathbf{X})$ を $\theta$ に関する十分統計量とする。$\delta(\mathbf{X})$ を $\theta$ の推定量，$\delta^*(T)$ を $\delta^*(T) = E[\delta(\mathbf{X})|T]$ で定める $\theta$ の推定量とするとき，次が成り立つ。

　（ⅰ）　$E_\theta[\delta^*(T)] = E_\theta[\delta(\mathbf{X})]$

　（ⅱ）　$E_\theta[(\delta^*(T) - \theta)^2] \leqq E_\theta[(\delta(\mathbf{X}) - \theta)^2]$

　**（証明）**（ⅰ）$E_\theta[\delta^*(T)] = E_\theta\big[E[\delta(\mathbf{X})|T]\big] = E_\theta[\delta(\mathbf{X})]$

（ⅱ）$E_\theta[(\delta(\mathbf{X}) - \theta)^2] = E_\theta[\{(\delta(\mathbf{X}) - \delta^*(T)) + (\delta^*(T) - \theta)\}^2]$

$$= E_\theta[(\delta(\mathbf{X}) - \delta^*(T))^2] + E_\theta[(\delta^*(T) - \theta)^2]$$
$$+ 2E_\theta[(\delta(\mathbf{X}) - \delta^*(T))(\delta^*(T) - \theta)]$$

ここで，条件付期待値の公式に注意して計算すると

$$E_\theta[(\delta(\mathbf{X}) - \delta^*(T))(\delta^*(T) - \theta)]$$
$$= E_\theta\big[E[(\delta(\mathbf{X}) - \delta^*(T))(\delta^*(T) - \theta)|T]\big]$$

$$= E_\theta\big[(\delta^*(T)-\theta)E[\delta(\mathbf{X})-\delta^*(T)\,|\,T]\big]$$

$$= E_\theta\big[(\delta^*(T)-\theta)\{E[\delta(\mathbf{X})\,|\,T]-E[\delta^*(T)\,|\,T]\}\big]$$

$$= E_\theta\big[(\delta^*(T)-\theta)\{E[\delta(\mathbf{X})\,|\,T]-\delta^*(T)\}\big]$$

$$= E_\theta\big[(\delta^*(T)-\theta)\times 0\big]=0$$

より

$$E_\theta[(\delta(\mathbf{X})-\theta)^2]=E_\theta[(\delta(\mathbf{X})-\delta^*(T))^2]+E_\theta[(\delta^*(T)-\theta)^2]$$

$$\geqq E_\theta[(\delta^*(T)-\theta)^2]$$

すなわち，$E_\theta[(\delta^*(T)-\theta)^2]\leqq E_\theta[(\delta(\mathbf{X})-\theta)^2]$ ☐

（注 1）特に，$\delta(\mathbf{X})$ が $\theta$ の不偏推定量ならば，（ i ），（ ii ）は

　　（ i ）$E_\theta[\delta^*(T)]=E_\theta[\delta(\mathbf{X})]=\theta$　　（すなわち，$\delta^*(T)$ も不偏推定量）

　　（ ii ）$V_\theta[\delta^*(T)]\leqq V_\theta[\delta(\mathbf{X})]$

　　となる。 ☐

（注 2）$\delta(\mathbf{X})$ が $\theta$ の最尤推定量の場合：

$\delta(\mathbf{X})$ が $\theta$ の最尤推定量とする。

$T=T(\mathbf{X})$ が十分統計量であることから，母集団分布 $f(\mathbf{x}\,;\theta)$ が，母数 $\theta$ をパラメータとして含む関数 $g(t\,;\theta)$ と $\theta$ を含まない関数 $h(\mathbf{x})$ を用いて

$$f(\mathbf{x}\,;\theta)=g(T(\mathbf{x})\,;\theta)\cdot h(\mathbf{x})\qquad ただし，\mathbf{x}=(x_1,x_2,\cdots,x_n)$$

と表すことができるから

$$L(\theta)=f(\mathbf{X}\,;\theta)=g(T(\mathbf{X})\,;\theta)\cdot h(\mathbf{X})$$

を最大にする $\theta$ は $g(T(\mathbf{X})\,;\theta)$ を最大にする $\theta$ と等しく，それは $T(\mathbf{X})$ の関数になることがわかる。すなわち，最尤推定量 $\delta(\mathbf{X})$ は十分統計量 $T(\mathbf{X})$ の関数 $\hat{\theta}(T)$ である。

## 16.2.2　例

【例 1 】母集団分布がベルヌーイ分布 $B(1,p)$ の二項母集団の場合

母集団分布は

$$P_p(X=x)=p^x(1-p)^{1-x}\qquad(x=0,1)$$

標本を $\mathbf{X}=(X_1,X_2,\cdots,X_n)$ とする。

$$\delta(\mathbf{X})=X_1$$

とすると

$$E_p[\delta(\mathbf{X})] = E_p[X_1] = p$$

であるから，$\delta(\mathbf{X}) = X_1$ は $p$ の不偏推定量である。

そこで，十分統計量

$$T = T(\mathbf{X}) = \sum_{i=1}^{n} X_i$$

を用いて，不偏推定量 $\delta(\mathbf{X}) = X_1$ の改良

$$\delta^*(T) = E[\delta(\mathbf{X})|T]$$

を求めてみよう。

まず，条件付確率分布 $P(X_1|T)$ を計算する。

$$P_p(X_1 = 1|T = t) = \frac{P_p(X_1 = 1, T = t)}{P_p(T = t)}$$

$$= \frac{P_p(X_1 = 1)P\left(\sum_{i=2}^{n} X_2 = t - 1 \middle| X_1 = 1\right)}{P_p(T = t)}$$

$$= \frac{p \cdot \dfrac{(n-1)!}{(t-1)!(n-t)!} p^{t-1}(1-p)^{n-t}}{\dfrac{n!}{t!(n-t)!} p^t(1-p)^{n-t}}$$

$$= \frac{t}{n}$$

よって

$$P_p(X_1 = 1|T = t) = P(X_1 = 1|T = t) = \frac{t}{n}$$

$$P(X_1 = 0|T = t) = 1 - P(X_1 = 1|T = t) = 1 - \frac{t}{n}$$

以上より

$$\delta^*(T = t) = E[\delta(\mathbf{X})|T = t] = E[X_1|T = t]$$

$$= 1 \times P(X_1 = 1|T = t) + 0 \times P(X_1 = 0|T = t)$$

$$= 1 \times \frac{t}{n} + 0 \times \left(1 - \frac{t}{n}\right) = \frac{t}{n}$$

したがって

$$\delta^*(T) = \frac{T}{n} = \frac{1}{n}\sum_{i=1}^{n} X_i = \overline{X}$$

を得る。　　　　　　　　　　　　　　　　　　　　　　　□

（注）母集団分布が

$$T = T(\mathbf{X}) = \sum_{i=1}^{n} X_i$$

を十分統計量とする分布ならば，$\delta(\mathbf{X}) = X_1$ の改良 $\delta^*(T) = E[\delta(\mathbf{X})|T]$ は以下のように求めることができる。

$$n\delta^*(T) = nE[X_1|T] = E\left[\sum_{i=1}^{n} X_i \,\middle|\, T\right] = E[T|T] = T$$

よって

$$\delta^*(T) = \frac{1}{n}T = \frac{1}{n}\sum_{i=1}^{n} X_i$$

**【例 2】** 母集団分布が区間 $[0, \theta]$ 上の一様分布の場合

$\delta(\mathbf{X}) = 2X_1$ は明らかに未知母数 $\theta$ の不偏推定量である。

このとき，十分統計量

$$T = \max_{1 \le i \le n} X_i$$

に基づく $\delta(\mathbf{X}) = 2X_1$ の改良 $\delta^*(T) = E[\delta(\mathbf{X})|T]$ を求める。

やや直観的な議論ではあるが次のように計算することができる。

確率 1 で $X_1, X_2, \cdots, X_n$ は相異なる値をとることに注意すると

$$P(X_1 = t\,|\,T = t) = \frac{1}{n} \quad (\because \quad X_1, X_2, \cdots, X_n \text{ のどれか 1 つが } t \text{ に一致})$$

であり，よってまた

$$P(X_1 < t\,|\,T = t) = 1 - \frac{1}{n} \quad (\text{注} ; P(T = t) = P(\max_{1 \le i \le n} X_i = t) = 0 \text{ である。})$$

このときの $X_1$ の平均値は $\dfrac{t}{2}$ と考えられるから

$$\begin{aligned}
\delta^*(T = t) &= E[\delta(\mathbf{X})|T = t] = 2E[X_1|T = t] \\
&= 2\left\{ t \cdot P(X_1 = t\,|\,T = t) + \frac{t}{2} \cdot P(X_1 < t\,|\,T = t) \right\} \\
&= 2\left\{ t \cdot \frac{1}{n} + \frac{t}{2}\left(1 - \frac{1}{n}\right) \right\} = \frac{n+1}{n}t
\end{aligned}$$

したがって，改良された $\theta$ の不偏推定量

$$\delta^*(T) = \frac{n+1}{n}T = \frac{n+1}{n}\max_{1 \le i \le n} X_i$$

を得る（厳密に理解したい読者は参考文献［Billingsley］を参照）。

# １６．３　完備十分統計量

## 16.3.1　完備十分統計量

統計量 $T = T(X)$ の関数が

任意の関数 $g(T)$ に対して

「任意の $\theta$ に対して $E_\theta[g(T)] = 0$ ならば，恒等的に $g(T) = 0$」

を満たすとき，統計量 $T = T(X)$ は**完備**であるという。また，完備な十分統計量を**完備十分統計量**という。

[**定理**]　統計量 $T = T(X)$ が完備ならば，任意の関数 $\varphi$ に対して $\widetilde{T} = \varphi(T)$ も完備である。

（**証明**）関数 $g(T)$ を任意にとる。

任意の $\theta$ に対して $E_\theta[g(\widetilde{T})] = E_\theta[(g \circ \varphi)(T)] = 0$ とすると，$T$ は完備であるから，恒等的に $(g \circ \varphi)(T) = 0$ が成り立つ。

すなわち，恒等的に $g(\widetilde{T}) = 0$ が成り立つ。　　　　□

## 【例１】二項母集団

母集団分布をベルヌーイ分布 $B(1, p)$ とすると

$$十分統計量：T = T(X_1, X_2, \cdots, X_n) = \sum_{i=1}^n X_i$$

は２項分布 $B(n, p)$ に従う。

任意の関数 $g(T)$ に対して

$$E_p[g(T)] = \sum_{k=0}^n g(k)P(T=k) = \sum_{k=0}^n g(k)\,_nC_k p^k(1-p)^{n-k}$$

$$= (1-p)^n \sum_{k=0}^n g(k)\,_nC_k \left(\frac{p}{1-p}\right)^k = 0$$

とすると

$$\sum_{k=0}^n g(k)\,_nC_k \left(\frac{p}{1-p}\right)^k = 0$$

これが任意の $p$ について成り立つとすると

$$g(k)\,_nC_k = 0 \quad \therefore \quad g(k) = 0 \quad (k = 0, 1, \cdots, n)$$

ところで，関数 $g(T)$ において $T$ のとりうる値は $0, 1, \cdots, n$ であるから，恒等的に $g(T) = 0$ であることが示された。　　　　□

（注）上の結果から，二項母集団において

$$\text{標本和}: T = \sum_{i=1}^{n} X_i, \quad \text{標本平均}: T = \frac{1}{n}\sum_{i=1}^{n} X_i$$

は単に十分統計量なだけでなく，完備十分統計量であることがわかる。

## 【例2】 ポアソン母集団

母集団分布をポアソン分布 $Po(\lambda)$ とすると

$$\text{十分統計量}: T = T(X_1, X_2, \cdots, X_n) = \sum_{i=1}^{n} X_i$$

はポアソン分布 $Po(n\lambda)$ に従う。

任意の関数 $g(T)$ に対して

$$E_p[g(T)] = \sum_{k=0}^{\infty} g(k)P(T=k) = \sum_{k=0}^{\infty} g(k)\frac{(n\lambda)^k}{k!}e^{-n\lambda} = 0$$

とすると

$$\sum_{k=0}^{\infty} g(k)\frac{\lambda^k}{k!} = 0 \qquad \therefore \quad \sum_{k=0}^{\infty} \frac{g(k)}{k!}\lambda^k = 0$$

これが任意の $\lambda > 0$ について成り立つとすると

$$\frac{g(k)}{k!} = 0 \qquad \therefore \quad g(k) = 0 \quad (k = 0, 1, 2, \cdots)$$

よって，恒等的に $g(T) = 0$ であることが示された。　□

## 【例3】 正規母集団 （分散は既知の場合）

母集団分布を正規分布 $N(\mu, \sigma^2)$ （ただし，分散 $\sigma^2$ は既知）とすると

$$\text{十分統計量}: T = T(X_1, X_2, \cdots, X_n) = \sum_{i=1}^{n} X_i$$

は正規分布 $N(n\mu, n\sigma^2)$ に従う。

任意の関数 $g(T)$ に対して

$$E_\mu[g(T)] = \int_{-\infty}^{\infty} g(t)\frac{1}{\sqrt{2\pi n\sigma^2}}\exp\left(-\frac{(t-\mu)^2}{2n\sigma^2}\right)dt = 0$$

とすると

$$\int_{-\infty}^{\infty} g(t)\frac{1}{\sqrt{2\pi n\sigma^2}}\exp\left(-\frac{t^2}{2n\sigma^2}\right)\exp\left(\frac{\mu t}{n\sigma^2}\right)\exp\left(-\frac{\mu^2}{2n\sigma^2}\right)dt = 0$$

$$\therefore \quad \int_{-\infty}^{\infty} g(t)\exp\left(-\frac{t^2}{2n\sigma^2}\right)\exp\left(\frac{\mu t}{n\sigma^2}\right)dt = 0$$

ここで

$$\frac{t}{\sqrt{n}\sigma} = z, \quad \frac{\mu}{\sqrt{n}\sigma} = \theta$$

とおくと

$$\int_{-\infty}^{\infty} g(\sqrt{n}\sigma z)\exp\left(-\frac{z^2}{2}\right)\exp(\theta z)\cdot\sqrt{n}\sigma dz = 0$$

$$\therefore \quad \int_{-\infty}^{\infty} g(\sqrt{n}\sigma z)\exp\left(-\frac{z^2}{2}\right)\exp(\theta z)dz = 0$$

そこで

$$h(z) = g(\sqrt{n}\sigma z)\exp\left(-\frac{z^2}{2}\right)$$

とおくと

$$\int_{-\infty}^{\infty} h(z)\exp(\theta z)dz = 0 \qquad \text{すなわち,} \quad \int_{-\infty}^{\infty} e^{\theta z}\cdot h(z)dz = 0$$

ここで

$$h_+(z) = \max\{h(z), 0\}, \quad h_-(z) = \max\{-h(z), 0\}$$

とおくと

$$h(z) = h_+(z) - h_-(z)$$

であるから

$$\int_{-\infty}^{\infty} e^{\theta z}\cdot h_+(z)dz = \int_{-\infty}^{\infty} e^{\theta z}\cdot h_-(z)dz$$

が成り立つ。

特に, $\theta = 0$ のときを考えると

$$\int_{-\infty}^{\infty} h_+(z)dz = \int_{-\infty}^{\infty} h_-(z)dz$$

であり, この非負値を $c$ とおく。

（ⅰ） $c = 0$ のとき

$$h_+(z) = h_-(z) \equiv 0$$

となるから

$$h(z) = h_+(z) - h_-(z) \equiv 0$$

（ⅱ） $c > 0$ のとき

$$\int_{-\infty}^{\infty} \frac{1}{c}h_+(z)dz = \int_{-\infty}^{\infty} \frac{1}{c}h_-(z)dz = 1$$

であるから

$$\frac{1}{c}h_+(z), \quad \frac{1}{c}h_-(z)$$

を確率密度関数とする確率変数をそれぞれ $W_+, W_-$ とすると

$$E[e^{\theta W_+}] = \int_{-\infty}^{\infty} e^{\theta z} \cdot \frac{1}{c} h_+(z) dz , \quad E[e^{\theta W_-}] = \int_{-\infty}^{\infty} e^{\theta z} \cdot \frac{1}{c} h_-(z) dz$$

であり，積率母関数と確率分布の 1 対 1 対応により

$$h_+(z) \equiv h_-(z)$$

$$\therefore \quad h(z) = h_+(z) - h_-(z) \equiv 0$$

以上より

$$h(z) = g(\sqrt{n}\sigma z) \exp\left(-\frac{z^2}{2}\right) \equiv 0 \qquad \therefore \quad g(t) \equiv 0$$

すなわち，恒等的に $g(T) = 0$ であることが示された。 □

### 【例 4】 一様分布に従う母集団

母集団分布を一様分布 $U[0, \theta]$ とすると

$$\text{十分統計量}: T = T(X_1, X_2, \cdots, X_n) = \max_{1 \leq i \leq n} X_i$$

の確率密度関数は

$$f_T(t) = \frac{nt^{n-1}}{\theta^n} \quad (0 \leqq t \leqq \theta), \quad 0 \quad (その他)$$

であるから

$$E_\theta[g(T)] = \int_0^\theta g(t) \frac{nt^{n-1}}{\theta^n} dt = 0$$

とすると，両辺を微分して

$$g(\theta) \frac{n\theta^{n-1}}{\theta^n} = \frac{n}{\theta} g(\theta) = 0 \qquad \therefore \quad g(\theta) \equiv 0$$

すなわち，恒等的に $g(T) = 0$ であることが示された。 □

## 16.3.2 指数型分布族

上の例からわかるように，十分統計量の完備性を確認するのは簡単ではない。そこで，十分統計量の完備性を確認するのに有効な一つの方法が指数型分布族に関する定理である。まず，指数型分布族について説明する。

母数 $\theta$ を含む確率分布（確率関数または確率密度関数）$f(\mathbf{x}; \theta)$ が

$$f(\mathbf{x}; \theta) = h(\mathbf{x}) \exp\left( \sum_{j=1}^{k} T_j(\mathbf{x}) \tau_j(\theta) - c(\theta) \right)$$

$$= e^{-c(\theta)} h(\mathbf{x}) \exp\left( \sum_{j=1}^{k} T_j(\mathbf{x}) \tau_j(\theta) \right)$$

で表されるとき，この分布は**指数型分布族**に属するという。

このとき，$k$ 次元の統計量

$$T(\mathbf{X}) = (T_1(\mathbf{X}), T_2(\mathbf{X}), \cdots, T_k(\mathbf{X}))$$

は，指数型分布族の表式より，十分統計量であることがわかる。

以下の例で，母数 $\theta$ と統計量 $T = (T_1, T_2, \cdots, T_k)$ に注意すること。

## 【例1】2項分布

$$
\begin{aligned}
f(x\,;p) &= {}_nC_x\,p^x(1-p)^{n-x}\\
&= (1-p)^n\,{}_nC_x\left(\frac{p}{1-p}\right)^x\\
&= e^{n\log(1-p)}\,{}_nC_x\exp\left(x\log\frac{p}{1-p}\right)
\end{aligned}
$$

よって

$$\theta = p,\quad h(x) = {}_nC_x,$$

$$T(x) = x,\quad \tau(p) = \log\frac{p}{1-p},\quad c(p) = -n\log(1-p)$$

とおくと

$$f(x\,;\theta) = e^{-c(\theta)}h(x)\exp\{T(x)\tau(\theta)\}$$

となり，2項分布 $B(n, p)$ は指数型分布族に属する（$k=1$）。
よってまた，二項母集団において

$$\text{統計量（標本和）：}\ T(\mathbf{X}) = \sum_{i=1}^{n} X_i$$

は十分統計量である。

## 【例2】正規分布

$$
\begin{aligned}
f(x\,;(\mu,\sigma^2)) &= \frac{1}{\sqrt{2\pi\sigma^2}}\exp\left(-\frac{(x-\mu)^2}{2\sigma^2}\right)\\
&= (2\pi\sigma^2)^{-\frac{1}{2}}\exp\left(-\frac{x^2}{2\sigma^2}\right)\exp\left(\frac{\mu x}{\sigma^2}\right)\exp\left(-\frac{\mu^2}{2\sigma^2}\right)\\
&= \exp\left(-\frac{\mu^2}{2\sigma^2}-\frac{1}{2}\log(2\pi\sigma^2)\right)\exp\left(-\frac{x^2}{2\sigma^2}\right)\exp\left(\frac{\mu x}{\sigma^2}\right)
\end{aligned}
$$

よって

$$\theta = (\mu,\sigma^2),\quad h(x) = \exp\left(-\frac{x^2}{2\sigma^2}\right),$$

$$T_1(x) = x,\quad T_2(x) = x^2,$$

$$\tau_1(\mu, \sigma^2) = \frac{\mu}{\sigma^2}, \quad \tau_2(\mu, \sigma^2) = -\frac{1}{2\sigma^2},$$

$$c(\mu, \sigma^2) = \frac{\mu^2}{2\sigma^2} + \frac{1}{2}\log(2\pi\sigma^2)$$

とおくと

$$f(x \,;\, \theta) = e^{-c(\theta)} h(x) \exp\{T_1(x)\tau_1(\theta) + T_2(x)\tau_2(\theta)\}$$

となり，正規分布 $N(\mu, \sigma^2)$ は指数型分布族に属する（$k = 2$）。

## 【例3】正規母集団からの標本

母集団分布が $N(\mu, \sigma^2)$ である母集団からの標本 $\mathbf{X} = (X_1, X_2, \cdots, X_n)$ の同時確率密度関数は

$$f(\mathbf{x} \,;\, (\mu, \sigma^2)) = \frac{1}{(\sqrt{2\pi\sigma^2})^n} \exp\left(-\frac{1}{2\sigma^2} \sum_{i=1}^{n}(x_i - \mu)^2\right)$$

$$= (2\pi\sigma^2)^{-\frac{n}{2}} \exp\left(-\frac{1}{2\sigma^2}\sum_{i=1}^{n} x_i^2\right) \exp\left(\frac{1}{\sigma^2}\mu\sum_{i=1}^{n} x_i\right) \exp\left(-\frac{1}{2\sigma^2}n\mu^2\right)$$

$$= \exp\left(-\frac{1}{2\sigma^2}n\mu^2 - \frac{n}{2}\log(2\pi\sigma^2)\right) \exp\left(-\frac{1}{2\sigma^2}\sum_{i=1}^{n} x_i^2\right) \exp\left(\frac{\mu}{\sigma^2}\sum_{i=1}^{n} x_i\right)$$

よって

$$\theta = (\mu, \sigma^2), \quad h(\mathbf{x}) = \exp\left(-\frac{1}{2\sigma^2}\sum_{i=1}^{n} x_i^2\right),$$

$$T_1(\mathbf{x}) = \sum_{i=1}^{n} x_i, \quad T_2(\mathbf{x}) = \sum_{i=1}^{n} x_i^2,$$

$$\tau_1(\mu, \sigma^2) = \frac{\mu}{\sigma^2}, \quad \tau_2(\mu, \sigma^2) = -\frac{1}{2\sigma^2},$$

$$c(\mu, \sigma^2) = \frac{n\mu^2}{2\sigma^2} + \frac{n}{2}\log(2\pi\sigma^2)$$

とおくと

$$f(\mathbf{x} \,;\, \theta) = e^{-c(\theta)} h(\mathbf{x}) \exp\{T_1(\mathbf{x})\tau_1(\theta) + T_2(\mathbf{x})\tau_2(\theta)\}$$

となり，$\mathbf{X} = (X_1, X_2, \cdots, X_k)$ の確率分布は指数型分布族に属する（$k = 2$）。したがって

$$\text{統計量}: T(\mathbf{X}) = (T_1(\mathbf{X}), T_2(\mathbf{X})) = \left(\sum_{i=1}^{n} X_i, \ \sum_{i=1}^{n} X_i^2\right)$$

は十分統計量である。

指数型分布族に属する確率分布について次が成り立つ（[レーマン]参照）。

[**定理**]　確率分布が

$$f(\mathbf{x};\theta) = h(\mathbf{x})\exp\left(\sum_{j=1}^{k} T_j(\mathbf{x})\tau_j(\theta) - c(\theta)\right)$$

の形で表される指数型分布族に属するとき，

$(\tau_1, \tau_2, \cdots, \tau_k)$ 全体のなす空間が $\mathbf{R}^k$ の $k$ 次元の区間を含む

ならば，十分統計量 $T(\mathbf{X})$ は完備である。

【**例1**】母集団分布が $N(\mu, \sigma^2)$ である正規母集団における十分統計量

$$T = (T_1, T_2) = \left(\sum_{i=1}^{n} X_i, \sum_{i=1}^{n} X_i^2\right)$$

は完備十分統計量である。

（証明）上で見たように

$$\tau_1(\mu, \sigma^2) = \frac{\mu}{\sigma^2}, \quad \tau_2(\mu, \sigma^2) = -\frac{1}{2\sigma^2},$$

であり，$(\tau_1, \tau_2)$ 全体のなす空間は $\mathbf{R}^2$ の開集合 $(-\infty, \infty)\times(-\infty, 0)$ であるか

ら，$T = (T_1, T_2)$ は完備十分統計量である。　　　　　　　　　　　□

《**参考**》完備十分統計量

$$T = (T_1, T_2) = \left(\sum_{i=1}^{n} X_i, \sum_{i=1}^{n} X_i^2\right)$$

は非退化（共分散行列 $\mathrm{Var}[T]$ が正則行列）である。

（証明）積率母関数の章で確認したように

$$E[X_i] = \mu, \quad E[X_i^2] = \mu^2 + \sigma^2,$$

$$E[X_i^3] = \mu^3 + 3\mu\sigma^2, \quad E[X_i^4] = \mu^4 + 6\mu^2\sigma^2 + 3\sigma^4$$

であることに注意する。さらに，独立性に注意して

$$V[T_1] = \sum_{i=1}^{n} V[X_i] = n(E[X_i^2] - E[X_i]^2) = n\sigma^2$$

$$V[T_2] = \sum_{i=1}^{n} V[X_i^2] = n(E[X_i^4] - E[X_i^2]^2) = n(4\mu^2\sigma^2 + 2\sigma^4)$$

また

$$\mathrm{Cov}[T_1, T_2] = E[(T_1 - E(T_1))(T_2 - E(T_2))]$$

$$= E\left[\left(\sum_{i=1}^{n} X_i - n\mu\right)\left(\sum_{j=1}^{n} X_j{}^2 - n(\mu^2 + \sigma^2)\right)\right]$$

$$= E\left[\left(\sum_{i=1}^{n} X_i\right)\left(\sum_{j=1}^{n} X_j{}^2\right)\right] - n\mu E\left[\sum_{j=1}^{n} X_j{}^2\right] - n(\mu^2 + \sigma^2)E\left[\sum_{i=1}^{n} X_i\right]$$
$$+ n\mu \cdot n(\mu^2 + \sigma^2)$$

$$= \sum_{i=}^{n} E[X_i^3] + \sum_{i \neq j} E[X_i]E[X_j{}^2] - n\mu \cdot n(\mu^2 + \sigma^2)E - n(\mu^2 + \sigma^2) \cdot n\mu$$
$$+ n\mu \cdot n(\mu^2 + \sigma^2)$$

$$= n(\mu^3 + 3\mu\sigma^2) + (n^2 - n) \cdot \mu \cdot (\mu^2 + \sigma^2) - n\mu \cdot n(\mu^2 + \sigma^2)$$

$$= n(\mu^3 + 3\mu\sigma^2) - n\mu(\mu^2 + \sigma^2) = 2n\mu\sigma^2$$

よって

$$\mathrm{Var}[T] = \begin{pmatrix} V[T_1] & \mathrm{Cov}[T_1, T_2] \\ \mathrm{Cov}[T_2, T_1] & V[T_2] \end{pmatrix} = \begin{pmatrix} n\sigma^2 & 2n\mu\sigma^2 \\ 2n\mu\sigma^2 & n(4\mu^2\sigma^2 + 2\sigma^4) \end{pmatrix}$$

であり

$$\det(\mathrm{Var}[T]) = n\sigma^2 \cdot n(4\mu^2\sigma^2 + 2\sigma^4) - (2n\mu\sigma^2)^2 = 2n^2\sigma^6 > 0$$

したがって

共分散行列 $\mathrm{Var}[T]$ は正則行列である。　　　　　　　□

【**例 2**】母集団分布が $N(\mu, \sigma^2)$ である正規母集団における統計量

$$\tilde{T} = (\tilde{T}_1, \tilde{T}_2) = (\overline{X}, U^2) = \left(\frac{1}{n}\sum_{i=1}^{n} X_i, \ \frac{1}{n-1}\sum_{i=1}^{n}(X_i - \overline{X})^2\right)$$

は完備十分統計量である。

（**証明**）【例 1】で見たように，十分統計量

$$T = (T_1, T_2) = \left(\sum_{i=1}^{n} X_i, \ \sum_{i=1}^{n} X_i^2\right)$$

は完備十分統計量であった。

一方，統計量

$$\tilde{T} = (\tilde{T}_1, \tilde{T}_2) = (\overline{X}, U^2) = \left(\frac{1}{n}\sum_{i=1}^{n} X_i, \ \frac{1}{n-1}\sum_{i=1}^{n}(X_i - \overline{X})^2\right)$$

は，上の完備十分統計量 $T = (T_1, T_2)$ から 1 対 1 変換

$$\tilde{T}_1 = \frac{1}{n}T_1, \quad \tilde{T}_2 = \frac{1}{n-1}(T_2 - nT_1^2)$$

によって得られる十分統計量であり，これも完備十分統計量である。

# １６．４　レーマン・シェフェの定理

### 16.4.1　レーマン・シェフェの定理
　ラオ・ブラックウェルの定理と完備十分統計量の応用として次の定理が成り立つ。

**［定理］（レーマン・シェフェの定理）**
　$T = T(\mathbf{X})$ を完備十分統計量とするとき，次が成り立つ。
（ⅰ）$T$ の関数である $\theta$ の不偏推定量は一意的に定まる。
（ⅱ）$T$ の関数である $\theta$ の不偏推定量は最小分散不偏推定量である。

　**（証明）**（ⅰ）$\hat{\theta}(T), \tilde{\theta}(T)$ を $\theta$ の 2 つの不偏推定量とする。

$g(T) = \hat{\theta}(T) - \tilde{\theta}(T)$ とおくと

$$E_\theta[g(T)] = E_\theta[\hat{\theta}(T)] - E_\theta[\tilde{\theta}(T)] = \theta - \theta = 0$$

ここで，$T$ は完備十分統計量であるから

$$g(T) = \hat{\theta}(T) - \tilde{\theta}(T) \equiv 0 \qquad すなわち，\quad \hat{\theta}(T) \equiv \tilde{\theta}(T)$$

（ⅱ）$T$ の関数である $\theta$ の不偏推定量を $\hat{\theta}(T)$ とする。

$\delta(\mathbf{X})$ を $\theta$ の任意の不偏推定量とし，$\delta^*(T) = E[\delta(\mathbf{X})|T]$ とおく。
ラオ・ブラックウェルの定理より

$$V_\theta[\delta^*(T)] \leqq V_\theta[\delta(\mathbf{X})]$$

ところで，$\delta^*(T)$ は $\theta$ の不偏推定量であるから，（ⅰ）で示した一意性より

$$\hat{\theta}(T) \equiv \delta^*(T)$$

よって

$$V_\theta[\hat{\theta}(T)] = V_\theta[\delta^*(T)] \leqq V_\theta[\delta(\mathbf{X})] \qquad\qquad \square$$

### 16.4.2　レーマン・シェフェの定理の応用例

**【例 1】二項母集団**
　母集団分布がベルヌーイ分布 $B(1, p)$ である二項母集団において

$$標本和 : T = T(\mathbf{X}) = \sum_{i=1}^{n} X_i$$

は完備十分統計量である。
　$\delta(\mathbf{X}) = X_1$ は $p$ の不偏推定量であり，完備十分統計量 $T$ の関数である不偏推定量：

$$\delta^*(T) = E[\delta(X_1) \mid T] = \frac{T}{n} = \frac{1}{n}\sum_{i=1}^{n} X_i = \overline{X}$$

すなわち，標本平均 $\overline{X}$ は $p$ のただ一つの最小分散不偏推定量である。　□

### 【例 2】 正規母集団

　母集団分布が $N(\mu, \sigma^2)$ である正規母集団における十分統計量：

$$T = (T_1, T_2) = \left(\overline{X}, U^2\right) = \left(\frac{1}{n}\sum_{i=1}^{n} X_i, \ \frac{1}{n-1}\sum_{i=1}^{n}(X_i - \overline{X})^2\right)$$

は完備十分統計量であった。
　したがって

$$\varphi_1(T) = \varphi_1(T_1, T_2) = T_1 = \overline{X}, \quad \varphi_2(T) = \varphi_2(T_1, T_2) = T_2 = U^2$$

を満たす関数 $\varphi_1, \varphi_2$ をとれば，レーマン・シェフェの定理により

　　　標本平均：$\overline{X} = \varphi_1(T)$ は $\mu$ のただ一つの最小分散不偏推定量

　　　不偏分散：$U^2 = \varphi_2(T)$ は $\sigma^2$ のただ一つの最小分散不偏推定量

である。

　ところで，不偏分散 $U^2$ は母分散 $\sigma^2$ の最小分散不偏推定量であるが，$U^2$ の分散 $V[U^2]$ はクラーメル・ラオの不等式で与えられる下限よりも大きい（**演習問題 8－4** 参照）。　□

# ■ 演 習 問 題 と 解 答 ■

　本書のテーマである統計学における理論的内容に関連の深い問題を演習問題として補充しておく。詳しい解答を演習問題の後に付ける。

## 第2章　確率変数と確率分布

[**問題2－1**]　$X$ が確率密度関数 $f(x)$ をもつ連続型確率変数であるとき，$Y = X^2$ の確率密度関数 $g(y)$ を求めよ。

[**問題2－2**]　幾何分布
$$P(X = k) = p(1-p)^k \qquad (k = 0, 1, 2, \cdots \ ; \ 0 < p < 1)$$
の平均と分散を求めよ。

[**問題2－3**]　確率分布が次式で与えられる確率分布を**超幾何分布**という。
$$P(X = k) = \frac{{}_M C_k \cdot {}_{N-M} C_{n-k}}{{}_N C_n} \qquad (k = 0, 1, 2, \cdots, n \ ; \ N > M > n)$$
超幾何分布の平均と分散を求めよ。

[**問題2－4**]　指数分布
$$f(x) = \begin{cases} ae^{-ax} & (x \geqq 0) \\ 0 & (x < 0) \end{cases} \qquad (a > 0)$$
の平均と分散を求めよ。

[**問題2－5**]　一様分布
$$f(x) = \begin{cases} \dfrac{1}{\theta} & (0 \leqq x \leqq \theta) \\ 0 & (x < 0, \ \theta < x) \end{cases} \qquad (\theta > 0)$$
の平均と分散を求めよ。

[**問題2－6**]　確率変数 $X$ が正規分布 $N(\mu, \sigma^2)$ に従うとき
$$Z = \frac{X - \mu}{\sigma}$$
は標準正規分布 $N(0, 1)$ に従うことを示せ。

[**問題2－7**]　確率密度関数 $f(x)$ が次式で与えられる確率変数 $X$ は**コーシー分布**に従うという。
$$f(x) = \frac{a}{\pi\{a^2 + (x-b)^2\}} \qquad (a > 0)$$
(1)　$\displaystyle\int_{-\infty}^{\infty} f(x)dx = 1$ が成り立つことを示せ。

(2)　$X$ の平均 $E[X]$ は存在しないことを示せ。

# 第3章　多変量の確率分布

[問題3－1]　$X, Y$ が独立で，ともに標準正規分布 $N(0,1)$ に従うとき，$Z = \dfrac{X}{Y}$ の確率密度関数を求めよ。

[問題3－2]　$X, Y$ が独立で，ともに標準正規分布 $N(0,1)$ に従うとき，$Z = \sqrt{X^2 + Y^2}$ の確率密度関数を求めよ。

# 第4章　いろいろな確率分布

[問題4－1]　確率密度関数 $f(x)$ が次式で与えられる確率変数 $X$ はベータ分布に従うという。

$$f(x) = \begin{cases} \dfrac{1}{B(p,q)} x^{p-1}(1-x)^{q-1} & (0 < x < 1) \\ 0 & (x \leq 0,\ 1 \leq x) \end{cases} \quad (p > 0,\ q > 0)$$

$X$ の平均と分散を求めよ。

[問題4－2]　確率密度関数 $f(x)$ が次式で与えられる確率変数 $X$ はガンマ分布に従うという。

$$f(x) = \begin{cases} \dfrac{\lambda^\alpha}{\Gamma(\alpha)} x^{\alpha-1} e^{-\lambda x} & (x > 0) \\ 0 & (x \leq 0) \end{cases} \quad (\alpha > 0,\ \lambda > 0)$$

$X$ の平均と分散を求めよ。

[問題4－3]　$X, Y$ はそれぞれ次の確率密度関数 $f_X(x), f_Y(y)$ をもつガンマ分布に従う独立な確率変数とする。

$$f_X(x) = \begin{cases} \dfrac{\lambda^\alpha}{\Gamma(\alpha)} x^{\alpha-1} e^{-\lambda x} & (x > 0) \\ 0 & (x \leq 0) \end{cases}, \quad f_Y(x) = \begin{cases} \dfrac{\lambda^\beta}{\Gamma(\beta)} y^{\alpha-1} e^{-\lambda y} & (x > 0) \\ 0 & (x \leq 0) \end{cases}$$

（ただし，$\alpha > 0,\ \lambda > 0$ ; $\beta > 0,\ \lambda > 0$）

このとき，確率変数 $Z, W$ を

$$Z = X + Y, \quad W = \dfrac{X}{X+Y}$$

で定義すると，$Z$ はガンマ分布に，$W$ はベータ分布に従うことを示せ。

[**問題 4 − 4**]　$X$ が自由度 $n$ の t 分布

$$f(x) = \frac{1}{\sqrt{n}B\left(\frac{n}{2}, \frac{1}{2}\right)} \cdot \frac{1}{\left(\frac{x^2}{n}+1\right)^{\frac{n+1}{2}}}$$

に従うとき，$Y = X^2$ は自由度 $(1, n)$ の F 分布

$$g(y) = \begin{cases} \dfrac{n^{\frac{n}{2}}}{B\left(\frac{1}{2}, \frac{n}{2}\right)} \cdot \dfrac{x^{-\frac{1}{2}}}{(x+n)^{\frac{1+n}{2}}} & (y > 0) \\ 0 & (y \leqq 0) \end{cases}$$

に従うことを示せ。

# 第5章　積率母関数

[**問題 5 − 1**]　以下の確率分布の平均と分散を，示された積率母関数を用いて求めよ。

(1) 幾何分布

確率関数：$P(X = k) = p(1-p)^k$　　　$k = 0, 1, 2, \cdots ; 0 < p < 1$

積率母関数：$\varphi(\theta) = \dfrac{p}{1-(1-p)e^{\theta}}$

(2) 一様分布

確率密度関数：$f(x) = \begin{cases} \dfrac{1}{b-a} & (a \leqq x \leqq b) \\ 0 & (x < a,\ b < x) \end{cases}$

積率母関数：$\varphi(\theta) = \dfrac{e^{b\theta} - e^{a\theta}}{(b-a)\theta}$

(3) 指数分布

確率密度関数：$f(x) = \begin{cases} ae^{-ax} & (x \geqq 0) \\ 0 & (x < 0) \end{cases}$　　ただし，$a > 0$

積率母関数：$\varphi(\theta) = \dfrac{a}{a-\theta}$　$(\theta < a)$

[**問題 5 − 2**]　確率分布が次式で与えられる確率変数 $X$ は**負の2項分布**に従うという。

$$P(X = k) = \binom{n-1+k}{k} p^n (1-p)^k \quad (k = 0, 1, 2, \cdots,\ n \text{ は自然数})$$

ここで，実数 $a$ に対して

$$\binom{a}{k} = \frac{a(a-1)\cdots(a-k+1)}{k!}$$

である。特に，$a$ が自然数 $m$ のときは 2 項係数 ${}_m C_k$ に等しい。

以下の問いに答えよ。ただし，次の公式を使ってよい。

$$(1+x)^a = \sum_{k=0}^{\infty} \binom{a}{k} x^k$$

(1) 積率母関数 $\varphi(\theta)$ を求めよ。

(2) 積率母関数 $\varphi(\theta)$ を用いて，$X$ の平均と分散を求めよ。

[問題 5 － 3] ガンマ分布

$$f(x) = \begin{cases} \dfrac{\lambda^\alpha}{\Gamma(\alpha)} x^{\alpha-1} e^{-\lambda x} & (x > 0) \\ 0 & (x \le 0) \end{cases} \qquad (\alpha > 0, \ \lambda > 0)$$

に従う確率変数 $X$ について，以下の問いに答えよ。

(1) 積率母関数 $\varphi(\theta)$ を求めよ。

(2) 積率母関数 $\varphi(\theta)$ を用いて，$X$ の平均と分散を求めよ。

# 第 6 章　多変量の積率母関数

[問題 6 － 1]　確率ベクトル $\mathbf{X} = (X_1, X_2, \cdots, X_n)^T$ が多変量正規分布に従うとき

$$\mathbf{Y} = C\mathbf{X} \qquad \text{ただし，} C = (c_{ij}) \text{ は } n \text{ 次正方行列}$$

で定義される確率ベクトル $\mathbf{Y} = (Y_1, Y_2, \cdots, Y_n)^T$ も多変量正規分布に従うことを示せ。

[問題 6 － 2]　$X_1, X_2, \cdots, X_n$ が標準正規分布に従う独立同分布な確率変数列ならば，これらを直交行列で変換して得られる $Y_1, Y_2, \cdots, Y_n$ も標準正規分布に従う独立同分布な確率変数列であることを示せ。

[問題 6 － 3]　多変量の確率変数 $(X_1, X_2, \cdots, X_{k-1})$ が積率母関数

$$\varphi(\theta_1, \theta_2, \cdots, \theta_{k-1}) = (p_1 e^{p_1 \theta_1} + \cdots + p_{k-1} e^{p_{k-1}\theta_{k-1}} + 1 - p_1 - \cdots - p_{k-1})^n$$

をもつ $k$ 項分布であるとき，$(X_1, X_2, \cdots, X_{k-1})$ から任意に $l$ 個選んでできる周辺分布は $l$ 項分布であることを示せ。

## 第7章　大数の法則と中心極限定理

（ここではいくつかの分布の極限について取り上げる。）

**[問題7－1]**　超幾何分布

$$P(X = k) = \frac{{}_M C_k \cdot {}_{N-M} C_{n-k}}{{}_N C_n} \qquad (k = 0, 1, 2, \cdots, n \; ; \; N > M > n)$$

を考える。

$N \to \infty$, $\dfrac{M}{N} \to p$ のとき，2項分布 $B(n, p)$ に収束することを示せ。

**[問題7－2]**　自由度 $n$ のカイ二乗分布 $\chi^2(n)$ は，$n$ が大きければ近似的に正規分布 $N(n, 2n)$ に従うことを中心極限定理を用いて示せ。

**[問題7－3]**　確率変数 $X$ が自由度 $(m, n)$ のF分布

$$f_{X_{m,n}}(x) = \begin{cases} \dfrac{m^{\frac{m}{2}} n^{\frac{n}{2}}}{B\left(\dfrac{m}{2}, \dfrac{n}{2}\right)} \cdot \dfrac{x^{\frac{m}{2}-1}}{(mx+n)^{\frac{m+n}{2}}} & (x > 0) \\ 0 & (x \leqq 0) \end{cases}$$

に従うとする。

$n \to \infty$ のとき，$mX$ の確率密度関数は自由度 $m$ のカイ二乗分布 $\chi^2(m)$ の確率密度関数に収束することを示せ。

## 第8章　点推定

**[問題8－1]**　$X_1, X_2, \cdots, X_n$ を母平均 $\mu$，母分散 $\sigma^2$ の母集団からの標本とする。標本平均を $\overline{X}$ とするとき

$$T = -\frac{1}{n-1} \sum_{i \neq j} (X_i - \overline{X})(X_j - \overline{X})$$

は母分散 $\sigma^2$ の不偏推定量であることを示せ。

**[問題8－2]**　パラメータ $\theta$ をもつ次の一様分布を考える。

$$f(x, \theta) = \begin{cases} \dfrac{1}{\theta} & (0 \leqq x \leqq \theta) \\ 0 & (x < 0, \; \theta < x) \end{cases}$$

標本 $X_1, X_2, \cdots, X_n$ に対して，確率変数 $Y$ を

$$Y = \max_{1 \le i \le n} X_i = \max\{X_1, X_2, \cdots, X_n\}$$

で定めるとき，以下の問いに答えよ。

(1) 与えられた一様分布の分布関数 $F(x)$ を求めよ。

(2) $Y$ の分布関数 $G(y)$ と確率密度関数 $g(y)$ を求めよ。

(3) $Y$ の平均 $E[Y]$ を求め，$\theta$ の不偏推定量を答えよ。

(4) $\theta$ の最尤推定量を求めよ。それは不偏推定量ではないことを示せ。

[問題8－3] 確率密度関数 $f(x)$ をもつ母集団あり，母平均 $\mu$ をもつとする。以下の問いに答えよ。

(1) $f(x)$ が $m$ に関して対称であるとする。すなわち

$$f(m-x) = f(m+x) \qquad (x \text{ は任意の実数})$$

とする。このとき，$\mu = m$ であることを示せ。

(2) 大きさ $2n+1$ の標本 $X_1, X_2, \cdots, X_{2n+1}$ の中央値 $M$ の平均が存在するならば，$M$ は母平均 $\mu$ の不偏推定量であることを示せ。

[問題8－4] 母集団分布が $N(\mu, \sigma^2)$ である正規母集団からの大きさ $n$ の標本 $X_1, X_2, \cdots, X_n$ から得られる不偏分散

$$U^2 = \frac{1}{n-1}\sum_{i=1}^{n}(X_i - \overline{X})^2 \qquad \text{ただし，} \overline{X} = \frac{1}{n}\sum_{i=1}^{n}X_i \text{ は標本平均}$$

は母分散 $\sigma^2$ の最小分散不偏推定量であるが，不偏分散 $U^2$ の分散 $V[U^2]$ がクラーメル・ラオの不等式で与えられる下限よりも大きいことを示せ。

236

# 演習問題の解答

## 第2章

[**問題2－1**]　$Y$ の分布関数を $G(y)$ とする。

$y < 0$ のとき，明らかに $G(y) = P(Y \leq y) = P(X^2 \leq y) = 0$ であるから

$$y < 0 \text{ のとき } g(y) = \frac{d}{dy} G(y) = 0$$

$y > 0$ のとき，

$$G(y) = P(Y \leq y) = P(X^2 \leq y) = P(-\sqrt{y} \leq X \leq \sqrt{y})$$

$$= \int_{-\sqrt{y}}^{\sqrt{y}} f(x)dx = \int_{-\infty}^{\sqrt{y}} f(x)dx - \int_{-\infty}^{-\sqrt{y}} f(x)dx$$

より

$$g(y) = \frac{d}{dy} G(y) = \frac{d}{dy} \int_{-\infty}^{\sqrt{y}} f(x)dx - \frac{d}{dy} \int_{-\infty}^{-\sqrt{y}} f(x)dx$$

$$= f(\sqrt{y}) \cdot \frac{1}{2\sqrt{y}} - f(-\sqrt{y}) \cdot \left(-\frac{1}{2\sqrt{y}}\right) = \frac{1}{2\sqrt{y}} \{f(\sqrt{y}) + f(-\sqrt{y})\}$$

（注）　$y = 0$ における値は $g(0) = 0$ と定めて問題はない。

[**問題2－2**]　平均は

$$E[X] = \sum_{k=0}^{\infty} k \cdot P(X = k) = \sum_{k=0}^{\infty} k \cdot p(1-p)^k = p \sum_{k=0}^{\infty} k(1-p)^k$$

ここで

$$S_n = \sum_{k=0}^{n} k(1-p)^k = \sum_{k=1}^{n} k(1-p)^k$$

とおくと，$q = 1-p$ として

$$S_n = q + 2q^2 + 3q^3 + \cdots + nq^n \quad \cdots\cdots ①$$

$$\therefore \quad qS_n = \quad q^2 + 2q^3 + \cdots + (n-1)q^n + nq^{n+1} \quad \cdots\cdots ②$$

①－②より

$$(1-q)S_n = q + q^2 + q^3 + \cdots + q^n - nq^{n+1} = \frac{q\{1-q^n\}}{1-q} - nq^{n+1}$$

$$\therefore \quad S_n = \frac{q\{1-q^n\}}{(1-q)^2} - \frac{nq^{n+1}}{1-q}$$

$$\therefore \quad \sum_{k=0}^{\infty} k(1-p)^k = \lim_{n\to\infty} S_n = \lim_{n\to\infty}\left\{\frac{q\{1-q^n\}}{(1-q)^2} - \frac{nq^{n+1}}{1-q}\right\} = \frac{q}{(1-q)^2} = \frac{1-p}{p^2}$$

よって

$$E[X] = p\sum_{k=0}^{\infty} k(1-p)^k = \frac{1-p}{p}$$

次に，分散 $V[X] = E[X^2] - E[X]^2$ を求める。

$$E[X^2] = \sum_{k=0}^{\infty} k^2 \cdot P(X=k) = \sum_{k=0}^{\infty} k^2 \cdot p(1-p)^k = p\sum_{k=0}^{\infty} k^2(1-p)^k$$

ここで

$$T_n = \sum_{k=0}^{n} k^2(1-p)^k = \sum_{k=0}^{n} k^2 q^k$$

とおくと

$$T_n - qT_n = \sum_{k=0}^{n} k^2 q^k - \sum_{k=0}^{n} k^2 q^{k+1} = \sum_{k=1}^{n} k^2 q^k - \sum_{k=1}^{n} k^2 q^{k+1}$$

$$= \sum_{k=1}^{n} k^2 q^k - \sum_{k=1}^{n+1} (k-1)^2 q^k = \sum_{k=1}^{n} \{k^2 - (k-1)^2\}q^k - n^2 q^{n+1}$$

$$= \sum_{k=1}^{n} (2k-1)q^k - n^2 q^{n+1} = 2\sum_{k=1}^{n} kq^k - \sum_{k=1}^{n} q^k - n^2 q^{n+1}$$

$$= 2\left\{\frac{q\{1-q^n\}}{(1-q)^2} - \frac{nq^{n+1}}{1-q}\right\} - \frac{q\{1-q^n\}}{1-q} - n^2 q^{n+1}$$

より

$$T_n = 2\left\{\frac{q\{1-q^n\}}{(1-q)^3} - \frac{nq^{n+1}}{(1-q)^2}\right\} - \frac{q\{1-q^n\}}{(1-q)^2} - \frac{n^2 q^{n+1}}{1-q}$$

であるから

$$\lim_{n\to\infty} T_n = 2\frac{q}{(1-q)^3} - \frac{q}{(1-q)^2} = 2\frac{1-p}{p^3} - \frac{1-p}{p^2}$$

よって

$$E[X^2] = p\sum_{k=0}^{\infty} k^2(1-p)^k = p\lim_{n\to\infty} T_n = 2\frac{1-p}{p^2} - \frac{1-p}{p}$$

したがって，分散は

$$V[X] = E[X^2] - E[X]^2 = 2\frac{1-p}{p^2} - \frac{1-p}{p} - \left(\frac{1-p}{p}\right)^2 = \frac{1-p}{p^2}$$

238

[**問題2－3**] あとの計算のために 2 項係数の簡単な公式を確認しておく。

（ⅰ）$k \geqq 1$ のとき

$$k \cdot {}_nC_k = k \cdot \frac{n!}{k!\,(n-k)!} = n\frac{(n-1)!}{(k-1)!\,(n-k)!} = n\,{}_{n-1}C_{k-1}$$

（ⅱ）$k \geqq 2$ のとき

$$k(k-1) \cdot {}_nC_k = n(n-1)\frac{(n-2)!}{(k-2)!\,(n-k)!} = n(n-1)\,{}_{n-2}C_{k-2}$$

平均は

$$E[X] = \sum_{k=0}^{n} k \cdot P(X=k) = \sum_{k=0}^{n} k \cdot \frac{{}_MC_k \cdot {}_{N-M}C_{n-k}}{{}_NC_n}$$

$$= \sum_{k=1}^{n} k \cdot \frac{{}_MC_k \cdot {}_{N-M}C_{n-k}}{{}_NC_n} = \frac{1}{{}_NC_n}\sum_{k=1}^{n} k \cdot {}_MC_k \cdot {}_{N-M}C_{n-k}$$

$$= \frac{1}{{}_NC_n}\sum_{k=1}^{n} M \,{}_{M-1}C_{k-1} \cdot {}_{N-M}C_{n-k}$$

$$= \frac{M}{{}_NC_n}\sum_{k=1}^{n} {}_{M-1}C_{k-1} \cdot {}_{(N-1)-(M-1)}C_{(n-1)-(k-1)}$$

$$= \frac{M}{{}_NC_n}\sum_{l=0}^{n-1} {}_{M-1}C_{l} \cdot {}_{(N-1)-(M-1)}C_{(n-1)-l}$$

ここで，2 項係数の意味を考えれば

$${}_{N-1}C_{n-1} = \sum_{l=0}^{n-1} {}_{M-1}C_{l} \cdot {}_{(N-1)-(M-1)}C_{(n-1)-l}$$

であるから

$$E[X] = \frac{M}{{}_NC_n}\sum_{l=0}^{n-1} {}_{M-1}C_{l} \cdot {}_{(N-1)-(M-1)}C_{(n-1)-l} = \frac{M}{{}_NC_n} \cdot {}_{N-1}C_{n-1}$$

$$= M \cdot \frac{{}_{N-1}C_{n-1}}{{}_NC_n} = M \cdot \frac{n}{N} = \frac{nM}{N} = n\frac{M}{N}$$

次に，分散

$$V[X] = E[X^2] - E[X]^2 = E[X(X-1)] + E[X] - E[X]^2$$

を求める。

$$E[X(X-1)] = \frac{1}{{}_NC_n}\sum_{k=2}^{n} k(k-1) \cdot {}_MC_k \cdot {}_{N-M}C_{n-k}$$

$$= \frac{1}{{}_NC_n}\sum_{k=2}^{n} M(M-1)\,{}_{M-2}C_{k-2} \cdot {}_{N-M}C_{n-k}$$

$$= \frac{1}{{}_N C_n} \sum_{l=0}^{n-2} M(M-1) \, {}_{M-2}C_l \cdot {}_{N-M}C_{n-(l+2)}$$

$$= \frac{1}{{}_N C_n} M(M-1) \sum_{l=0}^{n-2} {}_{M-2}C_l \cdot {}_{(N-2)-(M-2)}C_{(n-2)-l}$$

$$= \frac{1}{{}_N C_n} M(M-1) \, {}_{N-2}C_{n-2} = M(M-1) \frac{{}_{N-2}C_{n-2}}{{}_N C_n}$$

$$= M(M-1) \frac{n(n-1)}{N(N-1)} = n(n-1) \frac{M(M-1)}{N(N-1)}$$

よって，分散は

$$V[X] = E[X^2] - E[X]^2 = E[X(X-1)] + E[X] - E[X]^2$$

$$= n(n-1) \frac{M(M-1)}{N(N-1)} + n \frac{M}{N} - \left( n \frac{M}{N} \right)^2$$

$$= n(n-1) \frac{M(M-1)}{N(N-1)} + n \frac{M}{N} - \left( n \frac{M}{N} \right)^2$$

$$= nM \frac{(n-1)(M-1)N + N(N-1) - nM(N-1)}{N^2(N-1)}$$

$$= nM \frac{-MN - nN + N^2 + nM}{N^2(N-1)}$$

$$= \frac{nM(N-M)(N-n)}{N^2(N-1)} = n \frac{M}{N} \left( 1 - \frac{M}{N} \right) \frac{N-n}{N-1}$$

［問題２－４］　平均は

$$E[X] = \int_{-\infty}^{\infty} x \cdot f(x) dx = \int_0^{\infty} x \cdot ae^{-ax} dx$$

$$= \left[ x \cdot (-e^{-ax}) \right]_0^{\infty} - \int_0^{\infty} 1 \cdot (-e^{-ax}) dx = \left[ -\frac{1}{a} e^{-ax} \right]_0^{\infty} = \frac{1}{a}$$

次に

$$E[X^2] = \int_{-\infty}^{\infty} x^2 \cdot f(x) dx = \int_0^{\infty} x^2 \cdot ae^{-ax} dx$$

$$= \left[ x^2 \cdot (-e^{-ax}) \right]_0^{\infty} - \int_0^{\infty} 2x \cdot (-e^{-ax}) dx$$

$$= \frac{2}{a} \int_0^{\infty} x \cdot ae^{-ax} dx = \frac{2}{a} \cdot \frac{1}{a} = \frac{2}{a^2}$$

より，分散は

$$V[X] = E[X^2] - E[X]^2 = \frac{2}{a^2} - \left( \frac{1}{a} \right)^2 = \frac{1}{a^2}$$

[問題2－5]　平均は

$$E[X] = \int_{-\infty}^{\infty} x \cdot f(x)dx = \int_0^\theta x \cdot \frac{1}{\theta} dx = \left[\frac{1}{2\theta} x^2\right]_0^\theta = \frac{\theta}{2}$$

次に

$$E[X^2] = \int_{-\infty}^{\theta} x^2 \cdot f(x)dx = \int_0^\theta x^2 \cdot \frac{1}{\theta} dx = \left[\frac{1}{3\theta} x^3\right]_0^\theta = \frac{\theta^2}{3}$$

より，分散は

$$V[X] = E[X^2] - E[X]^2 = \frac{\theta^2}{3} - \left(\frac{\theta}{2}\right)^2 = \frac{\theta^2}{12}$$

[問題2－6]　$Z = \dfrac{X-\mu}{\sigma}$ が従う分布の分布関数を $F(z)$ とすると

$$F(z) = P(Z \leqq z) = P\left(\frac{X-\mu}{\sigma} \leqq z\right) = P(X \leqq \sigma z + \mu)$$

$$= \int_{-\infty}^{\sigma z + \mu} \frac{1}{\sqrt{2\pi}\sigma} \exp\left(-\frac{(x-\mu)^2}{2\sigma^2}\right) dx$$

$$= \int_{-\infty}^{z} \frac{1}{\sqrt{2\pi}\sigma} \exp\left(-\frac{t^2}{2}\right) \cdot \sigma dt \quad \left(t = \frac{x-\mu}{\sigma} \text{ と置換積分}\right)$$

$$= \int_{-\infty}^{z} \frac{1}{\sqrt{2\pi}} \exp\left(-\frac{t^2}{2}\right) dt$$

よって，その確率密度関数は

$$f(z) = \frac{d}{dz} \int_{-\infty}^{z} \frac{1}{\sqrt{2\pi}} \exp\left(-\frac{t^2}{2}\right) dt = \frac{1}{\sqrt{2\pi}} \exp\left(-\frac{z^2}{2}\right)$$

すなわち，$Z$ は標準正規分布 $N(0,1)$ に従う。

[問題2－7]　(1)　$\displaystyle\int_{-\infty}^{\infty} f(x)dx = \int_{-\infty}^{\infty} \frac{a}{\pi\{a^2 + (x-b)^2\}} dx$

$$= \int_{-\infty}^{\infty} \frac{1}{\pi a} \cdot \frac{1}{1 + \left(\frac{x-b}{a}\right)^2} dx = \left[\frac{1}{\pi} \tan^{-1} \frac{x-b}{a}\right]_{-\infty}^{\infty} = \frac{1}{\pi}\left(\frac{\pi}{2} - \left(-\frac{\pi}{2}\right)\right) = 1$$

(2)　$\displaystyle E[X] = \int_{-\infty}^{\infty} x \cdot f(x)dx = \int_{-\infty}^{\infty} x \cdot \frac{a}{\pi\{a^2 + (x-b)^2\}} dx$

$$= \int_{-\infty}^{\infty} \frac{a(x-b) + ab}{\pi\{a^2 + (x-b)^2\}} dx$$

$$= \int_{-\infty}^{\infty} \frac{a(x-b)}{\pi\{a^2 + (x-b)^2\}} dx + b \int_{-\infty}^{\infty} \frac{a}{\pi\{a^2 + (x-b)^2\}} dx$$

$$= \int_{-\infty}^{\infty} \frac{a(x-b)}{\pi\{a^2+(x-b)^2\}}\,dx + b\times 1$$

であるが，第1項の広義積分について

$$\int_{0}^{\infty} \frac{a(x-b)}{\pi\{a^2+(x-b)^2\}}\,dx = \left[\frac{a}{2\pi}\log\{a^2+(x-b)^2\}\right]_{0}^{\infty} = \infty$$

であるから，第1項の広義積分

$$\int_{-\infty}^{\infty} \frac{a(x-b)}{\pi\{a^2+(x-b)^2\}}\,dx$$

は発散する。したがって，平均 $E[X]$ は存在しない。

## 第3章

［問題3－1］　次の変数変換の公式を思い出そう。

---

［定理］　確率変数の組 $X, Y$ の同時確率密度関数を $f_{X,Y}(x,y)$ とする。

1対1対応 $(u,v)=\varphi(x,y)$ によって定まる確率変数の組

$$(U,V)=\varphi(X,Y)$$

を考え，$(U,V)$ の同時密度関数を $f_{U,V}(u,v)$ とするとき，次が成り立つ。

$$f_{U,V}(u,v) = f_{X,Y}(x,y)\left|\frac{\partial(x,y)}{\partial(u,v)}\right|$$

---

次の2つの確率変数 $Z, W$ を考える。

$$Z = \frac{X}{Y}, \quad W = X$$

$X, Y$ の同時確率密度関数を $f_{X,Y}(x,y)$ とすると

$$f_{X,Y}(x,y) = f_X(x)f_Y(y) = \frac{1}{\sqrt{2\pi}}e^{-\frac{x^2}{2}}\cdot\frac{1}{\sqrt{2\pi}}e^{-\frac{y^2}{2}} = \frac{1}{2\pi}e^{-\frac{x^2+y^2}{2}}$$

であり，変数変換

$$z = \frac{x}{y}, \quad w = y$$

を考えると

$$x = zw, \quad y = w$$

より，ヤコビアンは

$$\frac{\partial(x,y)}{\partial(z,w)} = \det\begin{pmatrix} w & z \\ 0 & 1 \end{pmatrix} = w \qquad \therefore \quad \left|\frac{\partial(x,y)}{\partial(z,w)}\right| = |w|$$

242

よって，$(Z, W)$ の同時確率密度関数を $f_{Z,W}(z, w)$ とすると

$$f_{Z,W}(z, w) = f_{X,Y}(x, y)\left|\frac{\partial(x, y)}{\partial(z, w)}\right|$$

$$= \frac{1}{2\pi}e^{-\frac{x^2+y^2}{2}}|w| = \frac{1}{2\pi}e^{-\frac{(z^2+1)w^2}{2}}|w|$$

したがって

$$f_Z(z) = \int_{-\infty}^{\infty}\frac{1}{2\pi}e^{-\frac{(z^2+1)w^2}{2}}|w|\,dw$$

$$= \int_0^{\infty}\frac{1}{\pi}e^{-\frac{z^2+1}{2}w^2}w\,dw = \left[\frac{1}{\pi}\left(-\frac{1}{z^2+1}\right)e^{-\frac{z^2+1}{2}w^2}\right]_{w=0}^{w=\infty}$$

$$= \frac{1}{\pi(z^2+1)}$$

［問題3－2］　2つの確率変数

$$R = \sqrt{X^2 + Y^2}\,, \quad \Theta = \tan^{-1}\frac{Y}{X} \quad (X = R\cos\Theta,\ Y = R\sin\Theta)$$

を考える。

　$X, Y$ の同時確率密度関数を $f_{X,Y}(x, y)$ とすると

$$f_{X,Y}(x, y) = f_X(x)f_Y(y) = \frac{1}{2\pi}e^{-\frac{x^2+y^2}{2}}$$

であり，変数変換

$$x = r\cos\theta,\ y = r\sin\theta \quad (r \geqq 0,\ 0 \leqq \theta \leqq 2\pi)$$

を考えると

$$\left|\frac{\partial(x, y)}{\partial(r, \theta)}\right| = r$$

よって，$(R, \Theta)$ の同時確率密度関数を $f_{R,\Theta}(r, \theta)$ とすると

$$f_{R,\Theta}(r, \theta) = f_{X,Y}(x, y)\left|\frac{\partial(x, y)}{\partial(r, \theta)}\right| = \frac{1}{2\pi}e^{-\frac{r^2}{2}}\cdot r = \frac{1}{2\pi}re^{-\frac{r^2}{2}}$$

したがって

$$f_R(r) = \int_0^{2\pi}\frac{1}{2\pi}re^{-\frac{r^2}{2}}d\theta = re^{-\frac{r^2}{2}}$$

以上より

$$f_R(r) = \begin{cases} re^{-\frac{r^2}{2}} & (r \geqq 0) \\ 0 & (r < 0) \end{cases}$$

# 第4章

[問題4−1] 平均は

$$E[X] = \int_{-\infty}^{\infty} x \cdot f(x)dx = \int_0^1 x \cdot \frac{1}{B(p,q)} x^{p-1}(1-x)^{q-1}dx$$

$$= \frac{1}{B(p,q)} \int_0^1 x^p (1-x)^{q-1}dx = \frac{1}{B(p,q)} B(p+1,q)$$

$$= \frac{\Gamma(p+q)}{\Gamma(p)\Gamma(q)} \cdot \frac{\Gamma(p+1)\Gamma(q)}{\Gamma(p+q+1)} = \frac{\Gamma(p+q)}{\Gamma(p)\Gamma(q)} \cdot \frac{p\Gamma(p)\Gamma(q)}{(p+q)\Gamma(p+q)} = \frac{p}{p+q}$$

次に

$$E[X^2] = \int_{-\infty}^{\infty} x^2 \cdot f(x)dx = \frac{1}{B(p,q)} B(p+2,q)$$

$$= \frac{\Gamma(p+q)}{\Gamma(p)\Gamma(q)} \cdot \frac{\Gamma(p+2)\Gamma(q)}{\Gamma(p+q+2)} = \frac{(p+1)p}{(p+q+1)(p+q)}$$

であるから，分散は

$$V[X] = E[X^2] - E[X]^2 = \frac{(p+1)p}{(p+q+1)(p+q)} - \left(\frac{p}{p+q}\right)^2$$

$$= \frac{(p+1)p(p+q) - p^2(p+q+1)}{(p+q+1)(p+q)^2}$$

$$= \frac{p\{(p+1)(p+q) - p(p+q+1)\}}{(p+q+1)(p+q)^2} = \frac{pq}{(p+q+1)(p+q)^2}$$

[問題4−2] 平均は

$$E[X] = \int_{-\infty}^{\infty} x \cdot f(x)dx = \int_0^{\infty} x \cdot \frac{\lambda^{\alpha}}{\Gamma(\alpha)} x^{\alpha-1}e^{-\lambda x}dx$$

$$= \frac{\lambda^{\alpha}}{\Gamma(\alpha)} \int_0^{\infty} x^{\alpha}e^{-\lambda x}dx = \frac{\lambda^{\alpha}}{\Gamma(\alpha)} \int_0^{\infty} \left(\frac{u}{\lambda}\right)^{\alpha} e^{-u} \frac{1}{\lambda}du \quad (u = \lambda x \ と置換積分)$$

$$= \frac{\lambda^{\alpha}}{\Gamma(\alpha)} \cdot \frac{1}{\lambda^{\alpha}\lambda} \int_0^{\infty} u^{\alpha}e^{-u}du = \frac{1}{\Gamma(\alpha)\lambda} \cdot \Gamma(\alpha+1) = \frac{1}{\Gamma(\alpha)\lambda} \cdot \alpha\Gamma(\alpha) = \frac{\alpha}{\lambda}$$

次に

$$E[X^2] = \int_{-\infty}^{\infty} x^2 \cdot f(x)dx = \frac{1}{\Gamma(\alpha)\lambda^2} \cdot \Gamma(\alpha+2) = \frac{(\alpha+1)\alpha}{\lambda^2}$$

であるから，分散は

$$V[X] = E[X^2] - E[X]^2 = \frac{(\alpha+1)\alpha}{\lambda^2} - \left(\frac{\alpha}{\lambda}\right)^2 = \frac{\alpha}{\lambda^2}$$

[**問題 4－3**]　$X, Y$ の同時確率密度関数を $f_{X,Y}(x, y)$ とすると，独立性より

$$f_{X,Y}(x, y) = f_X(x)f_Y(y)$$

$$= \begin{cases} \dfrac{\lambda^\alpha}{\Gamma(\alpha)} x^{\alpha-1}e^{-\lambda x} \cdot \dfrac{\lambda^\beta}{\Gamma(\beta)} y^{\beta-1}e^{-\lambda y} & (x > 0, y > 0) \\ 0 & (\text{その他}) \end{cases}$$

$$= \begin{cases} \dfrac{\lambda^{\alpha+\beta}}{\Gamma(\alpha)\Gamma(\beta)} x^{\alpha-1}y^{\beta-1}e^{-\lambda(x+y)} & (x > 0, y > 0) \\ 0 & (\text{その他}) \end{cases}$$

であり，変数変換

$$z = x + y, \quad w = \frac{x}{x+y} \quad (x > 0, \quad y > 0)$$

を考えると

$$x = zw, \quad y = z - zw$$

より，ヤコビアンは

$$\frac{\partial(x, y)}{\partial(z, w)} = \det\begin{pmatrix} w & z \\ 1-w & -z \end{pmatrix} = -zw - z(1-w) = -z$$

$$\therefore \quad \left|\frac{\partial(x, y)}{\partial(z, w)}\right| = |-z| = z \quad (\because \quad z = x + y > 0)$$

よって，$(Z, W)$ の同時確率密度関数を $f_{Z,W}(z, w)$ とすると

$$f_{Z,W}(z, w) = f_{X,Y}(x, y)\left|\frac{\partial(x, y)}{\partial(z, w)}\right|$$

$$= \frac{\lambda^{\alpha+\beta}}{\Gamma(\alpha)\Gamma(\beta)} x^{\alpha-1}y^{\beta-1}e^{-\lambda(x+y)} \cdot z$$

$$= \frac{\lambda^{\alpha+\beta}}{\Gamma(\alpha)\Gamma(\beta)} (zw)^{\alpha-1}(z-zw)^{\beta-1}e^{-\lambda z} \cdot z$$

$$= \frac{\lambda^{\alpha+\beta}}{\Gamma(\alpha)\Gamma(\beta)} z^{\alpha+\beta-1}w^{\alpha-1}(1-w)^{\beta-1}e^{-\lambda z} \quad (z > 0, \quad 0 < w < 1)$$

したがって

$$f_Z(z) = \int_0^1 \frac{\lambda^{\alpha+\beta}}{\Gamma(\alpha)\Gamma(\beta)} z^{\alpha+\beta-1}w^{\alpha-1}(1-w)^{\beta-1}e^{-\lambda z}dw$$

$$= \frac{\lambda^{\alpha+\beta}}{\Gamma(\alpha)\Gamma(\beta)} z^{\alpha+\beta-1}e^{-\lambda z}\int_0^1 w^{\alpha-1}(1-w)^{\beta-1}dw$$

$$= \frac{\lambda^{\alpha+\beta}}{\Gamma(\alpha)\Gamma(\beta)} z^{\alpha+\beta-1}e^{-\lambda z}B(\alpha, \beta)$$

$$= \frac{\lambda^{\alpha+\beta}}{\Gamma(\alpha)\Gamma(\beta)} z^{\alpha+\beta-1} e^{-\lambda z} \frac{\Gamma(\alpha)\Gamma(\beta)}{\Gamma(\alpha+\beta)} = \frac{\lambda^{\alpha+\beta}}{\Gamma(\alpha+\beta)} z^{(\alpha+\beta)-1} e^{-\lambda z}$$

すなわち，$Z$ は次の確率密度関数をもつガンマ分布に従う。

$$f_Z(z) = \begin{cases} \dfrac{\lambda^{\alpha+\beta}}{\Gamma(\alpha+\beta)} z^{(\alpha+\beta)-1} e^{-\lambda z} & (z > 0) \\ 0 & (z \leqq 0) \end{cases}$$

同様に

$$f_W(w) = \int_0^\infty \frac{\lambda^{\alpha+\beta}}{\Gamma(\alpha)\Gamma(\beta)} z^{\alpha+\beta-1} w^{\alpha-1} (1-w)^{\beta-1} e^{-\lambda z} dz$$

$$= \frac{\lambda^{\alpha+\beta}}{\Gamma(\alpha)\Gamma(\beta)} w^{\alpha-1} (1-w)^{\beta-1} \int_0^\infty z^{\alpha+\beta-1} e^{-\lambda z} dz$$

$$= \frac{\lambda^{\alpha+\beta}}{\Gamma(\alpha)\Gamma(\beta)} w^{\alpha-1} (1-w)^{\beta-1} \int_0^\infty \left(\frac{u}{\lambda}\right)^{\alpha+\beta-1} e^{-u} \frac{1}{\lambda} du \quad (u = \lambda z \text{ と置換})$$

$$= \frac{\lambda^{\alpha+\beta}}{\Gamma(\alpha)\Gamma(\beta)} w^{\alpha-1} (1-w)^{\beta-1} \frac{1}{\lambda^{\alpha+\beta}} \int_0^\infty u^{\alpha+\beta-1} e^{-u} du$$

$$= \frac{1}{\Gamma(\alpha)\Gamma(\beta)} w^{\alpha-1} (1-w)^{\beta-1} \Gamma(\alpha+\beta) = \frac{1}{B(\alpha,\beta)} w^{\alpha-1} (1-w)^{\beta-1}$$

すなわち，$W$ は次の確率密度関数をもつベータ分布に従う。

$$f_W(w) = \begin{cases} \dfrac{1}{B(\alpha,\beta)} w^{\alpha-1} (1-w)^{\beta-1} & (0 < w < 1) \\ 0 & (w \leqq 0, \ 1 \leqq w) \end{cases}$$

[問題 4 − 4]　$Y = X^2$ の分布関数を $G(y)$ とする。

$y < 0$ のときは明らかに $G(y) = 0$

$y > 0$ のとき

$$G(y) = P(Y = X^2 \leqq y) = P(-\sqrt{y} \leqq X \leqq \sqrt{y})$$

$$= \int_{-\sqrt{y}}^{\sqrt{y}} \frac{1}{\sqrt{n} B\left(\dfrac{n}{2}, \dfrac{1}{2}\right)} \cdot \frac{1}{\left(\dfrac{x^2}{n}+1\right)^{\frac{n+1}{2}}} dx$$

$$= 2\int_0^{\sqrt{y}} \frac{1}{\sqrt{n} B\left(\dfrac{n}{2}, \dfrac{1}{2}\right)} \cdot \frac{1}{\left(\dfrac{x^2}{n}+1\right)^{\frac{n+1}{2}}} dx$$

$$= 2\int_0^y \frac{1}{\sqrt{n}B\left(\frac{n}{2},\frac{1}{2}\right)} \cdot \frac{1}{\left(\frac{z}{n}+1\right)^{\frac{n+1}{2}}} \cdot \frac{1}{2\sqrt{z}}dz \qquad (z=x^2 \text{ と置換})$$

$$= \int_0^y \frac{1}{\sqrt{n}B\left(\frac{n}{2},\frac{1}{2}\right)} z^{-\frac{1}{2}} \cdot \frac{1}{\left(\frac{z}{n}+1\right)^{\frac{n+1}{2}}}dz$$

$$= \int_0^y \frac{n^{\frac{n}{2}}}{B\left(\frac{n}{2},\frac{1}{2}\right)} \cdot \frac{z^{-\frac{1}{2}}}{(z+n)^{\frac{n+1}{2}}}dz$$

よって

$$g(y) = \frac{d}{dy}G(y) = \frac{n^{\frac{n}{2}}}{B\left(\frac{n}{2},\frac{1}{2}\right)} \cdot \frac{y^{-\frac{1}{2}}}{(y+n)^{\frac{n+1}{2}}}$$

## 第5章

[問題 5 — 1]　(1)　$\varphi(\theta) = \dfrac{p}{1-(1-p)e^{\theta}} = p\{1-(1-p)e^{\theta}\}^{-1}$　より

$$\varphi'(\theta) = -p\{1-(1-p)e^{\theta}\}^{-2}\{-(1-p)e^{\theta}\} = \frac{p(1-p)e^{\theta}}{\{1-(1-p)e^{\theta}\}^2}$$

また

$$\varphi''(\theta) = p(1-p)\frac{e^{\theta}\cdot\{1-(1-p)e^{\theta}\}^2 - e^{\theta}\cdot 2\{1-(1-p)e^{\theta}\}\{-(1-p)e^{\theta}\}}{\{1-(1-p)e^{\theta}\}^4}$$

$$= p(1-p)\frac{e^{\theta}\cdot\{1-(1-p)e^{\theta}\} - e^{\theta}\cdot 2\{-(1-p)e^{\theta}\}}{\{1-(1-p)e^{\theta}\}^3}$$

$$= p(1-p)\frac{e^{\theta}\{1+(1-p)e^{\theta}\}}{\{1-(1-p)e^{\theta}\}^3}$$

より

$$\varphi'(0) = \frac{p(1-p)}{p^2} = \frac{1-p}{p}, \quad \varphi''(0) = p(1-p)\frac{2-p}{p^3} = \frac{(1-p)(2-p)}{p^2}$$

であるから

$$E[X] = \varphi'(0) = \frac{1-p}{p}$$

$$V[X] = \varphi''(0) - \varphi'(0)^2 = \frac{(1-p)(2-p)}{p^2} - \left(\frac{1-p}{p}\right)^2$$

$$= \frac{(1-p)(2-p)-(1-p)^2}{p^2} = \frac{1-p}{p^2}$$

(2)  $\varphi(\theta) = \dfrac{e^{b\theta} - e^{a\theta}}{(b-a)\theta}$

$$= \frac{1}{(b-a)\theta}\left\{\left(1+\frac{1}{1!}b\theta+\frac{1}{2!}(b\theta)^2+\frac{1}{3!}(b\theta)^3+\cdots\right)\right.$$

$$\left. -\left(1+\frac{1}{1!}a\theta+\frac{1}{2!}(a\theta)^2+\frac{1}{3!}(a\theta)^3+\cdots\right)\right\}$$

$$= \frac{1}{(b-a)\theta}\left\{(b-a)\theta+\frac{1}{2!}(b^2-a^2)\theta^2+\frac{1}{3!}(b^3-a^3)\theta^3+\cdots\right\}$$

$$= 1+\frac{a+b}{2}\theta+\frac{a^2+ab+b^2}{6}\theta^2+\cdots$$

$$= 1+\frac{1}{1!}\cdot\frac{a+b}{2}\theta+\frac{1}{2!}\cdot\frac{a^2+ab+b^2}{3}\theta^2+\cdots$$

より

$$\varphi'(0) = \frac{a+b}{2}, \quad \varphi''(0) = \frac{a^2+ab+b^2}{3}$$

であるから

$$E[X] = \varphi'(0) = \frac{a+b}{2}$$

$$V[X] = \varphi''(0) - \varphi'(0)^2 = \frac{a^2+ab+b^2}{3} - \left(\frac{a+b}{2}\right)^2$$

$$= \frac{4(a^2+ab+b^2)-3(a+b)^2}{12} = \frac{a^2-2ab+b^2}{12} = \frac{(a-b)^2}{12}$$

(3)  $\varphi(\theta) = \dfrac{a}{a-\theta} \quad (\theta < a)$

$$= \frac{1}{1-\dfrac{\theta}{a}} = 1+\frac{\theta}{a}+\left(\frac{\theta}{a}\right)^2+\cdots = 1+\frac{1}{1!}\cdot\frac{1}{a}\theta+\frac{1}{2!}\cdot\frac{2}{a^2}\theta^2+\cdots$$

より

$$\varphi'(0) = \frac{1}{a}, \quad \varphi''(0) = \frac{2}{a^2}$$

であるから

$$E[X] = \varphi'(0) = \frac{1}{a}, \quad V[X] = \varphi''(0) - \varphi'(0)^2 = \frac{2}{a^2} - \left(\frac{1}{a}\right)^2 = \frac{1}{a^2}$$

[問題 5 − 2] (1) $\varphi(\theta) = E[e^{\theta X}] = \sum_{k=0}^{\infty} e^{\theta k} \cdot P(X = k)$

$$= \sum_{k=0}^{\infty} e^{\theta k} \cdot \binom{n-1+k}{k} p^n (1-p)^k = \sum_{k=0}^{\infty} \binom{n-1+k}{k} p^n \{(1-p)e^{\theta}\}^k$$

$$= \sum_{k=0}^{\infty} \frac{(n-1+k)(n-2+k)\cdots(n+1)n}{k!} p^n \{(1-p)e^{\theta}\}^k$$

$$= \sum_{k=0}^{\infty} (-1)^k \frac{(-n)(-n-1)\cdots(-n-k+2)(-n-k+1)}{k!} p^n \{(1-p)e^{\theta}\}^k$$

$$= \sum_{k=0}^{\infty} (-1)^k \binom{-n}{k} p^n \{(1-p)e^{\theta}\}^k = p^n \sum_{k=0}^{\infty} \binom{-n}{k} \{-(1-p)e^{\theta}\}^k$$

$$= p^n \{1-(1-p)e^{\theta}\}^{-n}$$

(2) $\varphi(\theta) = p^n \{1-(1-p)e^{\theta}\}^{-n}$ より

$$\varphi'(\theta) = p^n (-n)\{1-(1-p)e^{\theta}\}^{-n-1}\{-(1-p)e^{\theta}\} = \frac{np^n(1-p)e^{\theta}}{\{1-(1-p)e^{\theta}\}^{n+1}}$$

$$\varphi''(\theta) = np^n(1-p)$$
$$\times \frac{e^{\theta} \cdot \{1-(1-p)e^{\theta}\}^{n+1} - e^{\theta} \cdot (n+1)\{1-(1-p)e^{\theta}\}^n \{-(1-p)e^{\theta}\}}{\{1-(1-p)e^{\theta}\}^{2n+2}}$$

$$= np^n(1-p) \cdot \frac{e^{\theta} \cdot \{1-(1-p)e^{\theta}\} - e^{\theta} \cdot (n+1)\{-(1-p)e^{\theta}\}}{\{1-(1-p)e^{\theta}\}^{n+2}}$$

$$= np^n(1-p) \frac{e^{\theta}\{1-(1-p)e^{\theta} + (n+1)(1-p)e^{\theta}\}}{\{1-(1-p)e^{\theta}\}^{n+2}}$$

$$= np^n(1-p) \frac{e^{\theta}\{1+n(1-p)e^{\theta}\}}{\{1-(1-p)e^{\theta}\}^{n+2}}$$

よって

$$\varphi'(0) = \frac{np^n(1-p)}{p^{n+1}} = \frac{n(1-p)}{p}, \quad \varphi''(0) = np^n(1-p)\frac{1+n(1-p)}{p^{n+2}}$$

であるから

$$E[X] = \varphi'(0) = \frac{n(1-p)}{p}$$

$$V[X] = \varphi''(0) - \varphi'(0)^2 = \frac{n(1-p)\{1+n(1-p)\}}{p^2} - \left(\frac{n(1-p)}{p}\right)^2$$

$$= \frac{n(1-p)\{1+n(1-p)\} - n^2(1-p)^2}{p^2} = \frac{n(1-p)}{p^2}$$

[問題 5 － 3] (1) $\varphi(\theta) = E[e^{\theta X}] = \int_{-\infty}^{\infty} e^{\theta x} f(x) dx$

$$= \int_0^{\infty} e^{\theta x} \frac{\lambda^\alpha}{\Gamma(\alpha)} x^{\alpha-1} e^{-\lambda x} dx$$

$$= \frac{\lambda^\alpha}{\Gamma(\alpha)} \int_0^{\infty} x^{\alpha-1} e^{-(\lambda-\theta)x} dx \quad (ただし, \ \theta < \lambda)$$

$$= \frac{\lambda^\alpha}{\Gamma(\alpha)} \int_0^{\infty} \left(\frac{u}{\lambda-\theta}\right)^{\alpha-1} e^{-u} \frac{1}{\lambda-\theta} du \quad (u = (\lambda-\theta)x \ と置換積分)$$

$$= \frac{\lambda^\alpha}{\Gamma(\alpha)} \cdot \frac{1}{(\lambda-\theta)^\alpha} \int_0^{\infty} u^{\alpha-1} e^{-u} du = \frac{\lambda^\alpha}{\Gamma(\alpha)} \cdot \frac{1}{(\lambda-\theta)^\alpha} \Gamma(\alpha)$$

$$= \frac{1}{\left(1-\frac{\theta}{\lambda}\right)^\alpha} = \left(1-\frac{\theta}{\lambda}\right)^{-\alpha}$$

(2) $\varphi(\theta) = \left(1-\frac{\theta}{\lambda}\right)^{-\alpha}$ より

$$\varphi'(\theta) = -\alpha\left(1-\frac{\theta}{\lambda}\right)^{-\alpha-1}\left(-\frac{1}{\lambda}\right) = \frac{\alpha}{\lambda}\left(1-\frac{\theta}{\lambda}\right)^{-\alpha-1},$$

$$\varphi''(\theta) = \frac{\alpha}{\lambda}(-\alpha-1)\left(1-\frac{\theta}{\lambda}\right)^{-\alpha-2}\left(-\frac{1}{\lambda}\right) = \frac{\alpha(\alpha+1)}{\lambda^2}\left(1-\frac{\theta}{\lambda}\right)^{-\alpha-2}$$

よって

$$\varphi'(0) = \frac{\alpha}{\lambda}, \quad \varphi''(0) = \frac{\alpha(\alpha+1)}{\lambda^2}$$

であるから

$$E[X] = \varphi'(0) = \frac{\alpha}{\lambda}$$

$$V[X] = \varphi''(0) - \varphi'(0)^2 = \frac{\alpha(\alpha+1)}{\lambda^2} - \left(\frac{\alpha}{\lambda}\right)^2 = \frac{\alpha}{\lambda^2}$$

## 第6章

[問題6－1]　$\mathbf{X} = (X_1, X_2, \cdots, X_n)^T$ が多変量正規分布 $N_n(\boldsymbol{\mu}, \Sigma)$ に従うとする。このとき，$\mathbf{X} = (X_1, X_2, \cdots, X_n)^T$ の積率母関数は

$$\varphi_{\mathbf{X}}(\theta_1, \theta_2, \cdots, \theta_n) = \exp\left( \sum_{i=1}^{n} \mu_i \theta_i + \frac{1}{2} \sum_{i,j=1}^{n} \sigma_{ij} \theta_i \theta_j \right)$$

$$= \exp\left( \boldsymbol{\mu}^T \boldsymbol{\theta} + \frac{1}{2} \boldsymbol{\theta}^T \Sigma \boldsymbol{\theta} \right)$$

である。すなわち

$$\varphi_{\mathbf{X}}(\boldsymbol{\theta}) = \exp\left( \boldsymbol{\mu}^T \boldsymbol{\theta} + \frac{1}{2} \boldsymbol{\theta}^T \Sigma \boldsymbol{\theta} \right)$$

ここで，$\boldsymbol{\mu} = (\mu_1, \mu_2, \cdots, \mu_n)^T$，$\boldsymbol{\theta} = (\theta_1, \theta_2, \cdots, \theta_n)^T$，$\Sigma = (\sigma_{ij})$

このとき，$\mathbf{Y} = (Y_1, Y_2, \cdots, Y_n)^T$ の積率母関数を $\varphi_{\mathbf{Y}}(\theta_1, \theta_2, \cdots, \theta_n)$ とすると

$$\varphi_{\mathbf{Y}}(\theta_1, \theta_2, \cdots, \theta_n) = E[\exp(\theta_1 Y_1 + \theta_2 Y_2 + \cdots + \theta_n Y_n)]$$

$$= E[\exp(\boldsymbol{\theta}^T \mathbf{Y})]$$

$$= E[\exp(\boldsymbol{\theta}^T C \mathbf{X})]$$

$$= E[\exp((C^T \boldsymbol{\theta})^T \mathbf{X})]$$

$$= \varphi_{\mathbf{X}}(C^T \boldsymbol{\theta})$$

$$= \exp\left( \boldsymbol{\mu}^T (C^T \boldsymbol{\theta}) + \frac{1}{2} (C^T \boldsymbol{\theta})^T \Sigma (C^T \boldsymbol{\theta}) \right)$$

$$= \exp\left( (C\boldsymbol{\mu})^T \boldsymbol{\theta} + \frac{1}{2} \boldsymbol{\theta}^T (C \Sigma C^T) \boldsymbol{\theta} \right)$$

よって，$\mathbf{Y} = (Y_1, Y_2, \cdots, Y_n)^T$ は多変量正規分布 $N_n(C\boldsymbol{\mu}, C \Sigma C^T)$ に従う。

（注）　$\det(C \Sigma C^T) = \{\det(C)\}^2 \det(\Sigma)$

《参考》成分表示を確認しておく。

$$C\boldsymbol{\mu} = (\mu_1', \mu_2', \cdots, \mu_n')^T$$

とおくと

$$\mu_i' = \sum_{j=1}^{n} c_{ij} \mu_j$$

であるから

$$(C\boldsymbol{\mu})^T \boldsymbol{\theta} = \sum_{i=1}^{n} \mu_i' \theta_i = \sum_{i=1}^{n} \left( \sum_{j=1}^{n} c_{ij} \mu_j \right) \theta_i$$

また，$C\Sigma C^T = (\sigma'_{ij})$ とおくと

$$\sigma'_{ij} = \sum_{k=1}^{n} (C\Sigma)_{ik}\, c_{jk} = \sum_{k=1}^{n} \left( \sum_{l=1}^{n} c_{il}\sigma_{lk} \right) c_{jk} = \sum_{k,l=1}^{n} c_{ik}\, c_{jl}\, \sigma_{kl}$$

であるから

$$\boldsymbol{\theta}^T (C\Sigma C^T)\boldsymbol{\theta} = \sum_{i,j=1}^{n} \sigma'_{ij}\theta_i\theta_j = \sum_{i,j=1}^{n} \left( \sum_{k,l=1}^{n} c_{ik}\, c_{jl}\, \sigma_{kl} \right)\theta_i\theta_j$$

したがって

$$\varphi_{\mathbf{Y}}(\theta_1, \theta_2, \cdots, \theta_n) = \exp\left\{ \sum_{i=1}^{n}\left( \sum_{j=1}^{n} c_{ij}\mu_j \right)\theta_i + \frac{1}{2}\sum_{i,j=1}^{n}\left( \sum_{k,l=1}^{n} c_{ik}\, c_{jl}\, \sigma_{kl} \right)\theta_i\theta_j \right\}$$

[問題6−2]　$\mathbf{X} = (X_1, X_2, \cdots, X_n)^T$，$\mathbf{Y} = (Y_1, Y_2, \cdots, Y_n)^T$ とおくと

　　　$\mathbf{Y} = P\mathbf{X}$　　　ただし，$P$ は直交行列である。

このとき，$\mathbf{X} = (X_1, X_2, \cdots, X_n)^T$ は標準多変量正規分布 $N_n(\mathbf{0}, I_n)$ に従うから，積率母関数は

$$\varphi_{\mathbf{X}}(\boldsymbol{\theta}) = E[\exp(\boldsymbol{\theta}^T\mathbf{X})] = \exp\left( \frac{1}{2}\boldsymbol{\theta}^T\boldsymbol{\theta} \right)$$

である。そこで，$\mathbf{Y} = (Y_1, Y_2, \cdots, Y_n)^T$ の積率母関数を $\varphi_{\mathbf{Y}}(\boldsymbol{\theta})$ とすると

$$\begin{aligned}
\varphi_{\mathbf{Y}}(\boldsymbol{\theta}) &= E[\exp(\boldsymbol{\theta}^T\mathbf{Y})]\\
&= E[\exp(\boldsymbol{\theta}^T P\mathbf{X})]\\
&= E[\exp((P^T\boldsymbol{\theta})^T\mathbf{X})]\\
&= \exp\left( \frac{1}{2}(P^T\boldsymbol{\theta})^T(P^T\boldsymbol{\theta}) \right)\\
&= \exp\left( \frac{1}{2}\boldsymbol{\theta}^T PP^T\boldsymbol{\theta} \right)\\
&= \exp\left( \frac{1}{2}\boldsymbol{\theta}^T\boldsymbol{\theta} \right)\qquad (\because\quad PP^T = I_n)
\end{aligned}$$

よって

　　　$\mathbf{Y} = (Y_1, Y_2, \cdots, Y_n)^T$ は標準多変量正規分布 $N_n(\mathbf{0}, I_n)$ に従う。

すなわち

　　　$Y_1, Y_2, \cdots, Y_n$ も標準正規分布に従う独立同分布な確率変数列である。

[問題6−3]　一般性を失くことなく，$(X_1, X_2, \cdots, X_{l-1})$ の分布（周辺分布）が $l$ 項分布に従うことを示せばよい。

$(X_1, X_2, \cdots, X_{l-1})$ の積率母関数は

$\varphi(\theta_1, \theta_2, \cdots, \theta_{l-1}, 0, \cdots, 0)$

$= (p_1 e^{p_1\theta_1} + \cdots + p_{l-1} e^{p_{l-1}\theta_{l-1}} + p_l + \cdots + p_{k-1} + 1 - p_1 - \cdots - p_{k-1})^n$

$= (p_1 e^{p_1\theta_1} + \cdots + p_{l-1} e^{p_{l-1}\theta_{l-1}} + 1 - p_1 - \cdots - p_{l-1})^n$

よって，$(X_1, X_2, \cdots, X_{l-1})$ の分布は $l$ 項分布である。

## 第7章

[**問題7−1**]　次が成り立つことを示せばよい。
$$\lim_{\substack{N \to \infty \\ M/N \to p}} P(X = k) = {}_nC_k p^k (1-p)^{n-k}$$

超幾何分布の確率分布より

$$\lim_{\substack{N \to \infty \\ M/N \to p}} P(X = k) = \lim_{\substack{N \to \infty \\ M/N \to p}} \frac{{}_MC_k \cdot {}_{N-M}C_{n-k}}{{}_NC_n}$$

ここで

$$\frac{{}_MC_k \cdot {}_{N-M}C_{n-k}}{{}_NC_n}$$

$$= \frac{\dfrac{M(M-1)\cdots(M-k+1)}{k!} \cdot \dfrac{(N-M)(N-M-1)\cdots(N-M-n+k+1)}{(n-k)!}}{\dfrac{N(N-1)\cdots(N-n+1)}{n!}}$$

$$= {}_nC_k$$
$$\times \frac{M(M-1)\cdots(M-k+1) \cdot (N-M)(N-M-1)\cdots(N-M-n+k+1)}{N(N-1)\cdots(N-n+1)}$$

$$= {}_nC_k$$
$$\times \frac{\dfrac{M}{N}\left(\dfrac{M}{N} - \dfrac{1}{N}\right)\cdots\left(\dfrac{M}{N} - \dfrac{k-1}{N}\right) \cdot \left(1 - \dfrac{M}{N}\right)\left(1 - \dfrac{M}{N} - \dfrac{1}{N}\right)\cdots\left(1 - \dfrac{M}{N} - \dfrac{n-k-1}{N}\right)}{1 \cdot \left(1 - \dfrac{1}{N}\right)\cdots\left(1 - \dfrac{n-1}{N}\right)}$$

$$\to {}_nC_k \times \frac{p^k \cdot (1-p)^{n-k}}{1^n} = {}_nC_k p^k (1-p)^{n-k} \quad \left(N \to \infty, \ \frac{M}{N} \to p\right)$$

以上より
$$\lim_{\substack{N \to \infty \\ M/N \to p}} P(X = k) = {}_nC_k p^k (1-p)^{n-k}$$

すなわち，2 項分布 $B(n, p)$ に収束する。

[問題７－２] 中心極限定理は以下のような内容である。

---

**[定理]（中心極限定理）**

平均 $\mu$ と分散 $\sigma^2$ をもつ独立同分布列 $X_1, X_2, \cdots, X_n, \cdots$ に対して

$$\overline{X}_{(n)} = \frac{X_1 + X_2 + \cdots + X_n}{n}$$

とおくとき，任意の $a < b$ に対して

$$\lim_{n \to \infty} P\left(a \leq \frac{\overline{X}_{(n)} - \mu}{\sigma / \sqrt{n}} \leq b\right) = \int_a^b \frac{1}{\sqrt{2\pi}} e^{-\frac{x^2}{2}} dx$$

が成り立つ。

すなわち，$\overline{X}_{(n)}$ の標準化の分布は標準正規分布 $N(0,1)$ に収束する。

---

$X_n$ を自由度 $n$ のカイ二乗分布に従う確率変数とするとき，標準正規分布 $N(0,1)$ に従う独立同分布列 $Z_1, Z_2, \cdots, Z_n$ によって

$$X_n = Z_1^2 + Z_2^2 + \cdots + Z_n^2$$

と表すことができる。

このとき，$Z_1^2, Z_2^2, \cdots, Z_n^2$ は自由度 1 のカイ二乗分布 $\chi^2(1)$ に従う独立同分布列であり，自由度 $n$ のカイ二乗分布 $\chi^2(n)$ は平均が $n$，分散が $2n$ であるから

$$E[Z_1^2] = 1, \quad V[Z_1^2] = 2$$

よって，中心極限定理により

$$\frac{X_n / n - 1}{\sqrt{2} / \sqrt{n}} = \frac{X_n - n}{\sqrt{2n}}$$

は標準正規分布 $N(0,1)$ に収束する。

したがって，自由度 $n$ のカイ二乗分布に従う確率変数 $X_n$ は，$n$ が大きければ近似的に正規分布 $N(n, 2n)$ に従う。

[問題７－３] $mX$ の確率密度関数を $g_n(x)$，分布関数を $G_n(x)$ とする。$x > 0$ のとき

$$G_n(x) = P(mX \leq x) = P\left(X \leq \frac{x}{m}\right) = \int_0^{\frac{x}{m}} f_{X_{m,n}}(u)\, du$$

$$= \int_0^{\frac{x}{m}} \frac{m^{\frac{m}{2}} n^{\frac{n}{2}}}{B\left(\frac{m}{2}, \frac{n}{2}\right)} \cdot \frac{u^{\frac{m}{2}-1}}{(mu+n)^{\frac{m+n}{2}}} du = \frac{m^{\frac{m}{2}} n^{\frac{n}{2}}}{B\left(\frac{m}{2}, \frac{n}{2}\right)} \int_0^{\frac{x}{m}} \frac{u^{\frac{m}{2}-1}}{(mu+n)^{\frac{m+n}{2}}} du$$

$$= \frac{m^{\frac{m}{2}} n^{\frac{n}{2}}}{B\left(\frac{m}{2}, \frac{n}{2}\right)} \int_0^x \frac{\left(\frac{t}{m}\right)^{\frac{m}{2}-1}}{(t+n)^{\frac{m+n}{2}}} \frac{1}{m} dt \qquad \left(u = \frac{t}{m} \text{ と置換}\right)$$

$$= \frac{m^{\frac{m}{2}} n^{\frac{n}{2}}}{B\left(\frac{m}{2}, \frac{n}{2}\right)} \cdot \frac{1}{m^{\frac{m}{2}}} \int_0^x \frac{t^{\frac{m}{2}-1}}{(t+n)^{\frac{m+n}{2}}} dt = \frac{n^{\frac{n}{2}}}{B\left(\frac{m}{2}, \frac{n}{2}\right)} \int_0^x \frac{t^{\frac{m}{2}-1}}{(t+n)^{\frac{m+n}{2}}} dt$$

よって

$$g_n(x) = \frac{d}{dx} G_n(x)$$

$$= \frac{n^{\frac{n}{2}}}{B\left(\frac{m}{2}, \frac{n}{2}\right)} \cdot \frac{x^{\frac{m}{2}-1}}{(x+n)^{\frac{m+n}{2}}} = \frac{n^{\frac{n}{2}} \Gamma\left(\frac{m}{2} + \frac{n}{2}\right)}{\Gamma\left(\frac{m}{2}\right) \Gamma\left(\frac{n}{2}\right)} \cdot \frac{x^{\frac{m}{2}-1}}{(n+x)^{\frac{m+n}{2}}}$$

$$= \frac{\Gamma\left(\frac{m}{2} + \frac{n}{2}\right)}{\Gamma\left(\frac{n}{2}\right)(n+x)^{\frac{m}{2}}} \cdot \frac{1}{\Gamma\left(\frac{m}{2}\right)} x^{\frac{m}{2}-1} \frac{n^{\frac{n}{2}}}{(n+x)^{\frac{n}{2}}}$$

ここで

$$\lim_{n \to \infty} \frac{n^{\frac{n}{2}}}{(n+x)^{\frac{n}{2}}} = \lim_{n \to \infty} \left(1 + \frac{x}{n}\right)^{-\frac{n}{2}} = \lim_{n \to \infty} \left\{ \left(1 + \frac{x}{n}\right)^{\frac{n}{x}} \right\}^{-\frac{x}{2}} = e^{-\frac{x}{2}}$$

また，ガンマ関数に関するスターリングの公式（p.70 参照）

$$\lim_{s \to \infty} \frac{\Gamma(s + \alpha)}{s^\alpha \Gamma(s)} = 1$$

より

$$\lim_{n \to \infty} \frac{\Gamma\left(\frac{m}{2} + \frac{n}{2}\right)}{\Gamma\left(\frac{n}{2}\right)(n+x)^{\frac{m}{2}}} = \lim_{n \to \infty} \frac{\Gamma\left(\frac{m}{2} + \frac{n}{2}\right)}{\left(\frac{n}{2}\right)^{\frac{m}{2}} \Gamma\left(\frac{n}{2}\right)} \cdot \frac{\left(\frac{n}{2}\right)^{\frac{m}{2}}}{(n+x)^{\frac{m}{2}}}$$

$$= \lim_{n \to \infty} \frac{\Gamma\left(\frac{m}{2} + \frac{n}{2}\right)}{\left(\frac{n}{2}\right)^{\frac{m}{2}} \Gamma\left(\frac{n}{2}\right)} \cdot \frac{n^{\frac{m}{2}}}{(n+x)^{\frac{m}{2}}} \cdot \frac{1}{2^{\frac{m}{2}}} = \lim_{n \to \infty} \frac{\Gamma\left(\frac{m}{2} + \frac{n}{2}\right)}{\left(\frac{n}{2}\right)^{\frac{m}{2}} \Gamma\left(\frac{n}{2}\right)} \cdot \frac{1}{\left(1 + \frac{x}{n}\right)^{\frac{m}{2}}} \cdot \frac{1}{2^{\frac{m}{2}}} = \frac{1}{2^{\frac{m}{2}}}$$

以上より

$$\lim_{n \to \infty} g_n(x) = \lim_{n \to \infty} \frac{\Gamma\left(\dfrac{m}{2} + \dfrac{n}{2}\right)}{\Gamma\left(\dfrac{n}{2}\right)(n+x)^{\frac{m}{2}}} \cdot \frac{1}{\Gamma\left(\dfrac{m}{2}\right)} x^{\frac{m}{2}-1} \cdot \frac{n^{\frac{n}{2}}}{(n+x)^{\frac{n}{2}}}$$

$$= \frac{1}{2^{\frac{m}{2}}} \cdot \frac{1}{\Gamma\left(\dfrac{m}{2}\right)} x^{\frac{m}{2}-1} \cdot e^{-\frac{x}{2}} = \frac{1}{2^{\frac{m}{2}} \Gamma\left(\dfrac{m}{2}\right)} x^{\frac{m}{2}-1} e^{-\frac{x}{2}}$$

すなわち

$$\lim_{n \to \infty} g_n(x) = \begin{cases} \dfrac{1}{2^{\frac{m}{2}} \Gamma\left(\dfrac{m}{2}\right)} x^{\frac{m}{2}-1} e^{-\frac{x}{2}} & (x > 0) \\ \\ 0 & (x \leqq 0) \end{cases}$$

# 第 8 章

[問題 8 − 1 ]  $E\left[\displaystyle\sum_{i \neq j} (X_i - \overline{X})(X_j - \overline{X})\right]$ を計算する。

$$E\left[\sum_{i \neq j} (X_i - \overline{X})(X_j - \overline{X})\right] = \sum_{i \neq j} E[(X_i - \overline{X})(X_j - \overline{X})]$$

$$= \sum_{i \neq j} \{E[X_i X_j] - E[X_i \overline{X}] - E[\overline{X} X_j] + E[\overline{X}^2]\}$$

ここで

$$E[X_i X_j] = E[X_i] E[X_j] = \mu \cdot \mu = \mu^2$$

$$E[X_i \overline{X}] = E\left[X_i \frac{1}{n} \sum_{k=1}^{n} X_k\right] = \frac{1}{n} \sum_{k=1}^{n} E[X_i X_k]$$

$$= \frac{1}{n}\left\{\sum_{k \neq i} E[X_i X_k] + E[X_i^2]\right\} = \frac{1}{n}\left\{\sum_{k \neq i} E[X_i] E[X_k] + E[X_i^2]\right\}$$

$$= \frac{1}{n}\left\{\sum_{k \neq i} \mu^2 + (\sigma^2 + \mu^2)\right\} = \frac{1}{n}\{n\mu^2 + \sigma^2\} = \mu^2 + \frac{\sigma^2}{n}$$

$$E[\overline{X}^2] = E\left[\left(\frac{1}{n} \sum_{i=1}^{n} X_i\right)^2\right] = \frac{1}{n^2}\left\{\sum_{i=1}^{n} E[X_i^2] + \sum_{i \neq j} E[X_i] E[X_j]\right\}$$

$$= \frac{1}{n^2}\left\{\sum_{i=1}^{n} (\sigma^2 + \mu^2) + \sum_{i \neq j} \mu^2\right\} = \frac{1}{n^2}\{n\sigma^2 + n\mu^2 + (n^2 - n)\mu^2\}$$

256

$$= \frac{1}{n^2}\{n\sigma^2 + n\mu^2 + (n^2-n)\mu^2\} = \mu^2 + \frac{\sigma^2}{n}$$

であるから

$$E\left[\sum_{i\neq j}(X_i-\overline{X})(X_j-\overline{X})\right]$$

$$= \sum_{i\neq j}\{E[X_iX_j] - E[X_i\overline{X}] - E[\overline{X}X_j] + E[\overline{X}^2]\}$$

$$= \sum_{i\neq j}\left\{\mu^2 - \left(\mu^2+\frac{\sigma^2}{n}\right) - \left(\mu^2+\frac{\sigma^2}{n}\right) + \left(\mu^2+\frac{\sigma^2}{n}\right)\right\}$$

$$= -\sum_{i\neq j}\frac{\sigma^2}{n} = -(n^2-n)\frac{\sigma^2}{n} = -(n-1)\sigma^2$$

よって

$$E\left[-\frac{1}{n-1}\sum_{i\neq j}(X_i-\overline{X})(X_j-\overline{X})\right] = \sigma^2$$

すなわち

$$T = -\frac{1}{n-1}\sum_{i\neq j}(X_i-\overline{X})(X_j-\overline{X})$$

は母分散 $\sigma^2$ の不偏推定量である。

[問題 8 − 2] (1) $F(x) = \int_{-\infty}^{x}f(u)du$

であるから，明らかに

$x < 0$ ならば，$F(x) = 0$

$x > \theta$ ならば，$F(x) = 1$

$0 \leqq x \leqq \theta$ のとき

$$F(x) = \int_{-\infty}^{x}f(u)du = \int_{0}^{x}\frac{1}{\theta}du = \frac{1}{\theta}x$$

よって

$$F(x) = \begin{cases} 0 & (x < 0) \\ \dfrac{1}{\theta}x & (0 \leqq x \leqq \theta) \\ 1 & (\theta < x) \end{cases}$$

(2) $Y$ の分布関数は

$$G(y) = P(Y \leqq y) = P(\max_{1\leqq i\leqq n}X_i \leqq y) = P(X_1 \leqq y, X_2 \leqq y, \cdots, X_n \leqq y)$$

$$= P(X_1 \leq y)P(X_2 \leq y)\cdots P(X_n \leq y) = P(X_1 \leq y)^n = F(y)^n$$

$$= \begin{cases} 0 & (y < 0) \\ \dfrac{1}{\theta^n} y^n & (0 \leq y \leq \theta) \\ 1 & (\theta < y) \end{cases}$$

よって，$Y$ の確率密度関数は

$$g(y) = \frac{d}{dy} G(y)$$

$$= \begin{cases} \dfrac{n}{\theta^n} y^{n-1} & (0 \leq y \leq \theta) \\ 0 & (y < 0,\ \theta < y) \end{cases}$$

(3)  $E[Y] = \displaystyle\int_{-\infty}^{\infty} y \cdot g(y) dy = \int_0^\theta \frac{n}{\theta^n} y^n dy = \left[ \frac{n}{\theta^n} \cdot \frac{y^{n+1}}{n+1} \right]_0^\theta = \frac{n}{n+1}\theta$

これより

$$E\left[ \frac{n+1}{n} Y \right] = \theta$$

であるから

$$Z = \frac{n+1}{n} Y = \frac{n+1}{n} \max_{1 \leq i \leq n} X_i$$

は $\theta$ の不偏推定量である。

(4)  $\theta$ の尤度関数 $L(\theta)$ は

$$L(\theta) = f(X_1, \theta)f(X_2, \theta)\cdots f(X_n, \theta)$$

$$= \begin{cases} \dfrac{1}{\theta^n} & (\theta \geq \max_{1 \leq i \leq n} X_i) \\ 0 & (0 < \theta < \max_{1 \leq i \leq n} X_i) \end{cases}$$

であるから，$L(\theta)$ を最大にする $\theta$ は

$$\hat{\theta} = \max_{1 \leq i \leq n} X_i$$

である。すなわち，これが $\theta$ の最尤推定量である。

ところで，(3)の計算より

$$E[\hat{\theta}] = E[\max_{1 \leq i \leq n} X_i] = \frac{n}{n+1}\theta < \theta$$

であるから

258

$\hat{\theta} = \max_{1 \le i \le n} X_i$ は $\theta$ の不偏推定量ではない。

[問題 8 - 3] (1) $\mu = \int_{-\infty}^{\infty} x \cdot f(x)dx = \int_{-\infty}^{m} x \cdot f(x)dx + \int_{m}^{\infty} x \cdot f(x)dx$

$= \int_{-\infty}^{0} (t+m)f(t+m)dt + \int_{0}^{\infty} (t+m)f(t+m)dt$

$= \int_{\infty}^{0} (-u+m)f(-u+m)(-1)du + \int_{0}^{\infty} (t+m)f(t+m)dt$

$= \int_{0}^{\infty} (-u+m)f(-u+m)du + \int_{0}^{\infty} (t+m)f(t+m)dt$

$= \int_{0}^{\infty} (-u+m)f(u+m)du + \int_{0}^{\infty} (t+m)f(t+m)dt$ （対称性より）

$= 2m\int_{0}^{\infty} f(t+m)dt = m\left(\int_{0}^{\infty} f(t+m)dt + \int_{0}^{\infty} f(t+m)dt\right)$

$= m\left(\int_{0}^{-\infty} f(-u+m)(-1)du + \int_{0}^{\infty} f(t+m)dt\right)$

$= m\left(\int_{-\infty}^{0} f(-u+m)du + \int_{0}^{\infty} f(t+m)dt\right)$

$= m\left(\int_{-\infty}^{0} f(u+m)du + \int_{0}^{\infty} f(t+m)dt\right)$ （対称性より）

$= m\int_{-\infty}^{\infty} f(t+m)dt = m\int_{-\infty}^{\infty} f(x)dx = m \times 1 = m$

(2) $M$ の確率密度関数 $g(x)$ の対称性を調べる。

$P(M \le m-x) = \sum_{k=n+1}^{2n+1} {}_{2n+1}C_k P(X \le m-k)^k P(X > m-k)^{2n+1-k}$

$P(M > m+x) = \sum_{k=n+1}^{2n+1} {}_{2n+1}C_k P(X > m+k)^k P(X \le m+k)^{2n+1-k}$

$= \sum_{k=n+1}^{2n+1} {}_{2n+1}C_k P(X < m-k)^k P(X \ge m-k)^{2n+1-k}$

であり

$P(X \le m-k) = P(X < m-k) = \int_{-\infty}^{m-k} f(x)dx$

$P(X \ge m-k) = P(X > m-k) = \int_{m-k}^{\infty} f(x)dx$

であるから

$P(M \le m-x) = P(M > m+x) = 1 - P(M \le m+x)$

両辺を微分すると

$$-g(m-x) = -g(m+x) \qquad \therefore \quad g(m-x) = g(m+x)$$

よって，$M$ の確率密度関数 $g(x)$ は $m$ に関して対称であるから，$E[M]$ が存在するならば，$E[M] = m = \mu$ が成り立つ。すなわち，$M$ は母平均 $\mu$ の不偏推定量である。

[問題8−4] まず，不偏分散 $U^2$ の分散 $V[U^2]$ を求める。

第4章で示したように

$$\sum_{i=1}^{n} \frac{(X_i - \overline{X})^2}{\sigma^2} = \frac{n-1}{\sigma^2} U^2$$

は自由度 $n-1$ のカイ二乗分布 $\chi^2(n-1)$ に従うから

$$V\left[ \sum_{i=1}^{n} \frac{(X_i - \overline{X})^2}{\sigma^2} \right] = V\left[ \frac{n-1}{\sigma^2} U^2 \right] = \frac{(n-1)^2}{\sigma^4} V[U^2] = 2(n-1)$$

よって

$$V[U^2] = \frac{2\sigma^4}{n-1}$$

である。

次に，母数 $\theta = \sigma^2$ の推定量 $\hat{\theta}$ に対して，クラーメル・ラオの不等式によって与えられる $V[\hat{\theta}]$ の下限を求める。

$X_1$ 正規分布 $N(\mu, \sigma^2)$ に従うから，確率密度関数は

$$f(x, \theta) = \frac{1}{\sqrt{2\pi\sigma^2}} \exp\left( -\frac{(x-\mu)^2}{2\sigma^2} \right) = \frac{1}{\sqrt{2\pi\theta}} \exp\left( -\frac{(x-\mu)^2}{2\theta} \right)$$

であり

$$\log f(x, \theta) = \log \left\{ \frac{1}{\sqrt{2\pi\theta}} \exp\left( -\frac{(x-\mu)^2}{2\theta} \right) \right\}$$

$$= -\frac{1}{2} \log(2\pi\theta) - \frac{(x-\mu)^2}{2\theta}$$

よって

$$\frac{\partial \log f(x, \theta)}{\partial \theta} = -\frac{1}{2\theta} + \frac{(x-\mu)^2}{2\theta^2}$$

$$\therefore \quad \left( \frac{\partial \log f(x, \theta)}{\partial \theta} \right)^2 = \left( -\frac{1}{2\theta} + \frac{(x-\mu)^2}{2\theta^2} \right)^2$$

$$= \frac{1}{4\theta^2} - \frac{1}{2\theta^3}(x-\mu)^2 + \frac{1}{4\theta^4}(x-\mu)^4$$

したがって

$$E\left[\left(\frac{\partial \log f(X_1, \theta)}{\partial \theta}\right)^2\right] = E\left[\frac{1}{4\theta^2} - \frac{1}{2\theta^3}(X_1 - \mu)^2 + \frac{1}{4\theta^4}(X_1 - \mu)^4\right]$$

$$= \frac{1}{4\theta^2} - \frac{1}{2\theta^3}E[(X_1 - \mu)^2] + \frac{1}{4\theta^4}E[(X_1 - \mu)^4]$$

ここで，積率母関数を利用して

$$E[(X_1 - \mu)^2] = \sigma^2, \quad E[(X_1 - \mu)^4] = 3\sigma^4$$

と求められるから

$$E\left[\left(\frac{\partial \log f(X_1, \theta)}{\partial \theta}\right)^2\right] = \frac{1}{4\theta^2} - \frac{\sigma^2}{2\theta^3} + \frac{3\sigma^4}{4\theta^4}$$

$$= \frac{1}{4\theta^2} - \frac{\theta}{2\theta^3} + \frac{3\theta^2}{4\theta^4} \quad (\because \quad \theta = \sigma^2)$$

$$= \frac{1}{2\theta^2}$$

よって，クラーメル・ラオの不等式より

$$V[\hat{\theta}] \geq \frac{1}{nE\left[\left(\dfrac{\partial \log f(X_1, \theta)}{\partial \theta}\right)^2\right]}$$

$$= \frac{1}{n \cdot \dfrac{1}{2\theta^2}} = \frac{2\theta^2}{n} = \frac{2\sigma^4}{n}$$

したがって

$$V[U^2] = \frac{2\sigma^4}{n-1} > \frac{2\sigma^4}{n}$$

# 参考文献

（1）本書執筆に参考にした本

　以下に本書執筆で参考にした統計学の本を記す。いずれも統計学の理論的な理解を望む人には大いに参考になると思われる。なお，積率母関数については，関連する定理の厳密な証明を書いた邦書は存在しない。念のため厳密な証明が書かれている洋書を挙げておく。条件付期待値や条件付確率の厳密な扱いの理解においても有用である。

[尾畑]　尾畑伸明『数理統計学の基礎』共立出版，2014

[釜江]　釜江哲朗『確率・統計の基礎』放送大学教育振興会，2005

[黒木]　黒木学『数理統計学－統計的推論の基礎』共立出版，2020

[竹内]　竹内啓『数理統計学』東洋経済新報社，1963

[竹村]　竹村彰通『現代数理統計学』学術図書出版社，2020

[濱田・田澤]　濱田昇・田澤新成『統計学の基礎と演習』共立出版，2005

[本間]　本間鶴千代『統計数学入門』森北出版，1970

[柳川]　柳川堯『統計数学』近代科学社，1990

[フィッシャー]　フィッシャー 著，渋谷政昭，竹内啓 訳
　　　　　　『統計的方法と科学的推論』岩波書店，1962

[レーマン]　レーマン著，渋谷政昭，竹内啓 訳
　　　　　　『統計的検定論』岩波書店，1969
　　　　　　（E. L. Lehmann, "testing statistical hypotheses" の初版の邦訳で，
　　　　　　洋書には第2版，第3版がある。）

[Billingsley]　Patrick Billingsley, Probability and Measure, Wiley, 1995

（2）微分積分，線形代数の参考書

　統計学の理論的な理解に不可欠である微分積分と線形代数の基本的な参考書およびややレベルは高いが厳密な解析学の書籍を2つほど挙げておく。

[桜井1]　桜井基晴『編入の微分積分 徹底研究』金子書房，2021

[桜井2]　桜井基晴『編入の線形代数 徹底研究』金子書房，2021

[笠原]　笠原晧司『微分積分学』サイエンス社，1974

[小平]　小平邦彦『解析入門Ⅰ』岩波書店，2003

# 索引

●著者略歴

## 桜井 基晴 <small>（さくらい もとはる）</small>

大阪大学大学院理学研究科修士課程（数学）修了
大阪市立大学大学院理学研究科博士課程（数学）単位修了
現在、ECC 編入学院 数学科チーフ・講師。
専門は確率論、微分幾何学。余暇のすべてを現代数学の勉強に充てている。

著書
『編入数学徹底研究』『編入数学過去問特訓』『編入数学入門』『編入の線
形代数 徹底研究』『編入の微分積分 徹底研究』（以上、金子書房）、『数学
Ⅲ 徹底研究』（科学新興新社）、『大学院・大学編入のための応用数学』（プ
レアデス出版）など。

### 統計学の数理

2022年12月20日　第 1 版第 1 刷発行

|  |  |
|---|---|
| 著　者 | 桜井　基晴 |
| 発行者 | 麻畑　仁 |

発行所　㈲プレアデス出版
〒399-8301　長野県安曇野市穂高有明7345-187
TEL 0263-31-5023　FAX 0263-31-5024
http://www.pleiades-publishing.co.jp

|  |  |
|---|---|
| 装　丁 | 松岡　徹 |
| 印刷所 | 亜細亜印刷株式会社 |
| 製本所 | 株式会社渋谷文泉閣 |

落丁・乱丁本はお取り替えいたします。定価はカバーに表示してあります。
ISBN978-4-910612-06-5　C3041
Printed in Japan